KB104580

새로워진

세계의 바다와 해양생물

김기태

새로워진

세계의
바다와
해양생물

채륜

일러두기

1. 이 책은 『현대해양』, 『자연보호』 등에 게재되었던 글과 『동해 남부 해역의 연구』, 『해양, 생산 과 오염』, 『내수 및 하구 생태학』, 『지중해안의 에땅 드 베르호의 연구』 등에 수록되었던 세계의 바다와 해양생물에 관련된 것이 주류를 이루고 있으나, 새로이 집필된 부분이 많다.

2. 참고문헌은 상당히 많으나 편의상 직결된 것만 권말에 수록하였다. 그리고 실험이 따르지 못한 답사지역의 자연 지리적 데이터는 백과사전적인 것이거나 조사 지역의 정보사항을 활용하였다.

3. 이 책에 수록된 사진은 저자가 현장에서 촬영한 것으로 원색사진을 흑백으로 수록하였다. 극히 일부는 우편엽서 등에서 널리 사용된 것을 인용하였다.

『세계의 바다와 해양생물』을 새롭게 단장하며

『세계의 바다와 해양생물』을 출간하고 십여 년이 지났다. 여전히 해양에 관심을 가지고 여러 곳의 바다를 조사 연구하면서 다양한 자료를 모으고 있으나 새로운 책을 내기에는 벅찬 일이어서 일단 개정판을 내기로 했다.

바다는 넓고 매력적인 자연이다. 30여 년 전만해도 모든 분야의 과학 기술이 오늘날과 같이 발전되지 않았다. 컴퓨터가 지금만큼 발달되지 않았고, 비행 노선이 발달되지 않아 지구는 크고 광대하기만 하였다. 따라서 그때와 지금은 비교하기 어렵다. 바다 연구의 수준도 시대 상황에 걸맞을 정도로 발달되고 있는 것이다.

오늘날의 과학 기술은 경천동지할 만큼 진보되었고 지구상의 다양한 자연은 많이 변모했다. 그러나 여전히 거대한 지구 자연이고 바다 자연이다. 그때나 지금이나 지구의 운행질서가 변한 것은 아니다.

그러나 근년에 들어 바다의 성격이 드러날 때마다 위협적이고 무서운 자연으로 되어가고 있다. 대형 태풍이나 허리케인의 위력은 인류에게 커다란 재앙으로 다가오고 있고 해양과학기술이 아무리 발달된다고 하여도 속수무책일 수밖에 없는 현실이다.

다른 한편으로는 지구의 도처에서 활발하게 움직이는 지진이나 화산의 활동을 막아 낼 수 없는 것이 인력의 한계이다. 다시 말해서 지사학적인 운동 혹은 시공간적인 변화는 인류의 영역을 벗어나 있다. 여기서 말하는 시공간이란, 인류와 자연이 동일하게 흘러가고 있는 것 같지만 실제로는 스케일이 다르고 의미가 전혀 다르다.

우주 아니 태양계의 일원인 지구와 장구하게 연속되고 있는 시간 속에서 인류의 역사라는 것은 대단히 짧고, 그뿐만 아니라 인간의 생명은 그야말로 찰나에 불과하다는 것을 느끼게 한다.

2008년에 나온 이 책을 다시 깁고 더해서 아주 새롭게 출판하게 되어서 기쁘다. 개정판의 내용은 초판의 것과 대동소이하지만 표지부터 마지막까지 구석구석 새로워졌다.

무엇보다도 편집체제가 완전히 달라져서 읽기에 쾌적해졌으며, 주제와 거리가 있는 부분은 삭제하였고, 사진도 필요한 것만 수록하였다. 따라서 지면이 대폭 줄어들면서 책은 아주 스마트하게 거듭났다.

그리고 에필로그는 전체를 교체함으로써 변화를 주었다. 이것은 오랜 세월의 저술 환경의 변천이기도 하다. 이러한 것들이 책을 새롭게 하고 있다. 따라서 독자들에게 한층 더 가까이 다가가고 있다.

이 책에서 답사하지 못한 전 세계에 펼쳐져 있는 아름다운 바다들, 적도 해역을 중심으로 산재하여 있는 수많은 산호초, 남태평양의 다양한 바다 자연이나 아기자기한 바다 환경 등에 대해서는 다음 기회로 미루려고 한다.

다른 한편으로 이 책과 짝을 이루어 『세계의 다양한 생태계와 생물』이 출간되었다. 이 책으로 바다 자연과 육상 자연이 나누어지는 듯하지만 상호보완이 되고 있다. 해양과학에는 바다 자연의 생태학이 큰 비중을 차지하고 있기 때문이다.

　세월의 흐름에 따라 우리나라에서는 불모지에 가까웠던 해양학이 국력의 신장과 함께 일취월장하여 많이 발전되었다. 따라서 다양한 방면으로 해양에 진출하고 있다. 어떻든 바다는 인류에게 무한한 잠재성을 지닌 블루 오션이 아닐 수 없다.

　깨끗하고 청정한 푸른 바다, 넓고 광활한 바다, 평화롭고 거울처럼 잔잔한 바다, 무섭고 위력적인 바다, 아직도 잘 모르는 바다… 바다는 인류에게 생명의 원천을 제공할 뿐만 아니라 활력을 제고하는 자연이다.

　이 책이 새롭게 출판되도록 편집과 디자인에 수고를 아끼지 않은 채륜의 여러분에게 심심한 감사의 마음을 전한다.

2018년 6월
김기태

초판 머리말

지구는 넓고 광활한 하나의 유성이다. 그 속의 70% 이상을 차지하고 있는 바다는 우리 인류에게는 무한 광대한 자연이다.

오늘날 지구의 공간은 각종 교통수단으로 이용되고 있다. 특히 비행기의 발달로 축지법이 실현된 현실이다. 한 가지 재미있는 사실은 비행기를 타고 넓은 바다 위를 비상하면서 푸른 바닷물 속에서 회유하는 어류군을 감상할 수 있을 정도에 이른 것이다.

이러한 과학기술의 발달은 현대문명의 자충수가 되어가고 있기도 하다. 100여 년 전만해도 마차가 다니던 아름다운 도시 속에 자동차의 출현은 신선한 충격이었을 것이며, 하늘을 난다는 것은 놀라운 일이었다. 그렇지만 오늘날의 과밀한 자동차와 비행기에 의한 땅과 하늘의 환경공해는 무엇을 초래하고 있는지 자못 두려움을 자아내고 있는 현실이다.

다른 한편으로 해상교통의 발달과 해양의 산업적인 역할은 막대하다. 광활한 바다라고 하지만 각양각색의 선박의 빈번한 왕래는 해양오염을 불가피하게 발생시키고 있으며, 이러한 오염의 축적concentration은 해양환경을 변조시키고 있다. 특히 거대한 유조선의 침몰로 인한 기름 유출사고는 심각한 해양오염을 발생시켜 해양생태계를 완전히 초토화 시킨다. 30여 년 전 영불해협에서 대형유조선이 폭풍에 휩싸여 침몰됨으로서 발생된 미증유의 해양오염이나 최근 태안반도에서 발생한 원유 유출 사고는 해양오염이 얼마나 심각한 것인지를 잘 나타내고 있다.

어떻든 지구는 땅, 하늘, 바다, 모두 만원이고, 인류의 주 생활권인 육상은 더 말할 여지없이 초만원 상태에 있다. 이제 사람들의 입에서 쉽게 숨이 막힌다는 표현이 회자되고 있다. 공감하지 않을 수 없는 형편이다.

그래도 시원한 바람, 끝없이 펼쳐지는 수평선, 쉼 없이 생성 소멸되는 파도, 수시로 변하는 바닷물의 색깔 등의 광활한 자연은 막힌 것 같은 우리 가슴에 뭔가 숨통이 트이는 여유로움을 선사하고 있다. 참으로 그렇지 않을 수 없는 현실이다.

이렇게 복잡한 산업사회에서 그래도 공간적으로 넉넉한 발전의 여지가 있다면, 바다, 바닷가, 모래밭, 싱싱한 물고기가 뛰어노는 푸른 바닷물 속이 있다. 이것은 무엇보다도 가까이 아니 멀지 않은 곳에 있는 우리의 일상생활일 뿐만 아니라, 정서적으로도 답답함에서 벗어날 수 있는 상징적이며, 여백의 잠재성을 보여주는 것이다.

유구한 인류의 역사에서 바다를 향하여 매진하며 개척한 민족은 당대의 번영은 물론 자자손손 세계 도처에서 영화를 누리면서 살아가고 있다는 것을 생각해 보자. 우리나라도 해상활동이 왕성하였던 시절에는 국력이 강력했고, 고유한 문화가 꽃피워졌음을 고찰할 수 있다.

우리나라의 반도성은 섬나라의 성격이나 대륙의 성격과는 다르다. 우리는 그리 춥지도 덥지도 않은 온화한 기후대에서 산과 물이 잘 어우러져 있고, 풍요로운 바다의 자연이 3면을 둘러싸고 있는 좋은 환경에서 태어났다. 굶어 죽을 수밖에 없고 더워서 또는 추워서 죽을 수밖에 없는 극지대 또는 사막의 환경과 우리와는 거리가 멀다.

이렇게 좋은 자연환경에서 자자손손의 보금자리를 차린 우리 국민의 정서에는 개척정신이 부족하였고, 바다를 즐기는 모험정신과는 거리가 있었다. 최근까지만 해도 어느 누가 머리를 들어 세계를 보고 하늘을 우러러 보았던가.

우리의 좁은 국토와 과밀한 인구, 에너지원이 되는 자원 또는 국가건설에 절실하게 요구되는 자원은 우리에게 얼마나 있는가. 이제는 어쩔 수 없이 바다에 애착을 갖지 않을 수 없는 시기가 되지 않았나 생각된다. 사통팔달, 남으로, 북으로, 동쪽으로, 서쪽으로 뻗어나갈 수밖에 없는 글로벌global 시대가 도래한 것이다.

바다와 친해질 수 있는 조그만 역할을 하기 위하여 이 책이 만들어졌다. 바다는 우리 민족이 잘 살아갈 수 있는 자원이며 환경인 동시에, 복잡한 기계문명의 멍에에서 정서를 순화시키며 재충전시켜주는 활력소의 기능을 하는데도 부족함이 없을 것이다.

세계 도처의 바다에 대한 자연경관을 비롯하여 해양생물의 세계 및 수산자원에 대한 답사에 주력하면서 관찰, 조사하고 연구한 것을 담으려고 하였으나, 세계의 바다는 워낙 넓으며, 그 속에 사는 생물의 세계역시 방대하여 어림도 없는 역불급力不及이고 모아진 자료는 광활한 바닷가의 모래사장을 이루고 있는 한 알의 모래처럼 작다.

이 책은 저자가 오랜 세월 동안 연구한 다양한 해역, 답사를 통하여 관찰·기록한 해안과 하구의 자연, 또는 그 지역의 문화적 성격도 다소 다루고 있다. 마치 티끌이 모이듯 오랜 세월동안 발표된 글들이다. 따라서 시대적인 변화로 다소의 차이가 있을 수 있고, 급속하게 이루어지고 있는 기후변화로 인한 자연생태계의 변화도 부분적으로 있을 수 있다. 그렇지만 커다란 틀로 보아서 20~30년 아니 수십 년은 지구사적으로 큰 의미가 없는 대동소이한 해양이고 자연환경이며 해양생물의 세계이다. 또한 이 책의 구석구석에는 저자의 발길에 담긴 소감이 섞여 있다.

날로 발전하는 학문의 세계와 날로 좁아지는 공간적인 세상에서 해양학 또는 생물학을 공부하는 분들에게 그리고 넓은 세상으로 뻗어 나가려는 젊은이들에게 조그만 다리의 역할이 되었으면 한다.

에필로그에서는 긴긴 연구 생활의 기복이 다소 드러나 있다. 10년이면 강산도 변한다고 한다. 그런데 수십 년의 흐름, 아니 40년 이상의 외길을 걸어오면서 세파에 부딪친 풍상이야 어찌 말로 다 할 수 있겠는가. 변화무상한 세월 속에 천파만파의 거센 파도를 헤치면서 살았다는 사실에 만감이 교차하지만, 한 가지 일에 몰두한 것이 무엇보다도 감사하고 행복하다.

어려운 여건에도 불구하고 출판을 맡아 주신 채륜에게 깊은 감사의 마음을 전한다.

김기태

차례

1장
서론

1. 바다와 인류

바다 환경은 인류 문화를 원활하게 성숙시켜 왔고, 앞으로도 바다와 인류는 밀접한 관계를 유지할 것이다. 바다는 지구상에서 방대한 면적을 입체적으로 차지하면서 기후적, 공간적, 지사학적, 진화학적, 산업적으로 인류에게 막대한 영향력을 행사하고 있다.

무엇보다도 바다는 생명의 근원이고, 지구상에 있는 생물의 90%가 바다에서 생활한다. 이들은 바다 식품으로서 우리의 몸을 이루는 주요 성분이며, 식량 자원인 것이다. 다시 말하자면, 사람과 바다와의 관계는 신토불이身土不二 같은 불가 분리한 관계를 맺고 있는 것이다.

실제로 바다는 인류 문명의 발생과도 밀접한 관계를 가지고 있을 뿐만 아니라, 현대에 이르러서는 매머드 산업단지, 예로 철강 산업이나 조선 산업은 해안에 설립되어 해양환경을 활용하면서 이루어지고 있다. 또한 국제간의 교역도 90%가 해상교통, 즉 화물선을 통하여 이루어지고 있다.

우리 민족은 반도의 환경에서 유구한 역사와 문화를 창조하여 왔다. 이러한 문화의 전통 속에는 산해진미山海珍味의 음식 문화가 깊숙이 자리 잡고 있다.

다른 한편으로 우리의 민족정기에는 해양 민족의 기질이 담겨져 있다. 역사적으로 우리 민족은 바다로 뻗어 나가서 활약을 하면 할수록 부가 쌓였고, 번성하면서 문화는 꽃을 피웠다. 장보고의 해상활동이 왕성하였던 때는 바로 신라 문화의 전성시대였음을 상기할 수 있다.

오늘날 우리가 지향하고 있는 선진화와 세계화의 활동 무대는 바로 바다로 미래로 세계로가 아닌가. 이것이 외형적이라고 하면, 내용은 먹고 사는 음식문화의 창달이며, 국민 건강이 아닐 수 없다. 바다와 인류와의 관계를 대략 살펴보면 다음과 같다.

첫째, 바다에서 생명이 생겨났다. 무한한 시·공간의 우주 속에서 태고 적에 지구가 생겨났다. 뜨거운 열기 속에 쌓여 있던 지구는 장구한 세월의 흐름 속에서 서서히 식어가면서 원시의 바다를 잉태하기 시작했다. 이러한 바다는 물의 양water mass이 커짐으로써 원시 해양의 규모로 변천되었다. 그리고 원시 해양 속으로부터 최초로 대단히 원시적이고 미미한 생물이 출현하였다. 참으로 획기적인 지사학적 변화가 아닐 수 없다.

생명의 기원origin of life이 바다에서 이루어진 것은 우리 인류에게 중요한 의미를 지닌다. 무한한 시·공간의 변천 과정에서 생물학적 진화 과정을 과학적으로 명료하게 증명해 내기는 거의 불가능하지만, 방대한 방증을 통하여 생물의 진화는 명백하다. 오파린Oparin의 코아세르베이트설coacervates과 밀러Miller의 실험은 이를 뒷받침하고 있다. 바다는 중요한 환경인 동시에 생물의 요람 역할을 하고 있다. 바다는 우리 인류에게 장래에 사활을 좌우할 대단히 중요한 자연이 될 것이다.

둘째, 해안경관과 해양환경은 우리에게 중요한 정서 자연이다. 오늘날처럼 인구가 밀집된 도시환경과 기계 문명이 고도화된 환경은 생활 자체를 반자연스럽게 한다.

자동차의 홍수와 컴퓨터 과학computer science의 만연은 인간 본연의 부드러움과 자연성을 제한하고 있으며, 비행기와 자동차의 홍수는 주체할 수 없는 환경오염을 유발하고 있어서 심지어는 생존의 위협까지 받고 있는 실정이다.

바다는 인간 생활의 반자연적인 스트레스stress로부터 재충전하는데 좋은 환경이 아닐 수 없다. 해안에는 여러 가지 아름다운 해안경관이 펼쳐지고 있다. 특히 풍부한 햇빛과 산소는 건강에 필수적인 요인이며, 시각적으로 무한 광대한 수평선과 푸름, 다양한 모습의 파도 경관, 싱그러운 해양생물의 서식 환경, 그리고 신선한 해산물을 접하는 즐거움은 현대 사회의 불안정한 정서 생활에 크게 도움이 되는 사항이다. 이런 면에서 바다 자연은 앞으로 더욱 커다란 비중으로 인류의 생활에 기여할 것이며, 정서 생활에도 커다란 몫을 할 것이다.

셋째, 바다가 지구 환경을 살아 움직이게 하고 있다. 바다는 지구의 온도, 습도, 강우량과 같은 환경 요인에 막대한 영향을 미치고 있다. 해양은 우리 인류가 쾌적하게 생활할 수 있는 지구 환경을 이루어 주고 있다. 바다는 물리·화학·생물학적 자연의 이법에 따라 반응하고, 우리 인류는 그 환경에 적응하여 살아가고 있다.

지구 표면의 71%가 바다이며, 바다라는 방대한 입체 공간 속에 물이 고여 있다. 물은 비열이 커서 지구의 온도 변화를 일정하게 안정시키고 있다. 그렇지만 표층수와 심층수 사이에는 온도의 차이가 크다. 바람과 일조량은 태풍이나 폭풍으로 직결되고 기후적 변화를 예고하며 지구 환경에 막대한 영향을 미친다. 이런 기후적 변화는 해양의 물리·화학적 변화와 연결되며 해양생물의 번식에 활력을 불어넣어 바다를 살아 움직이게 한다.

넷째, 바다는 태양 에너지의 수용체이다. 태양 에너지는 지구상의 모든 에너지원으로 작용하고 있다. 그 중에서 태양의 복사 에너지가 화학 에너지로 전환되어 축적되는 것은 오로지 식물체의 광합성 작용에 의하여 이루어진다. 바다에서는 방대한 양의 광합성이 일어난다. 식물성 플랑크톤과 해조류microalgae & macroalgae의 서식은 광합성 산물, 즉 막대한 식량 자원을 생산하며, 생명 현상에 필요한 산소를 대량 생산해 내고 있다. 바다는 수평적 수면으로 인하여 정적으로 보이지만, 실제로는 대단히 동적이고 생산적이다.

다섯째, 바다는 식량 자원의 보고이다. 식물성 플랑크톤과 해조류를 먹이 사슬로 하여 서식하는 어·패류의 방대한 양은 식량 자원이며, 좋은 식품으로 활용되고 있다. 짙푸른 초원과 숲은 평면적이지만, 바다는 육상에 비하여 훨씬 넓은 면적에 입체적으로 미생물의 초원이 펼쳐지고 있다. 따라서 지구상의 광합성 양은 90% 정도가 바다에서 이루어지고 있으며, 생물의 전체량도 90% 정도가 바다에서 살고 있다. 수많은 해양동물은 결국 식물성 플랑크톤의 에너지를 기반으로 서식하는 것이다. 결국 이러한 광합성 산물은 먹이망을 통하여 어·패류에게 전달되고 있다. 이것은 곧 해산식품이 되는 것이다. 특히 어떤 어·패류는 맛과 향이 뛰어나며, 어떤 종류는 대단히 중요한 건강식품인 것이다.

여섯째, 바다에는 막대한 광물 자원이 있다. 바닷물 속에는 막대한 양의 생물자원뿐만 아니라, 수많은 물질이 녹아 있다. 원소나 화합물의 형태로 바닷물 속에 들어 있다. 방대한 바닷물의 양에 비례하여, 광물 자원의 양도 막대하다. 이런 산술적인 것은 차치하고, 실제로 해저에 깔려 있는 망간괴와 유전 개발은 경제성을 부여하는 자원이다.

지구 환경에서 바다는 생물계와 불가 분리한 관계에 있다. 바닷물에는 수많은 종류의 식물·동물·미생물이 서식하는 것은 확실하게 신토불이身土不二, 풍토불이風土不二의 관계인 것이다. 대의적으로 말해서 해양생물은 바다 자연과 동일체인 것이다. 이것은 자연과 사람과의 관계에 있어서도 마찬가지이다.

다시 말해서, 바다가 중요한 것은 인류에게 중요한 식량 자원 때문만이 아니라, 바다 자체가 우리 인류에게 직접적인 생활 무대이고 정서 자원의 요람이기 때문이다. 바다와 생물, 생물과 인류와의 관계는 표현 이전에 대단히 밀접할 수밖에 없다.

2. 바다와 해양생물

지금부터 약 50억 년 전 옛날, 지구는 우주 속에 처음 뜨거운 불덩어리로 생겨났고, 그러한 지구는 서서히 식어서 오늘날과 같은 푸른 수구水球에 이르렀다.

　오늘날 인간의 과학기술은 거의 무한을 향하듯 극대화되고, 인류는 극상極相 : climax을 누리는 소위 과학기술의 만능시대에 살고 있다. 그러나 '시간과 공간', 다시 말해서 바이블적인 표현으로 '영원부터 영원까지'라는 시간적 개념과 '지구 – 태양계 – 은하계 – 우주' 같은 무한 광대한 공간적 개념 속에서 생명의 기원origin of life, 또는 해양생물의 근원을 논하기에는 학문적 왜소함을 면치 못하고 있다. 이런 '시공간적인 개념 spatiotemporal conception'의 진화론적 바다는 단순한 자연과학적 연구대상에서 뿐만 아니라, 해양생물학적으로 생명의 기원에 깊숙이 관련되어 있다.

　지구의 상공을 비행하게 되면 바다는 상대적으로 광활하기만 하다. 또한 해양연구선을 타고 항해를 하면, 바다의 수평선은 참으로 끝이 없이 멀고, 깊이는 측량하기 어려울 정도여서 바다의 입체성은 더욱 크게만 느껴진다. 지구의 육상에는 산과 들, 강과 호수, 논·밭의 평야와 도시가 평면상에 산재해 있다. 그러나 바닷물은 두량하기 어려울 만큼 방대하며, 생명이 살아가는 입체적 공간인 것이다.

　바다 속에는 수많은 크고 작은 생물이 생활하고 있다. 우리는 울창한 숲속이나, 넓은 곡창지대를 보면, 생물의 번식력과 생장력에 감탄하여 압도당한다. 이와 마찬가지로 바닷물 속의 해조류 숲과 어류의 서식 환경을 보면, 역시 감탄하게 될 것이다.

　배를 타고 바닷물 위를 지나다가 우연히 돌고래가 유영하고 갈매기 떼가 날아가며 수십만 마리의 철새 떼가 하늘을 뒤덮는 장관을 체험하게 되면, 마음속 깊이 생물의 세계에 대하여 놀라지 않을 수 없다. 그런데 해양생물의 진수는 이런 표현적인 데만 있는 것이 아니라, 바다 속, 눈으로 감지할 수 없는 곳에 찬란하게 이루어져 있다.

지구상에는 수많은 동·식물·미생물이 생존하고 있다. 이것을 크게 둘로 나눈다면 하나는 물속, 즉 바다 환경에서 사는 생물이며, 다른 하나는 땅위의 육상 환경에서 사는 생물들이다. 그런데 바다 속에 약 90%의 생물이 존재하고, 땅위에 불과 10% 정도가 생존한다는 사실만으로도 바다 생물이 많다는 것을 알 수 있다. 바다 생물에 대하여 간략하게 소개하면 다음과 같다.

첫째, 플랑크톤plankton. 방대한 해양의 물속 환경을 생활 터전으로 삼고 있는 대부분의 미생물이 플랑크톤이다. 플랑크톤이란 스스로 운동하여 생활환경을 찾아다닐 능력이 없는 부류를 말하며, 식물 플랑크톤phytoplankton과 동물 플랑크톤zooplankton으로 나뉜다.

식물 플랑크톤은 햇빛이 투과되는 곳이라면 어느 수층에서든지 생존, 번식한다. 일반적으로 수심 200m까지는 광光이 투과되기 때문에 식물 플랑크톤의 양이 천문학적이다. 이것은 먹이연쇄food chain의 근원을 이루고 있으며, 이보다 큰 동물 플랑크톤이나 다른 생물의 먹이가 되며, 생물 에너지의 근원이 되는 것이다. 결국 어류도 식물 플랑크톤으로부터 얻어진 에너지의 축합이다. 따라서 식물 플랑크톤은 동물 플랑크톤보다 양적으로 10배는 많으며, 어류보다는 수십 배 많다. 플랑크톤의 연구는 먹이연쇄의 개발과 관련이 있으며, 수산자원의 주요 연구 과제 중의 하나이기도 하다.

해양오염으로 인한 식물 플랑크톤의 대발생을 적조현상red tide이라고 하는데, 극심한 경우에는 1리터의 물속에 1억 개 정도의 미세 플랑크톤이 번식하는 경우도 있다. 이것은 해양생태를 사막화시키는 요인이 된다. 이러한 미세조류의 창궐은 물의 색깔도 변화시키고, 수질도 탁하게 하여 심지어는 끈적끈적하게까지 한다.

둘째로, 넥톤necton. 넥톤은 넓은 대양 속에서 자유롭게 유영하며 먹이를 찾아 섭생하고 적합한 장소로 이동하여 번식하는 유영동물을 총

칭하는데, 어류도 여기에 속한다. 어류는 식량이며 미각의 보고이다. 해양에 서식하고 있는 어류는 다양성이 커서 형태, 크기, 그리고 색깔 등의 분류학적 기준에 따라 현재 알려진 것만도 20,000여 종류가 넘는다.

바다에서 생활하며 지구상에서 가장 큰 동물은 고래이다. 고래 중에서 흰긴수염고래blue whale의 무게는 무려 100톤이나 된다. 어떤 것은 160톤이라고도 한다.

우리가 쉽게 접할 수 있는 어류는 도미, 명태, 오징어, 참치, 갈치, 꽁치, 고등어, 연어, 송어 등으로 각기 독특한 맛을 가지고 있다.

최근 육류에 의한 비만 때문에 어류의 소비량이 급속히 증가하고 있다. 특히 등 푸른 생선이나 심해상어의 간은 건강식품으로 인기가 있다. 심해상어의 스쿠알렌이나, 등 푸른 생선의 다가多價 불포화지방산은 영양 물질의 기능 외에도 세포에 산소를 공급해 주는 효과도 있으며, 뇌세포의 기능을 원활하게 해 주기도 한다.

셋째로, 저서생물benthos. 이것은 바다의 밑바닥에서 생활하는 생물을 총칭한다. 물론 양적으로도 풍부하고 종류도 다양하다.

제일 깊은 바다는 메리애나 해구로서 무려 11,000m가 넘는다. 그렇지만 저서생물이 생활하는 수심은 보통 200m 정도까지이다. 수심 200m는 20기압이나 되는 특별한 환경을 이루고 있으며, 쉽게 입출입을 하면서 탐사하기도 어려운 깊은 곳이다.

바닷가 개펄에서 또는 아주 얕은 바다에서 사는 생물이 있다. 소라, 백합, 피조개, 멍게, 해삼, 굴, 낙지, 김, 미역, 다시마 등을 줍거나 잡는 현장은 보기만 해도 신선하다.

3. 해양생태계와 해양생산 구조

1) 식물성 플랑크톤과 해중림

해양생물의 한 축을 이루고 있는 해양식물 플랑크톤은 양적으로 많으며, 종의 수효도 많다. 광합성력이 있는 미세식물체microflora로서 총량으로 보면 바다에서 뿐만 아니라 지구상에서 가장 많은 양을 차지하고 있는 생물 부류이다. 먹이 피라미드의 저변을 이루고 있으며, 동물 플랑크톤이나 어류 또는 해양동물에 비교해서 양적으로 절대 우위를 차지하고 있다.

식물 플랑크톤은 식물계의 문phylum으로 보면, 약 10여 문에 거쳐 나뉘어져 있다. 식물 플랑크톤은 수온, 영양염류, 태양광선 등과 같은 환경 조건에 대단히 민감하다. 계절적인 기후성격에 따라서 기압의 변화는 바람을 일으키고, 바람은 해류를 만들어 영양염류가 용출되는 시기에는 식물 플랑크톤이 대번식을 하여 물꽃water bloom현상을 일으킨다. 이것은 먹이 피라미드의 저변을 크게 확대하는 것이며, 동시에 해양생물의 자원 확대이다. 그렇지만 해양오염으로 인하여 특정한 식물성 플랑크톤이 다양성이 없이 이상 번식을 하여 폭발적 증식이 일어나는 것을 적조현상red tide이라고 하는데, 해양환경의 파괴에 중대한 영향을 미치고 있다.

바닷물 속에도 대형 해조류가 번식하여 해조 숲을 이루는 경우가 비일비재하다. 다시 말해서, 광투과층euphotic zone의 해저에서는 광합성 작용을 하는 녹조류Chlorophyta, 갈조류Phaeophyta, 홍조류Rhodophyta가 생태계의 구성원으로서 서식하고 있다. 그리고 비교적 수심이 깊은 해저에서는 갈조류의 서식이 왕성하여 미역, 다시마, 톳, 모자반 같은 대형조류는 바다 속의 숲을 형성하는데, 이것이 바로 해중림이라고 하는 바다 숲이다. 해중림은 최적의 어장 형성조건을 갖추고 있다. 말하자면, 어류의 아파트 기능을 가지고 있는 것이다.

2) 먹이연쇄와 어류 자원

해양생태계의 생산과 소비사이에는 먹이사슬food chain : food web : food pyramid이 구축되어 있다. 먹이사슬에는 작은 광합성 미생물로부터 동물 플랑크톤, 작은 어류, 그리고 이들을 먹이로 하는 참치, 상어, 고래 같은 거대한 어류 또는 해양동물에 이르기까지 먹이 관계를 지닌다. 조금 더 정확하게 얘기하면 생물적 에너지 관계를 지니고 있다.

모든 해양생물은 직접 서로 먹고 먹히는 관계를 지니고 있거나, 간접적으로 먹고 먹히는 관계를 지니고 있는 것이다.

바닷물 속에서 살아가는 대부분의 어류 또는 해양동물은 독립적이고 자생적이지만, 해양생태계의 시스템 속에서 어떤 형태이든 서로 유기적인 관련을 지니고 있다.

먹이망은 약육강식의 관계를 극명하게 나타낸다. 그렇다고 고래, 상어 같은 강자라고 해도 일단 사멸하게 되면, 미생물에 의해 와해되고 물질순환의 경로에 따라 재활용되는 것이다.

해양생태계에서는 환경요인, 생산자, 소비자, 분해자의 역할이 분명함으로써 자연 평형을 이루고 있다. 미생물에 의한 분해 작용 decomposition은 물질순환을 자연스럽게 만드는 자연의 이법理法이기도 하다.

해양에서 일어나는 녹색 식물에 의한 광합성 작용은 태양에너지가 화학에너지로 고정됨으로써 해양생물의 에너지원이 된다. 다시 말해서, 광합성 작용으로 만들어 지는 전분 같은 각종 영양물질이 모든 생물을 살아 움직이게 하는 생물 에너지로 전환되는 것이다.

3) 인공어초와 어장환경

해조류는 김, 미역, 다시마, 모자반, 파래 같은 커다란 엽상체를 지닌 대형조류macroalgae와 크기가 작은 규조류, 남조류, 녹조류 같은 식물 플랑크톤의 미세조류microalgae가 제1차 생산량의 주역이다.

수역별로 해양의 생산과 소비 환경을 두 가지로 나누어 보면, 하나는 해중림을 중심으로 이루어지고 있는 연안생태계이고, 다른 하나는 수심이 깊고 연안에서 멀리 떨어져 있는 원양생태계라고 할 수 있다.

연안생태계는 우선 육지와 접하고 있으며, 수심이 낮아서 대개 200m 이내의 바다이다. 이곳은 육상으로부터 각종 영양염류가 유입되고, 저서생물benthos이 번성하며 해중림이 형성되는 생태계이다. 이곳에는 대·소의 만bay, 다양한 형태의 항구 또는 각종 양식장이 설치되어 있는 수역으로서 경제성이나 생산성이 아주 높은 곳이라고 하겠다.

원양생태계는 연안생태계와는 성격이 다르다. 이 수역에는 저서생물군의 생체량이 거의 없으며 무광선층aphotic zone을 이루는 물 덩어리 water mass의 비중이 큰 수역이다. 원양성 생물pelagos이 주종을 이루는 생태계이다.

원양의 어장 형성은 기상 조건 또는 물리적 조건에 의해서 이루어진다. 특히 용승현상upwelling을 일으키는 요인이 어장 형성의 근원이다. 용승현상은 심층해수의 풍부한 영양염류를 표면으로 이동시킨다. 이러한 심층 해수는 미세조류의 대발생을 유도한다. 일반적으로 심층 해수는 수온이 낮고, 염분이 높으며, 물의 무게가 무겁고, 산소의 함량이 적어서 불포화 상태(80% 정도)에 있다. 그리고 영양염류인 인산염(P-

PO_4), 질산염($N\text{-}NO_3$), 아질산염($N\text{-}NO_2$), 규산염($Si\text{-}SiO_4$) 등을 다량 함유하고 있다. 이것은 미세조류, 즉 식물 플랑크톤의 양분으로서 대발생이 되면 해수 자체가 푸른 초원을 이루는 것이다. 그러면 초식성 작은 어류가 다량 발생하고, 초식성 어류를 잡아먹기 위하여 육식성 어류가 모여듦으로써 어장이 형성되는 것이다.

이러한 해양환경은 기후적인 요인과 함께 계절적 변화seasonal variation에 따라 이루어진다. 다시 말해서, 어장형성은 수문학적 각종 요인들parameters이 동시에 충족되어야 이루어진다. 원양성 어족자원의 회유는 바로 먹이 섭식과 번식을 위한 것이다. 대표적인 예로서는 북대서양의 참치자원의 회유 즉 대이동을 들 수 있다.

우리나라의 동·서·남해 연안에는 많은 양의 인공어초가 수십 년 동안 투하되어 왔다. 인공어초의 궁극적인 목적과 효과는 수산자원의 육성에 있다. 인공어초는 우선 해중림의 조성을 통한 어류의 서식환경을 조성하는 것이다. 인공어초 투하지점에서는 다량의 미역이나 다시마를 관찰할 수 있다. 이 밖에 다양한 해조류가 서식하고 있다.

인공어초가 있는 곳에 무성한 해중림이 조성된다는 것은 황금어장을 이루고 있다는 것이기도 하다. 우리나라의 동해안에는 오염과 남획으로 어획량이 감소되었다. 그렇지만 인공어초가 투하되어 효과가 있는 해역에는 많은 어류가 서식하고 있어서 좋은 어장을 이루고 있다. 이런 해역을 파악하고 있는 어업인들은 마치 텃밭에서 채소를 뜯어먹듯이 항상 일정량의 어획량을 확보하고 있는 셈이다.

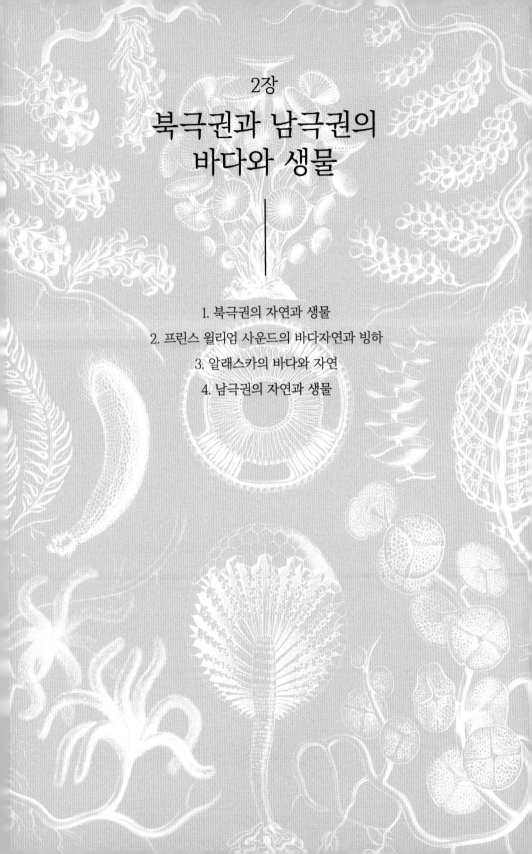

2장

북극권과 남극권의
바다와 생물

1. 북극권의 자연과 생물

자연 지리적 또는 지형적인 성격으로 북극권은 남극점을 지나는 남극대륙의 성격과는 다르게 지구상 3대양 다음으로 커다란 북극해北極海를 이루는 한대지역이다.

러시아, 캐나다, 미국, 덴마크, 노르웨이의 영토가 북극해를 둘러싸고 있으며, 러시아 영토는 북극해 연안을 거의 반 정도 차지하고 있으며, 캐나다의 영토에는 엘스미어Ellesmere섬, 빅토리아Victoria섬, 바핀Baffin섬 같은 거대한 섬을 위시로 하여 수많은 대소의 섬이 운집해 있고, 덴마크가 소유하고 있는 초거대형의 그린란드Greenland섬은 북극점에서 가장 인접해 있는 동토대이다. 그리고 노르웨이의 해안선은 대부분이 북극해와 접하고 있다.

북극해와 접하는 가장 중요한 국가는 미국이 아닐 수 없다. 물론 알래스카주도 방대한 면적이고, 해안선의 길이 역시 러시아나 캐나다와는 비교가 안 되지만 그래도 방대한 편이다. 무엇보다도 북극권을 통과하는 비행 교통망이 잘 구축되어 있으며, 막강한 경제력을 바탕으로 북극권의 개발과 활용에 주도권을 지니고 있는 나라이다.

해양학적 측면에서 북극해는 노르웨이해Norwegian Sea를 통하여 대서양과 제일 많이 교류하고 있으며, 북극해가 대서양과 교류하는 해역에는 빙하의 지역이 적어서 북극North Pole의 인접 해역까지 항해가 가능하다. 또한 덴마크해협Denmark Strait과 데이비스해협Davis Strait을 통하여서도 대서양과 해양학적 성격을 교류하고 있다.

다른 한편으로, 북극해는 베링해협Bering을 통하여 태평양과 교류한다. 베링해협을 통한 북극해와 태평양과의 해양학적 교류는 지극히 적은 편이어서 알래스카와 러시아의 연안역까지 빙산이 뻗쳐 있다. 이것은 북극해의 해양학적 성격을 결정짓는 중요한 환경요인이 되고 있다.

1) 북극권의 자연경관

알래스카의 자연을 살펴보면서 북극권의 자연과 생물을 파악하고자 한다. 알래스카는 북미대륙의 최북단에 위치하는 미국의 50개주 중의 제일 큰 주로서 북으로 북극해와 접하고, 서쪽으로는 베링해협을 두고 러시아와 국경을 이루고 있다. 베링해를 둘러싸는 알래스카 반도와 알류산 열도는 알래스카의 지형적 성격 중의 하나이다.

알래스카 지역에서 가장 보편적으로 관찰되는 자연경관으로는 한랭한 기온, 찬란한 햇빛, 강풍, 백설, 그리고 바다와 조화를 이루는 얼음, 빙하, 다양한 색채의 구름 등과 같은 것이 있다.

알래스카 산맥에 쌓여 있는 백설은 사시사철 이 지역의 고유한 자연 성격을 나타내고 있다. 고도 6,000m 이상의 매킨리 산은 만년설의 절경을 이루어 낸다.

겨울철의 설경은 온 천하가 백설에 뒤덮여 산봉우리도 계곡도 평평하게 눈으로 쌓이기도 하지만, 강풍으로 눈은 날아가고 앙상한 산봉우리만 드러나 있는 곳도 있다. 여기에 강렬한 햇볕이 내려 쪼이면 눈이 부셔 뜰 수 없을 정도로 찬란하다. 북극권에서 보이는 황홀한 자연경관의 일면이기도 하다.

한여름철의 알래스카 산맥의 설경은 겨울철에 백설로 덮인 정경과는 다소 다르다. 물론 산봉우리마다 눈이 쌓여 있고, 고산에는 만년설이 덮여 있다. 그러나 고도가 낮은 산줄기들은 마치 늑골이라도 드러내듯이 앙상한 모습으로 보인다. 그리고 실낱같이 가늘게 이어지는 꼬불꼬불한 산길은 자연의 모습을 다소 침범한 것 같지만 대단히 아름다운 조감도로 보인다. 그러나 이런 메마른 인상과는 다르게 산 아래의 저지대 평원에는 한대의 침엽수림대가 형성되어 설경과는 대조를 이루기도 한다.

알래스카의 얼음과 빙하의 경치는 조화롭고 다양한 모습으로 색다른 경관을 이루고 있다. 특히 여름철에 바다위에 떠다니는 유빙遊氷은 북극권에서 볼 수 있는 대단히 아름다운 자연경관으로서 바닷물 자체가 맑고, 차갑고, 푸르고, 깨끗하며, 잔잔하고, 묵중하다는 느낌이다. 이러한 환경은 사람의 발이 쉽게 닿지 않아 오염이 거의 되지 않은 천혜의 해양환경과 냉수성 풍부한 어족자원의 서식을 시사하는 것이며, 특히 이 해역에서 대량으로 서식하는 연어는 뛰어난 맛으로, 영양 가치로 인기를 지니고 있다.

이 지역에서 뺄 수 없는 또 하나의 자연은 창공에서 관찰되는 천태만태의 구름경관이 아닐 수 없다. 북극권의 한랭한 기온은 이곳의 대기권으로 진입되는 수증기를 급속하게 냉각시킴으로써 다량의 구름을 형성시키며, 기기묘묘한 형태의 구름경관으로 아름다운 성층권을 만들고 있다. 구름의 한 면모를 보면, 마치 만발한 목화송이가 순백의 자태로 무한량으로 모여들어 송골송골한 기복의 형태로 대평원을 이루고 있으며, 온도와 바람의 조건에 따라 산, 강, 바다와 함께 무궁한 자연경관의 변화를 보이고 있다.

2) 북극권의 생물상

알래스카주가 접하고 있는 북극권의 해역에는 수많은 냉수성 어족자원이 서식하고 있다. 알래스카주의 주요 산물이며, 주 예산의 절반이나 차지하고 있는 어종은 연어이다.

세계적인 연어 어장을 이루는 이 해역에는 여러 종류의 연어가 서식하고 있다. 어획되고 있는 연어의 종류로는 왕연어king salmon, 은연어silver salmon, 분홍 연어pink salmon, 붉은 연어red salmon, 첨연어chum salmon, 개연어dog salmon, 코호연어koch salmon와 같은 것들이다.

이들은 모천회귀성母川回歸性 어류로서 물이 차갑고 깨끗한 모래, 자갈의 하상에서 산란·수정·부화되어 치어로서 4cm 정도 자란다. 그리고 연안 수역으로 가서 적응훈련을 하면서 10cm 정도 자란 다음에 원양의 냉수역으로 이동하여 60~80cm 크기로 자란다.

그리고, 북극권의 바다는 대게king crabs의 대량 서식지로서 유명한 어장을 이루고 있었다. 그러나 최근 한때는 마구잡이의 남획이 성행하여 이 해역의 대게 자원을 고갈시키는 결과를 초래하여, 현재는 어획량이 지극히 적은 형편이다.

또한 막대한 양의 냉수성 어종인 생태가 서식하고 있으며, 여러 종류의 넙치와 새우의 생산량도 적지 않다. 이런 많은 양의 어류 서식은 물개의 먹이 피라미드food pyramids로 활용됨으로써 물개의 대량 서식과 밀접한 관계를 지니고 있다. 따라서 알래스카주정부는 물개의 서식에 영향을 미치는 과도한 어획활동을 제한하고 있다.

우리나라 동해안으로 남진하는 리만한류의 근원류도 결국 이 해역으로부터 시작되는 것이다. 이곳은 세계 3대 어장 중의 하나로서 오랫동안 명성을 누리고 있었으며, 우리나라의 북양어업이 오랜 세월 왕성하게 이루어진 곳이 바로 이 해역인 것이다. 그러나 최근에는 남획으로 자원의 고갈현상을 맞고 있어서 어장의 기능이 쇠퇴하고 있다.

다른 한편으로 이곳의 육상 생물상을 보면, 지극히 추운 한대지방이지만 비교적 다양하고 양적으로도 극히 적은 편이 아닌 생물상을 이루고 있다. 물론 이들은 추위에 잘 견디는 내한성 생물이며, 육상에서 관찰되는 몇 가지 동물을 나열하면 다음과 같은 것들이다(Remmert, 1980).

Alaskan Dall Sheep, Alaskan Husky Sled Dog, Alaskan

Brown Bear, Alaskan Polar Bear, Alaskan High Stepper,
Alaskan Bull Moose, Alaskan Musk Ox, Alaskan Walrus,
Alaskan Red Fox, Alaskan Seal Lub, Alaskan Bald Eagle,
Alaskan Tufted Puffin, Alaskan Willow Ptarmigan

3) 북극권의 고래

북극권의 냉수성 해역에 대량 서식하는 해양동물로는 고래Arctic whale가 유명하다. 고래는 바닷속에 사는 대형 젖먹이동물로서 생태적인 여러 가지 측면에서 많은 해양생물학자의 연구대상으로 되어 왔다.

북극해에서만 서식하는 고래는 북극고래 일명 활머리고래bowhead whale, 흰돌고래 벨루거beluga, 그리고 일각고래narwhale뿐이며, 이 밖의 여러 종류는 여름철에 먹이를 찾아 북극해로 이동하여 오는 것들이다. 이 세 종류의 고래를 다소 소개하면 다음과 같다(Kalman et Faris, 1993).

북극고래Bowhead Whale는 오로지 북극해에서만 사는 북빙양산 수염 고래 무리의 일종이다. 몸길이 15~18m, 몸무게 100톤에 달하며 암컷이 수컷보다 크다. 턱과 뱃가죽에 흰 반점을 가진 커다란 흑색 고래로서 몸 전체 길이의 40%에 달하는 거대한 활 모양의 머리 때문에 일명 활머리고래라고도 한다. 수백 년 동안 남획으로 오늘날에는 서북극 해역(베링해협쪽)에 오로지 약 3,000여 마리가 살고 있고, 동북극 해역에는 다만 수백 마리가 생존하고 있을 뿐이다.

흰돌고래Beluga는 러시아말로 "희다white"는 뜻인데, 태어날 때에는 갈색이었다가 자라면서 황－회색이 되고, 4~5년이 되면 흰색으로 변한다. 북극의 눈과 얼음의 색깔로 동화되는 것으로 여겨진다. 여름에는 북극해의 만이나 내만에 살고, 겨울에는 심해로 가서 생활한다. 이들의 몸은 40% 이상 고래 기름으로 되어 있기 때문에 얼음의 냉수대에서 생활할 수 있다. 이 고래는 대구cod를 주식으로 하며, 바다벌레에 이르기까지 잘 먹는다.

일각고래Narwhale는 바다의 일각수—角獸, unicorn of the sea로 알려졌는데, 길고 나선형의 송곳니 때문에 유명하다. 턱의 왼쪽에 붙은 이 송곳니는 윗입술을 뚫고 나와 3m나 되게 자라는 것이 특색이다. 이 송곳니는 대단히 비싼 가격으로 거래되는 행운의 여신 같은 것이다. 대부분의 수컷은 이것을 갖고 있지만, 암컷은 다만 몇몇 개체만 가지고 있다.

이 밖에도 북극권에서 잡히는 여러 가지 고래를 소개하자면 다음과 같다.

일명 청고래인 흰긴수염고래Blue whale는 지구상에 생존하는 동물 중에서 가장 커다란 동물로서 몸길이 24~26m이며 몸무게가 무려 165톤에 이르는 기록적인 것도 있다. 이 고래는 전 대양에 분포되어 서식하는데, 여름철에는 먹이를 찾아 북극해로 이동한다. 흰긴수염고래는 먹이로서 크릴krill을 선호하며 새끼는 매일 500kg 이상의 어미 젖을 먹으면서 시간당 4kg 정도 체중이 늘며 무서운 속도로 빨리 자란다.

긴수염고래Fin whale는 흰긴수염고래Blue whale 다음으로 몸채가 큰 종류인데, 등에 붙은 커다란 지느러미fin때문에 붙여진 이름이다. 이 고래는 심해에서 생활을 하며, 크릴과 새우를 비롯한 갑각류를 섭식하며, 그 밖에도 여러 가지 어류를 먹이로 삼고 있다.

향유고래Sperm whale는 커다란 이빨을 지니고 있으며, 커다란 덩어리형 머리block-shaped head를 지니고 있는 것이 특색이다. 이 고래는 골 spermacetic organ 속에 기름을 지니고 있어서 향유고래sperm whale라고 불린다.

혹등고래Humphack whale는 앞지느러미가 다른 종류의 고래보다 대단히 길기 때문에 구별이 잘 되고 있다. 이 고래는 길고 슬픈 소리를 만드는 것이 유명하다.

밍크고래Minke whale는 이것은 가장 작은 멸치고래이다. 전 대양에 분포되어 있으며, 북극의 빙하수역polar ice pack에까지 회유하면서 섭식한다.

범고래 올카Orca는 돌핀과의 한 종류이며, 외형적으로 검은색과 흰색을 분명하게 표출시키며, 따뜻한 피의 동물warm-blooded animal을 먹이로 삼고 있다.

북극 병코 돌고래Northern bottlenose whale는 작은 부리와 평편한 이마를 가지고 있어서 부리와 이빨이 있는 고래과beaked toothed-whale family에 속한다. 여름철에 북극해에 살다가 겨울에는 지중해까지 이동하기도 한다.

쇠고래Gray whale는 북극해에서 멕시코해까지 왕복을 하는데, 놀랄 만큼 이동거리가 많아 일 년에 19,000km 이상 유영한다. 이 고래는 대양의 저층 침전물에서도 먹이를 찾으며, 대단히 짧은 수염에 많은 각판 바나클barnacles을 지니며 2~4개의 식도홈통throat groove을 지닌다.

북극큰고래Northern right whale는 현재 지구상에 약 400여 마리만 생존해 있다. 이 종류는 과거 50년 동안 고래잡이에서 제외되어 보호되고 있지만, 현재 멸종 위기에 있는 희귀종북극큰고래Northern right의 고래이다.

지난 50년 동안 200만 마리 이상의 고래가 어획되어, 이제 지구상에 남은 것은 별로 없을 정도이다. 북극권의 해안에 사는 원주민들, 그중에서 알래스카 원주민의 어떤 부족은 고래사냥을 농사처럼 생업으로 삼고 있으며, 이들은 고래를 잡아 식량으로 삼는데 그 가공하는 방법이 산업화되어 있다.

2. 프린스 윌리엄 사운드의 바다자연과 빙하

1) 프린스 윌리엄 사운드의 자연

프린스 윌리엄 사운드Prince William Sound는 삼면이 거대한 추가크 산맥Chugach Mountains으로 둘러싸여 있으며, 남쪽으로는 몬태그Montague섬, 힌친부룩Hinchinbrook섬, 하킨스Hawkins섬 등이 가로막고 있어서 내만을 이루고 있다. 북극권의 면모를 보이는 프린스 윌리엄 사운드Prince William Sound는 이러한 섬들 사이의 해협 또는 만구를 통하여 알래스카만과 직접 접하고 있다.

프린스 윌리엄 사운드는 수많은 피오르드와 피오르드의 자연이 모여 있는 알래스카에서 경관이 아주 뛰어나게 아름다운 해상국립공원이다. 이 내만의 성격은 빙하의 침식으로 인하여 수많은 피오르드가 발달

얼음의 바다가 된 알래스카, 프린스 윌리엄 사운드

된 해역이다. 이 중에서 해안을 따라 쉽게 보이는 26개의 거대한 빙하들은 알래스카의 관광 명소이기도 하다.

추가크 산맥의 울창한 산림 속에 계곡마다 뿌리 깊게 박혀 있는 만년설의 빙하 경관은 북극권에서 볼 수 있는 절경이 아닐 수 없다. 방대한 산림의 분포는 추가크 산림 박물관에서 조망할 수 있다.

위티어Whittier항을 중심으로 해서 분포되어 있는 빙하의 명칭을 나열해 보면 Tebenkof, Blackstone, Billings, Pigot, Harriman, Roaring, Cataract, Surprise, Baker, Serpentine, Cascade, Barry, Coxe, Holyoke Barnard, Wellesley, Vassar, Bryn Mawr, Smith, Harvard, Downer, Yale, Baby, Dartmouth, Williams, Amherst, Crescent가 있다.

알래스카, 프린스 윌리엄 사운드의 바다에 무너져 내린 빙하

프린스 윌리엄 사운드의 전경

    이러한 빙하는 프린스 윌리엄 사운드의 한 부분에 불과한 포트 웰스Port Wells수로를 중심으로 분포된 빙하라고 하겠다.

    피오르드의 해협을 둘러싸고 있는 산악의 골짜기에는 빙하가 깊게 뿌리를 내리고 있는데, 산이 높고 골이 깊을수록 빙하가 커서 영양력이 크며 좋은 경관을 이루고 있다. 기후적 특성상으로 이 지역의 일대에는 겨울에 많은 눈이 내리고, 여름철에는 이들이 서서히 녹는다. 피오르드 협곡 안에는 대소의 수많은 폭포가 물을 낙하시키고 있다.

    여름철에 붕괴되는 빙하의 현장 중 하나는 칼리지 피오르드의 말미에 있는 하버드 빙하이다. 빙하가 붕괴되는 꿍음도 거대하며 붕괴 현장에 가까운 수역일수록 유빙이 해역에 가득 메워져 있다. 이곳의 수색은 진한 검푸른 색이며 물 자체가 탁하여 투명도는 극히 낮다. 해류의 흐름에 따라 유빙은 확산되어서 붕괴 현장에서 멀어질수록 얼음 덩어리의 밀도는 적어진다.

북극권의 차가운 바닷물로 유입된 유빙은 다양한 크기를 보이는데, 해류에 의해서 낮은 위도로 이동되면서 그리고 서서히 녹으면서 얼음으로서의 운명을 마친다. 그런데 크기에 따라서 10년 이상의 녹는 기간이 걸리는 것도 있다. 물론 이러한 유빙은 수면 밑에는 거대한 얼음 덩어리가 있고 수면위로는 작게 나타나는 것이다.

한편, 프린스 윌리엄해협에 접하고 있는 콜롬비아 빙하는 방대한 면적을 차지하며, 그 위에는 만년설을 지니고 있다. 콜롬비아만의 말미에서는 콜롬비아 빙하의 하단 부위가 바다 속으로 끊임없이 붕괴되고 있다. 이 빙하는 18마일이나 되는 피오르드의 수역을 만들고 나서 빙하의 붕괴가 멈출 것으로 판단되고 있다.

피오르드의 생성은 장구한 세월의 흐름 속에 지구의 역사가 쓰여지는 현장이며, 자연경관적으로 대단히 아름답고 생동감 넘치는 지사적 활동 중의 하나라고 하겠다.

2) 프린스 윌리엄 사운드의 생물상

프린스 윌리엄 사운드에서 볼 수 있는 여름철의 일반적인 경관은 만년설의 빙하와 여기에서 기원되는 폭포로 둘러싸인 경치이다. 그리고 해상으로는 유빙이 흐르는 해수 역에 자생하는 각종 해양동물의 생활상이다.

이 해역의 수온은 대략 2~3°C로서 완전히 얼음물이다. 수색은 짙은 청색을 띠고, 유빙과 함께 아주 탁하게 보인다. 빙하 속에 용해되어 있는 각종 물질이 바닷물과 섞이고 있다. 빙하가 붕괴되고 있는 현장은 바닷물이 완전히 현탁액을 이루고 있다. 일반적으로 이러한 바닷물인 북극권의 한대 수역은 생물이 서식하기에는 열악하다고 할 수 있으며,

특이한 생물의 서식환경이라고 하겠다.

그럼에도 불구하고, 차가운 바닷물 속에는 바다사자sea lions, 고래whales, 물개seals, 수달otters 같은 해양동물이 다량으로 서식하고 있다. 수달은 아주 자연스럽게 유영하는 모습을 나타내며 얼음 위로 올라와 앉아 있는 것을 보여주고 있다. 생태학적 먹이 피라미드를 고려할 때, 이 해역에는 각종 어류를 비롯한 먹이 생물자원이 많음을 보이는 것이다.

위티어항 근처 암벽으로 된 산은 바다 갈매기의 서식처로서 산 전체가 갈매기의 둥지인 동시에 갈매기의 흰색 배설물로서 산의 경관을 완전히 바꾸어 놓았다. 수십만 마리의 갈매기 떼가 일시에 비상하는 경관은 장관이 아닐 수 없다. 이것은 무엇보다도 갈매기의 먹이가 바닷물 속에 풍부하게 서식하고 있음을 보여주는 것이다.

프린스 윌리엄 해안에서 보여지는 갈매기의 서식 경관과 폭포. 하얀 점들은 모두 갈매기임

알래스카의 위티어(Whittier)항의 경관

이 해역에는 냉수성 어족을 대표하는 연어와 송어의 자생지로서 양적으로 대단히 풍부하여 세계 제일의 어장을 이루고 있는 것이다. 빙하가 녹아 흐르는 물속에서도 바닷물이 증발하여 수증기가 되고 있었으며, 기압에 따라 북극권으로 이동되어 적설되고 있는 것이다. 그런데 적도역의 바닷물이 증발될 적에는 바닷물 속에 함유되어 있는 미세원소가 함께 증발되고, 이러한 원소들이 빙하 속에 내재되어 있다가 해빙이 되면 다시 바닷물 속에 유입됨으로써 미세조류microflora의 물꽃water bloom을 이루는데 제공된다.

이러한 미세원소가 먹이 피라미드를 거쳐서 연어의 활력vitality에 크게 기여하고, 연어가 식품이 됨으로서 인간의 영양과 건강에 크게 기여하는 것이다. 다시 말해서 연어와 송어 속에 들어 있는 미세원소는 사람의 생리활동에 아주 긴요한 효소 또는 조효소의 구성요소로서 작용하며, 인간의 생명력을 활성화하는 데 기여하는 것이다.

프린스 윌리엄 사운드에서 거대한 무게를 지니는 흰긴수염고래 blue whale : *Balaenoptera muscula*, 턱과 뱃가죽에 흰 반점을 가진 수염고래 bowhead whale : *Balaena mysticetus*, 체구가 아주 적은 멸치고래minke whale : *Balaenoptera acutorostrata* 등 여러 종류의 고래를 만날 수 있다. 북극권과 북미 태평양에 서식하는 고래는 20여 종인데 프린스 윌리엄 사운드의 해역에서 관찰된다.

돌고래도 여러 종류 서식하고 있는데 북미 태평양의 해역에서 쉽게 관찰되는 종류는 common dolphin(*Delphinus delphis*), bottlenosed dolphin(*Tursiops truncatus*), striped dolphin (*Stenella coeruleoalba*), spinner dolphin(*Stenella longirostris*), Rissso's dolphin(*Grampus griseus*)가 있다.

3. 알래스카의 바다와 자연

1) 알래스카Alaska의 자연

알래스카주는 길이가 760km인 알래스카 반도로 이루어져 있으며, 면적은 우리나라의 남한 면적에 15배가 넘는 1,530,694km²이다. 알래스카의 지리적 성격은 반도로서 삼면이 바다로 둘러싸여 있는데 삼면의 바다 성격이 전적으로 독특하다. 북쪽으로는 북극해를 접하고 있고, 남쪽으로는 태평양과 접하고 있으며, 서쪽으로는 베링해협을 사이에 두고 러시아와 국경을 이루며, 동쪽으로는 캐나다의 유콘주와 국경을 이루고 있다.

알래스카주는 북극해의 중요한 요지를 점유하고 있으며, 지구환경 면에서 보면, 기후적, 지리적, 대양적 그리고 자원학적으로 지구에 커

맥킨리 산맥의 여름 적설 전경

다란 영향력을 미치고 있다. 나아가서는 미래에도 지구의 운명을 좌우하는 영향력을 미칠 수 있는 중요한 지역이다.

알래스카의 방대한 면적에 인구는 아주 적어서 63만여 명 정도이다. 이 중에는 남부 지역의 인디언, 북부 지역의 에스키모인, 알류산 열도의 알류트족이 있는데 모두 2만여 명에 불과하다. 이러한 수치는 원주민의 비중이 극히 낮음을 보이는 것이다. 이렇게 적은 인구 밀도는 과거에는 불모의 땅으로 생활환경이 열악하였으나, 이제는 문명의 발달로 많이 개선된 한편, 무한한 자원의 개발과 함께 기대의 땅으로 변모되어 가고 있다. 특히 최근에는 지구의 온난화 현상이 이곳의 주거환경에 쾌적함을 제공하고 있다.

덴마크의 탐험가 베링이 러시아 황제의 요청으로 1741년 베링 해협을 발견한데 이어서 영국의 탐험가 쿡, 밴쿠버, 매켄지 등도

1778~1847년 사이에 이 해협을 답사하였다.

　러시아는 알렉산드르 바라노프를 초대 지사로 임명하여 알래스카 지역을 다스리게 하였으나 재정상의 이유로 1867년 10월에 1에이커에 2센트씩 산출한 700만달러과 원주민에게 지불하는 보상금 20만달러을 합쳐서 720만달러에 알래스카를 미국에 매각하였다.

　미국은 알래스카를 영토로 편입하였다가 거의 한 세기 동안의 발전이 있은 다음, 1959년 1월 3일에 미국의 49번째 주로 승격시켰다. 이렇게 됨으로써 알래스카주는 미국의 50개 주 중에서 가장 커다란 주이며 가장 부유한 주로서 그리고 미개척의 땅으로서 희망을 지니고 발전하는 지역으로 부상하게 된 것이다.

　알래스카의 최북단 도시 베로Barrow는 북위 71.4°에 위치하고 있어서 북극해의 한대성 영향력 속에 있는 최북단 도시이다. 반면에 알래스카주에서 가장 낮은 위도의 아류산열도Aleutian Islands는 북위 51°에 위치하고 있다. 이것은 우리나라의 북위 33°~43°사이에 위치하고 있음과 비교하면 두 배가 넘는 위도를 차지하는 큰 땅덩어리이다.

　알래스카주의 주도인 주노Juneau는 위도상으로는 북위58°에 위치하는데, 알래스카 반도보다 남단에 위치하며 태평양변의 다도해로 둘러 싸여 있어서 해양성 기후의 영향을 절대적으로 받고 있다.

　알래스카는 강진 지대이며, 환태평양 조산지대의 일부로서 화산이 많은 지대이다. 특히 알래스카 반도의 기부의 카트마이 활화산이 유명하며, 부근 일대는 카트마이 국립자연공원으로 조성되어 있다.

　1964년에 앵커리지에서는 강진이 발생하여 많은 피해가 있었다. 지대가 낮은 주거지역까지 바닷물이 침입하여 인명 피해도 많았고 산림 피해가 심각했다. 원주민의 주거지역은 침수 당시 파손되었던 그대로 보존되어 있고 바닷물의 영향으로 고사된 산림은 그대로 방치되어 나목으로 되었고 역시 풍치지대로 보존되어 있다.

알래스카의 타이가(Taiga) 생태계의 강과 숲

알래스카의 타이가 지대의 대산림

이러한 심각한 재해에서 미 연방 정부는 알래스카를 지원하기 위해서 사금의 광산지로 중요한 도시를 이루고 있던 페어뱅크Fairbank의 발전과는, 별개로 알래스카 반도의 남단에 위치하는 항공교통의 요지인 앵커리지Anchorage를 새로운 도시로 발전시키기 시작하였다. 그래서 현재 앵커리지에는 알래스카 주민의 절반 정도가 밀집되어 살고 있고, 이 지역의 발전에 중심적인 역할을 맡고 있다.

알래스카 중에서 태평양을 접하고 있는 서쪽 해안은 해양성 기후로 비교적 살기가 좋은 곳이며 소나무 또는 왜전나무 같은 침엽수가 많이 번식하여 침엽수림대를 형성하고 있다. 그리고 중요 산업으로서는 광업에서 어업, 임업 또는 모피 생산업 등이 발전되었다. 잠재된 많은 양의 자원에 비해서 이것을 개발하고 이용하는 인력이 턱없이 모자라는 상태에 있다.

1968년에 북극해에서 발견된 노스 슬로프North Slope의 원유 매장량은 무려 96억 배럴이나 된다. 원유를 대량으로 수송하기 위해서 북극해의 노스 슬로프에서 태평양 연안의 부동항 벨디즈항까지 1,280km의 길이에 직경이 1.22m인 송유관이 1975년 3월에 착공되어 1977년 6월에 개통되었다. 이로써 하루에 200만 배럴의 원유가 수송 가능하게 되었다.

이러한 오일개발의 이익금을 세금으로 10%씩 알래스카주에서 받는다. 이것은 이 주의 엄청난 부의 근원을 이루고 있다. 그래서 알래스카주의 예산은 고속도로의 건설 등 대량공사를 활발하게 수행한다. 연말에는 남는 예산을 주민들에게 나누어 주는데 그 돈이 일인당 1,200~1,300달러가 된다고 한다. 그리고 앵커리지에서는 인구의 유치를 위해서 다른 주에 비해서 많은 혜택이 있으며 세금이 없기 때문에 물건 값이 싸서 생활 조건이 아주 유리하다.

앵커리지는 인구가 약 30만 정도에 육박하는데 이곳에는 가장 중요한 공군 기지가 있으며 교통면에서 알래스카 내륙, 미국본토, 북아메리카 서부, 북유럽, 극동지방 등을 잇는 항공노선이 설치되어 있어서 세계적 하늘 교통의 요지이다.

그리고 앵커리지 근교에 있는 마타누스카 계곡에서는 알래스카 지역의 유일한 상업용 농업이 시범적으로 이루어지고 있다. 이곳은 알래스카에서 농업을 하기에 가장 좋은 온화한 곳이기도 하다. 그러나 이 도시에서 소비되는 대부분의 농산물은 본토에서 생산된 것이다.

제2차 세계대전이 발생한 1941년, 일본과 독일 등이 미국에 선전포고를 하고나서 알래스카는 전략적 요충지로 급부상했으며 그 당시에 알래스카는 군수물자의 공급지로 활용되었다.

1867년에 미국이 알래스카를 구입할 당시 미 국무장관은 윌리엄 H. 스워드였는데 알래스카가 무용한 동토대임에도 사들였다고 비난이 대단하여 알래스카를 스워드의 무용지물Seward's Folly라고 부를 정도였지만 이러한 것은 시간이 흐르면서 전혀 다르게 인식하게 되었고, 현재는 알래스카가 미국의 군사, 자원, 경제 등에 중요한 요충지로 되었다.

2) 알래스카의 마타누스카Matanuska 빙하와 생물

마타누스카 빙하는 약 18,000년 전에 팔머Palmer지역에 형성된 대형 빙하로서 길이는 27마일이고 폭은 4마일의 크기를 가지고 있다. 이 빙하는 앵칼리지의 근교에 위치하며, 글렌 고속도로에서 쉽게 접근할 수 있어서 관광지의 일부로 개발이 되어 있다.

이 거대한 빙하는 여름철에 표면의 온화한 기온에 의해서 부분적으로 일부 해빙됨으로서 도도히 흐르는 마타누스카강을 형성한다. 여름철 낮 기온은 보통 15℃ 정도여서 얼음덩이는 활발하게 녹아 비교적 풍부한 수량의 강물을 이루는데, 물줄기는 계곡의 경사면을 따라 급물살

알래스카, 마타누스카 빙하의 일면

을 이루며 흐른다.

　이 강물은 빙하의 물로서 온화한 기온과는 다르게 차갑다. 수색은 투명도가 적고, 검은 색을 띠는데 햇빛에 반사되면서 우유 빛 같은 은백색의 독특한 색깔을 나타내고 있다.

　수질은 빙하 속에 묻혀 있는 구성분을 물속에 그대로 지니고 있다고 하겠다. 이곳은 여름철이라고 해도 기간이 짧으며, 빙하의 환경 속에서 수온은 아주 낮으며, 기온은 온화하지만 쌀쌀한 편이다.

　이러한 강물의 환경 속에는 생물이 서식할 수 있는 기간이 아주 짧으며, 다양한 동식물의 출현은 기대할 수 없다. 강물의 성격상 생물의 서식환경이 양호하다고 할 수 없다. 그러나 생물이 자생할 수 없는 불모의 환경은 아니다.

알래스카, 마타누스카 빙하의 해빙 경관. 얼음이 녹아내려 생긴 울퉁불퉁한 면

알래스카, 마타누스카 빙하의 돌 속 에서 자생하는 이끼의 모습

마타누스카 빙하 위에는 세월의 흐름에 따라서 또는 산사태 같은 변천에 의해서 빙하위에 토양이 흡입되거나 암석 또는 돌이 굴러들어 흡입됨으로서 빙하와 같이 존재하고 있다. 물론 이러한 빙하덩어리는 겨울에 적설로 부피가 늘어나고 다시 여름이 되면 눈이 녹아서 부피가 줄어드는 것이다.

빙하 속의 돌덩어리 또는 파묻혀 있던 약간의 토양에는 선태류의 포자 또는 남조류나 빙설조 같은 미세조류가 침입될 수 있고, 이것이 발아되면 빙하 속일지라도 생물의 서식처가 되는 것이다. 북극권의 빙하 환경에서 하등한 식물의 서식, 다시 말해서 선태류 또는 빙설조의 서식은 오래전부터 알려진 사실이다.

여름철에는 빙하 위에도 따뜻한 햇볕과 함께 기온이 높아진다. 더욱이 일조 시간이 아주 길어진다. 얼음이 녹고 빙하 위에서도 조그만 물줄기가 생기면서 물 덩어리가 모여진다. 이러한 것이 바로 생물의 서식에 적당한 물과 습도를 제공하는 것이다.

다른 한편으로 빙하와 이를 둘러싼 환경사이에서 발생되는 기온의 차이와 기압의 이동, 즉 바람은 아주 삽상하고 쌀쌀하지만 이것은 생물의 서식 환경을 적당하게 만들어 주는 요인의 하나라고 하겠다.

마타누스카 빙하 내에서 선태류의 채집은 이와 같은 사실을 입증하는 중요한 의미를 부여한다. 이곳의 7월말은 한 여름이며 생물이 서식하는 최적의 환경 조건이다. 빙하 내에서 빙설조 같은 것의 채집이 이루어지지는 못했지만, 빙하에 인접된 나대지에서는 현화식물로서 불탄 자리에 나는 잡초fire weed를 비롯한 여러 종류의 들풀들이 아주 작은 군락을 이루면서 드문드문 자생하고 있다. 빙하의 주위에는 6개월 이상 눈으로 덮여 있다가 여름이 되면서 눈이 녹고 토양이 드러나면서 현화식물이 자생하는 것이다. 따라서 이곳의 서식환경은 열악하다. 무엇보다도 토양이 흙이라기보다 암석이 부서진 돌무더기의 환경이다. 이곳의 식물상은 자생력이 부족한 군집 또는 생태계의 불안정한 상태라고 하겠다.

마타누스카 빙하 속에 녹은 물

알래스카, 마타누스카 빙하 속에서 포자를 형성한 이끼

마타누스카 빙하에서 수원을 이루는 모습과 주변의 산천

알래스카의 마타누스카강의 전경

4. 남극권의 자연과 생물

1) 남극대륙의 개요

남극대륙의 면적은 약 1,360만km²로 지구상에서 5번째로 큰 대륙이다. 남극대륙은 지구상에서 가장 추운 지역이며, 땅에는 두께가 1마일 이상의 얼음으로 덮여있다. 온도는 보통 영하 30℃ 이하인데, 가장 추운 기록은 영하 90℃ 정도여서 동식물이 거의 살 수 없는 혹한의 기후대이다.

1911년 12월 14일 노르웨이의 아문센Ronald Amundsen이 최초로 남극점을 정복한 이후, 오늘날에는 여러 국가들이 커다란 관심을 가지고 과학기지를 구축하고 과학자를 상주시키면서 남극대륙을 본격적으로 연구하고 있다. 남극대륙에는 많은 자연 자원이 있다고 과학자들은 믿는다. 그래서 그들은 남극대륙의 육상, 바다, 기후, 자원, 생물, 특히 해양생물에 대해 조사하고 있다.

남극대륙은 남미대륙과 가까운 거리에 있으나, 다른 대륙과는 먼 거리에 있으며, 오로지 태평양, 대서양, 인도양으로 둘러싸여 있을 뿐이다. 따라서 남극대륙에 대한 실질적인 교류는 남미의 최남단 지역에 의해서 주로 이뤄지고 있고, 각국의 과학기지도 이곳에서 가까운 곳에 많이 설립되어 있다.

미국은 3개의 과학기지를 확보하고 있는데 유일하게 남극점에 아문센 - 스코트 기지를 설치하고 있으며 그 외 문도지역, 팔마도 지역에 기지를 보유하고 있다. 러시아와 아르헨티나는 각각 7개씩이나 되는 연구기지를 남극전역에 골고루 세워 높은 관심을 보이고 있다. 한국, 프랑스, 인도, 중국, 남아프리카, 폴란드, 브라질, 우루과이, 호주 등의 국가들은 1개의 과학기지를 보유하고 있다.

우리나라의 세종기지는 아르헨티나의 우수아이아시에서 가장 가깝고 남미대륙의 관문과 같은 해역에 위치하는 사우스 셔틀랜드South Shetland군도 중의 하나인 킹조지섬에 있다. 위도는 62°13'15"S와 58°45'10"W이며, 1988년 2월에 완공되어 연구 활동을 하고 있다.

2) 지구상에서 마지막으로 남은 어장

남극권의 바닷물은 수온이 대단히 낮아서 영하 1~2℃를 나타낸다. 바닷물은 매우 맑고 깨끗하고 푸르다. 바람이 세고 일반적으로 파도가 높다. 이 수역에 서식하고 있는 해양생물은 안정된 생태계를 이루고 있으며, 양적으로도 대단히 풍부하며, 종의 다양성도 크다. 남극대륙을 둘러싸고 있는 해역을 지구상에서 마지막 남은 어장이라고 할 만큼 해양생물 자원이 많다.

그러나 거리상으로 멀리 위치하고 있는 해역으로서 일차적으로 거친 파도와 혹한 그리고 극악한 기후변화로 인하여 어선이 쉽게 접근하는데 커다란 어려움이 있다. 따라서 어장개발이 용이하지 않으며, 다른 어장에서처럼 남극권에 쉽게 도전하여 노다지를 캔다는 것은 쉽지 않다. 푸에고섬의 남단 한류의 해역에서 주로 많이 잡히는 냉수성 어족으로는 대구, 연어, 송어, 꽃게, 오징어, 명태, 대게, 꽃게, 크릴새우 등의 어류 자원이 있으며, 이를 먹이로 하는 물개, 바다사자, 펭귄 등은 남극대륙의 생물자원이다.

이 해역은 대게king crabs의 산지로서 명성이 있으며, 아르헨티나만 해도 연간 10만 톤을 잡는다. 아르헨티나는 어족자원 보호차원에서 나름대로 노력을 하고 있으며, 대게의 어획 시기를 정하여 번식기에는 어획을 금하며, 종묘생산과 방류에도 깊은 관심을 가지고 연구를 가속화하고 있다.

3) 남극권의 연어

남극대륙을 둘러싼 남극권의 냉수역에 서식하고 있는 크릴새우의 현존량은 15억 톤에 이른다는 보고가 있다. 이것은 엄청난 생물자원 중 하나에 불과하다. 다시 말해서 크릴새우는 풍부한 먹이자원의 피라미드를 구축하는 한 밴드band인 것이다. 냉수역의 담수와 해수 사이를 오가면서 서식하는 연어의 현존량도 대단히 풍부하며, 맛도 우수하다.

우수아이아시에 있는 해양연구소는 규모가 작지만 치어 방류사업을 수행하고 있다. 주민의 의식도 상당히 높아서 연어, 송어 낚시를 할 경우 일정 크기에 미달되면 다시 바다로 돌려보내고 있다.

이곳의 바다에는 오징어와 생태가 대량 서식하고 있는 냉수역이며, 이곳에서 잡히는 어체는 대단히 큰 편이다. 특히 라쁠라따 박물관에 전시되고 있는 대구의 몸체는 대단히 커서 이 수역의 독특한 생물상을 보는 듯하다.

한 가지 부언을 한다면 우리나라에서 잡히는 오징어나 명태는 어체가 작지만 맛이 일품인데 비하여 이곳에서 잡히는 오징어나 명태류는 양이 풍부하고 어체도 크지만 맛이 없다. 해역에 따른 생물학적 성격이 아닐 수 없다.

이 수역의 유명한 어류 중에는 커다란 대구가 있는데, 대단히 풍부하게 서식하고 있어서 좋은 생물자원으로 평가되고 있다. 이것은 길이가 2m 정도나 되며, 무게도 60kg이나 된다. 이 해역의 대구도 오징어나 명태처럼 역시 맛이 없다.

여러 가지 어류를 풍부한 먹이로 삼고 있는 물개나 바다사자의 서

남극권의 우수아이아시에 설치되어 있는 연어양식장

아르헨티나의 우수아이아시의 극지 연구소의 일면

식도 이 해역에 많은 것은 당연하다. 일반적인 추세로 어류자원의 고갈은 물개나 바다사자의 서식범위를 지극히 위축시켜 왔으며, 수효도 현격하게 줄어든 현실을 감안할 때 남극권은 아직 생물자원이 자연 그대로 보존되어 있는 생물권 중의 하나이다.

4) 암펭귄은 알을, 숫펭귄은 부화를

남극대륙에 서식하는 펭귄은 생물학적 특성 중의 하나이다. 펭귄은 날개가 있어도 날지 않고 수영을 하는 독특한 조류이다. 이곳에는 아델리 펭귄Adelie penguin과 황제 펭귄Emperor penguin 등 10여 종 가까이 서식하고 있다. 황제 펭귄의 커다란 군집은 무려 5만 마리 정도나 된다고 한다. 현재까지 발견된 펭귄의 집단만 해도 40여만 개인 것을 생각하면, 엄청난 양의 펭귄이 서식하고 있는 것이다. 암펭귄은 겨울에 알을 낳고, 숫펭귄은 복부의 따뜻한 온도로 알을 품어서 부화시키는 일에 주력한다. 펭귄은 먹이로서 크릴새우와 오징어를 비롯하여 이 해역의 풍부한 어류를 섭생하면서 대량 번식하고 있다.

이곳의 수역에서 군집을 이루는 저서생물로는 해면의 군집을 비롯하여 우렁쉥이, 말미잘, 해파리, 성게, 불가사리 등이 두드러지게 번성하고 있다. 따라서 자연색으로 조화를 이루는 수중생태계가 대단히 다양하며 아름답다. 남극권의 바다는 얼음 위의 한랭하고 삭막한 불모지와는 대조적으로 바닷물은 해양생물 자원이 대단히 풍부하다. 따라서 이곳은 생물자원을 개발하기 위한 기지로서, 무한한 해양생물 자원의 서식 해역으로서 또는 관광지역으로서 세계적인 각광을 받기 시작했다.

이와 같은 천혜의 환경임에도 불구하고 남극개발 또는 어획을 위하여 많은 국가들이 앞을 다투어 이 해역에 진출하고 있어서 어류자원의 남획이 예견될 뿐만 아니라, 수많은 어선으로부터 흘러나오는 유류오염도 상당히 발생되고 있는 편이다. 따라서 바다의 자연환경이 훼손되기 시작한 것이다.

5) 남극대륙의 통로, 푸에고섬의 자연

푸에고섬은 마젤란 해협에 의해 남미대륙과 분리되어 있으며, 위도상으로는 남위 55° 가까이에 위치하고 있다. 이 섬은 아르헨티나와 칠레가 공유하고 있는데, 국경 분쟁이 끊이지 않고 야기되는 곳이기도 하다. 이 섬의 남쪽 부분을 아르헨티나는 띠에라 델 푸에고Tierra del Fuego라고 하며, 하나의 주州로 만들어 남극대륙의 영유권과 개발을 위하여 국력을 소비하고 있다. 이 주의 수도는 우수아이아시市로서 많은 인구가 정착되도록 국가적 혜택이 베풀어지고 있다.

이곳의 자연을 살펴보면, 우수아이아시는 한쪽은 바다와 접하고 있으며, 다른 한쪽은 산으로 둘러싸여 있다. 칠레와의 국경선은 산의 정상에서 갈라진다. 이 산에는 사철 눈이 덮여 있어서 백설 경관이 좋다.

이곳은 세계적인 이목을 끌고 있는 요지로 발전했지만, 바로 얼마 전만 해도 남극의 중요성이 인식되지 못하였던 때라, 불모지로 버려진 한대 지방의 땅에 불과했다. 중죄인들을 모아 가두는 자연 감옥으로 쓰던 악천후 악조건의 한대 지방에 불과했던 이 지역에서는 한대 수림의 자생지를 국립공원으로 보호하고 있다.

이 공원은 규모도 상당히 크며, 관리도 잘되고 있다. 남극권 바다를 배경으로 한 한대성 자연림이 수려하게 펼쳐져 있다. 또한 맑고 차가운 호수도 있고 그 경관이 뛰어나게 좋다. 그뿐만 아니라, 이 속에는 냉수성 어종인 송어가 풍부하게 서식하고 있는 것도 특색이다.

남미의 최남단 우수아이아시의 눈이 있는 경치

　남극대륙과의 유일한 통로인 푸에고섬은 남극의 연구 개발에 직결되는 지역이다. 이 섬의 보편적인 성격은 다음과 같다.

　푸에고Fuego 섬의 여름은 거의 해가 떨어지지 않을 정도로 한밤중에도 부옇게 햇빛이 배어있으며, 기후적으로는 하루에도 4계절의 성격을 나타내는 까다로운 면이 있다. 햇빛이 나다, 비가 오다, 바람이 불다, 구름이 끼다, 순식간에 비, 바람, 폭풍, 눈보라의 변화를 나타내기도 한다. 여름 온도는 더워도 20℃를 넘기지 않으며, 겨울철에는 거의 밤으로 연속되고 기온은 평균 － 10℃ 정도이며 아주 추워도 － 20℃ 이하로는 내려가지 않는다.

6) 푸에고섬의 해양연구소

푸에고섬이라 하면, 다윈의 저서 「종의 기원」에 나오는 진화론의 산실이기도 하다. 젊은 다윈이 해군 측량선 비이글Beagle호를 타고 6년 동안 전 세계를 여러 번 돌면서 채취한 생물의 표본이 바로 진화론의 명저가 됐던 것이다. 다윈의 업적을 기리기 위해 우수아이아시 앞의 바다를 비이글 운하라고 명명했다. 그런가 하면, 일급 호텔의 이름과 상표에도 '비이글'이라는 말을 인용하고 있다.

푸에고섬에는 우수한 해양연구소 CADIC(Centro Austral de Investigaciones Cientificas)가 있다. 이 연구소는 '83년에 건설된 극지 연구소의 하나로서 눈부신 발전을 이룩했고, 정부의 중점 지원 연구소로서 활약하고 있다. 주요 연구 분야는 기상학, 수문학, 육상 생물학, 바다 생물학, 지질학 등 5개 분야로서, 특히 남극 바다의 해양생물 자원 개발의 주요 임무를 맡고 있다.

이곳에서 근무하는 연구원은 70명 정도로서 생물학을 전공하는 사람이 60%를 차지하고 있다. CADIC의 건물은 설계상으로 한대 지방의 성격을 잘 반영하고 있다. 이 연구소의 기능은 행정적으로도 상당한 영향력을 행사한다. 특히 이 해역의 어업권에 대하여는 CADIC연구소, 연방정부의 수산청 및 주정부가 공동심사를 하는데, 이 연구소의 언권言權이 크다고 한다.

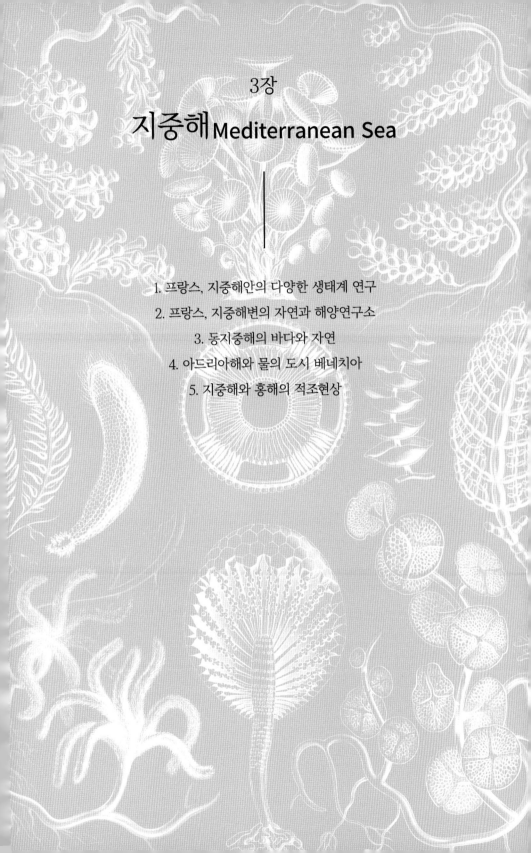

3장
지중해 Mediterranean Sea

1. 프랑스, 지중해안의 다양한 생태계 연구

1) 지중해의 개요

지중해의 면적은 297만km²에 달하며, 길이는 약 4,000km이고, 폭은 1,600km나 되는 대해大海로서 태평양, 대서양, 인도양, 북극해, 카리브해 다음으로 큰 세계 6대 해양이다. 3개 대륙으로 둘러싸여 있지만, 실제로는 유럽 대륙과 아프리카 대륙 사이에 위치하며, 대서양과 교류하는 내해로서 심해를 이룬다.

평균 수심은 1,458m이며, 최대 수심은 무려 4,404m나 된다. 조석의 차이가 30cm 정도에 불과하며, 지브랄타 해협에서는 겨우 14km의 수로를 통하여 강한 해류로서 대서양과 활발하게 교류하며, 반대편인 동쪽의 수에즈 운하에서는 홍해를 통하여 인도양과 연결되고 있다.

지중해는 폐쇄된 내해로서 풍부한 태양광선에 따라 증발량이 많으며, 수온이 따뜻하고, 염도가 높고 밀도가 큰 것이 수문학적 성격이며, 지중해수의 일차적인 특성 중의 하나이다.

2) 까리-르-루에Carry-le-Rouet 해역

프랑스가 점유하고 있는 지중해는 북서 지중해의 중앙부위에 위치하고 있어서, 지브랄타해협과 교류하고 있는 스페인의 해양 성격보다는 수문학적으로 안정되어 있으며, 지중해안쪽으로 돌출되어 있는 이탈리아반도의 해양 성격과도 차이가 있다.

까리-르-루에 해역은 프랑스가 접하는 지중해의 중앙부위에 해당하는 연안수역이다. 이 해역은 지리적으로 대도시를 끼고 있는 마르세이유만gulf of Marseille과 공업단지를 끼고 있는 포스만gulf of Fos과의 사이에 위치하고 있는 해역이다.

마르세이유는 유수한 항구로서 연간 총 물동량이 2억 톤이나 되어서 여러 가지 인위적인 해양 오염물질의 유출이 불가피한 실정에 있다. 까리 – 르 – 루에 해역은 마르세이유만으로부터 불과 10여km 정도 밖에 떨어져있지 않다. 따라서 드물기는 하지만 강한 동풍vent d'est이 장기간 불 때, 마르세이유항의 오염된 해수가 이곳으로 이동되어 희석됨으로써 다소나마 항만오염의 영향을 받게 된다.

포스만의 중앙 부위에는 에땅 드 베르의 카롱트 운하chenal de Caronte가 연결되어 있다. 막대한 뒤랑스 강물은 전력화된 후, 에땅 드 베르 호수로 유입되었다가 이 운하를 통하여 지중해로 배출된다. 또한 포스만의 한쪽 끝 부분에서는 론Rhône강의 담수가 유입되고 있다. 론강과 뒤랑스강은 다 같이 알프스 산맥에서부터 기원되는데, 결국은 포스만으로 배출되어 이 수역의 일대는 복잡한 하구생태계를 형성한다. 그런데 알프스 산으로부터 기원되는 미스트랄mistral바람이 장기간 몰아치는 경우, 이 해역에서는 강한 해류가 발생하게 되고, 해수의 유동이 심할수록 수문학적 변화도 많아진다. 이때는 담수의 확산은 물론, 용승작용 upwelling이 일어나서 특이한 해양학적 성격을 표출한다.

까리 – 르 – 루에 해역의 수문학적 성격은 드물기는 하지만 북풍인 미스트랄이 장기간 불 경우, 포스만의 기수 영향을 받아 10m 수심 정도의 상층은 적지 않은 변화가 표출된다. 그러나 10m 이하의 저층에서는 지중해 고유의 해양학적 성격을 지님으로써 상·하의 수층은 수심별로 완전히 분리되는 현상을 드러낸다.

동풍이 강할 때는 마르세이유만에 집적되었던 오염물질이 까리 – 르 – 루에 수역까지 이동·확산됨으로써 다소 오염된 해수의 성격을 드러낸다. 그리고 북풍인 미스트랄이 강할 때는 이 해역에서 약 25km 떨어져 있는 론강의 담수와 같은 방향으로 20km 떨어져있는 에땅 드 베르의 기수가 이 해역에 드물게 영향을 미치고 있으며, 다른 한편으로는 동풍에 의한 마르세이유의 항만 오염이 이 수역에 드물게 영향을 끼친다. 그렇지만 이 수역은 거의 완전히 오염원에서 벗어난 해양open sea 수역으로서 청정 수역을 유지하고 있으며, 일반적으로 전형적인 지중해성 성격을 보이고 있는 해역이다. 이 해역에서는 어업, 소위 정치망 어업, 통발, 트롤선 등과 같은 어로 활동은 없다. 그렇지만 조그만 어선들이 매일 잡아내는 어획량은 이 지방 사람들에게 부족함이 없는 듯 보인다. 생산되는 어류로는 정어리가 가장 많으며, 낚시로 잡히는 어류 중에는 도미류가 많은 편이다. 이 밖에도 넙치, 가자미, 가오리, 조그만 대구 종류, 문어, 낙지 등이 어획되며, 양적 변화 없이 연중 꾸준히 잡힌다.

3) 에땅 드 베르Etang de Berre호의 자연

에땅 드 베르Etang de Berre호는 프랑스 지중해변의 중앙부분에 위치하고 있다. 이 호수는 프랑스에서 제일 큰 해안 호수이다. 총 수표면적은 156km²이며, 최대수심은 10m를 넘지 않는다. 호수의 장축은 20km이고, 상부의 가장 좁은 부분은 6km 정도이다. 지중해의 해양 성격과는 판이하게 다른 독립된 기수생태계를 이루고 있으며, 표층은 담수성이 강하고 저층으로 갈수록 해수의 영향이 강하다. 이 호수에 담긴 총 수량은 9억 톤이 넘으며, 수표면의 2/3 정도는 수심 7m에서 10m 정도의 깊이를 지니고 있다.

1966년 3월 이후, 남부 알프스 산맥에서 시원하여 지중해로 유입되는 뒤랑스Durance 강물이 대단위의 전력을 생산하기 위하여 대형 댐으로 또는 인공 운하로 정리됨으로써 최종 단계에서 막대한 수량이 에땅드 베르호로 쏟아져 내리는 자연변조의 대역사가 이룩되었다.

이 호수와 주변 지역은 자연경관이 대단히 아름다웠으며, 여름철에는 수많은 피서객과 수영객의 발걸음이 끊이지 않았던 곳이다. 자연생태계는 해안 동·식물이 풍부하게 자생하고 있었으며, 특히 어류의 서식환경이 두드러지게 좋아서 마치 어류의 자연 양식장 같았다. 호수의 저층은 수심이 깊지 않고, 뱀장어가 생활하기 좋은 진흙바닥으로 되어 있어서 유럽에서 제일 유명한 뱀장어 서식처였다. 또한 번식력이 좋아서 뱀장어 종묘를 전 유럽에 공급할 수 있었다. 그러나 그 후에는 저층에 용존산소량이 거의 없어서 자생하던 뱀장어도 때로 떼죽음을 당하고 있다.

이곳에서는 숭어가 많이 어획되었다. 지금은 숭어의 양이 많이 줄어들었다고 하나, 물 위로 튀는 전경이 쉽게 관찰된다. 이것은 무엇보다 이 수역이 숭어의 서식환경으로 좋기 때문이다. 숭어는 담수에 좋은 반응을 지니고 있고 대량으로 자생하던 때는 강어귀의 수로에 막대기로 내려치면 잡았다고 한다. 또한 다양한 종류의 패류도 대량 서식하고 있었다. 먹이연쇄에 따른 홍학 떼의 자생지로서도 이름이 나 있었다. 따라서 어류의 자연 양식장 같았다. 그러나 생태계의 변조 이후 어업활동은 사라지고, 산업 활동의 대형화는 완전히 불모의 수산수역으로 만들고 말았다.

이 호수에는 풍부한 햇빛과 알맞은 수온, 그리고 담수에서 유입되는 풍부한 영양염은 식물성 플랑크톤의 폭발적 번식을 유도하여 제1차 생산량이 높았으며, 그 결과 어류의 번식이 괄목할 만하였다. 또한 수질은 염도가 대단히 높아 호수 주변의 넓은 저지대는 염전으로 활용되어 많은 양의 소금이 생산되었다.

이러한 역사와 함께 호수의 고유한 생태계는 고농도의 염분이 희석

되면서 일시에 기수생태계로 급변하였다. 즉, 기존의 생물 환경은 완전히 파괴 또는 전환되면서 새로운 생태계가 생성된 것이다. 이것은 산업화에 따른 자연 환경의 대변화로서 생태학적 변화가 막대하지 않을 수없었다. 우선 시각적으로 아름답게 비상하던 홍학 떼가 자취를 감추게되었다. 이것은 먹이 피라미드의 붕괴를 의미하는 것이다.

호수의 상단 부위에서 전력을 생산하기 위하여 쏟아 부어지는 뒤랑스 강물은 호수의 전 표면에 신속한 영향을 미침은 물론, 저층의 수질까지도 막대한 변화를 일으켰다. 이렇게 유입되는 막대한 양의 담수는 약 20여km의 길이를 지니는 호수의 전 수질을 거의 균질화시키면서, 길이가 6km이며 폭이 일부를 제외하고는 수백 미터인 카롱트 운하chenal de Caronte를 통하여 지중해의 포스만으로 유출된다.

따라서 운하의 양쪽 끝, 즉 입구와 출구 사이에는 평균수심이 9m이며, 6km라는 운하의 양단에는 해수와 기수가 예민하게 상충한다. 전운하의 표층수는 에땅 드 베르호의 표층수와 거의 비슷한 수문학적 성격을 나타내고 있다. 그러나 해수의 비중과 해류 및 조석의 영향으로인하여, 수심 9m에 가까운 심층에서는 발달된 층이현상stratification을보이면서 수괴의 성격이 현격하게 다른 것이 특징이다.

바닷쪽에 위치하는 운하의 한쪽 끝인 뽀르-드-부크Port-de-Bouc 수역은 수심이 불과 13m에 불과하다. 그리고 표층수의 염도가 5‰ 정도인 반면에 저층으로 갈수록 염도가 대단히 높아져서 수심 10m 이상이되는 수괴의 염도는 30‰ 이상이며, 많은 경우 저층의 염도는 이 해역의 정상적인 해수에 가까워짐을 알 수 있다.

호수 안쪽의 운하 끝 부분 지역에는 마르띠그Martigues라는 커다란마을이 있다. 유입되는 만큼의 수량이 유출되고 있는 이 부분의 운하에서는 거의 언제나 비교적 강한 흐름이 보여지고 있다. 이곳에는 대형유조선의 출입이 빈번한데, 커다란 선박이 지날 때마다 운하 위에 놓인

이동성 다리가 들려짐으로써 이색적인 경관도 보여주고 있다.

이곳에는 뒤랑스Durance 강물뿐만 아니라, 툴루브르Touloubre, 아르크Arc, 뒤랑쏠Drançole 같은 수질 성격이 전혀 다른 하천수가 동시에 유입된다. 이러한 담수는 엄청난 양의 영양염류와 함께 유입되고, 부영양화현상eutrophication을 일으켜 식물성 플랑크톤의 막대한 번식은 물꽃water bloom 내지 적조현상red tide을 끊임없이 일으키고 있다.

유입되는 담수 속의 식물 플랑크톤은 생태계가 완전히 다른 환경 속에서 대부분 사멸되지만, 적응이 빠르고 쉽게 번식할 수 있는 종류는 알맞은 수온과 풍부한 영양염류의 최적 환경을 이용하여 대발생을 하여 적조현상의 출현을 빈번하게 하고 있다.

이런 적조현상은 일시에 대발생하여 일시에 사멸함으로써 영양염류를 재순환시킨다. 다양한 우점종류를 지니고 있는 에땅 드 베르호의 수질에서는 우점종이 번갈아 가면서 연속적으로 대발생되고 있어서 적조현상이 그치지 않는다. 따라서 1년 내내 적조발생의 해안호수를 이루는 특수한 수역이다.

2. 프랑스, 지중해변의 자연과 해양연구소

1) 지중해변의 자연

지중해는 지형적으로 거의 폐쇄된 바다이기 때문에 밀물, 썰물의 차이가 거의 없으며 해류도 약하다.

알프스의 고산으로부터 기원되는 미스트랄mistral 같은 강풍은 심한 파도를 일으킨다. 이런 경우 용승현상upwelling이 일어나서 이곳의 해양학적 성격을 변화시킨다. 따라서 생태학적으로는 바다에 생물학적 활력을 불어넣는다.

한 여름철의 수온은 보통 25~26℃이지만 때로는 30℃까지 상승한다. 겨울철에도 최저 수온이 13~14℃ 정도로 비교적 따뜻한 편이다. 따라서 연중 수영을 스포츠로 즐기는 사람이 적지 않다.

지중해에는 조간대의 면적이 적고, 대형조류macroalgae의 서식대가 거의 없다. 특히 대서양변에 풍부하게 서식하고 있는 갈조류의 생체량 fucales, laminariales, ascophyllum은 지중해에서는 없기 때문에 생물학적으로 대단히 빈약하다. 그렇지만 지중해의 따뜻한 물속에는 홍조류가 풍부하게 서식한다. 특히 난수성 석회조류가 저층의 돌, 자갈, 바위에 다량 서식한다.

지중해에서 생산되는 어류의 종류와 생산량은 대서양이나 영불해협에 비하여 빈약하다. 어업의 형태는 소규모이며, 영세어민들은 아침마다 바다에 나가 어류를 잡아 부둣가에서 판매한다.

지중해변에서는 어업의 발달보다는 수영, 수상스키, 윈드서핑, 요트 또는 보트놀이, 일광욕, 해수욕 등 해상 레크리에이션이 발달되어 있다.

스페인 국경 근처의 해안에는 피레네 산맥이 뻗어 있으며, 알프스 산맥의 발치는 프랑스와 이탈리아 해안의 국경지대를 이룬다.

프랑스의 중심해변에는 알프스산에서 기원되는 론Rhône강의 하구가 위치해 있으며, 이 하구를 중심으로 대소의 해안海岸호수가 많이 분포되어 있다.

지중해의 동쪽은 수에즈운하를 통하여 홍해와 연결되어 있으며, 나아가서는 인도양과 연결된다. 홍해는 내해로서, 온화한 수온과 풍부한 영양염류로 극심한 적조현상을 발생시킨다. 물의 색깔이 언제나 붉기 때문에 홍해라는 이름이 붙여졌다.

프랑스의 지중해변은 일반적으로 최적의 주거환경을 이룬다. 겨울에는 비교적 온난한 우기를 이루고, 여름에는 비교적 고온의 맑은 날씨가 계속된다.

산물로서는 포도, 오렌지, 레몬, 올리브, 무화과 같은 것이 주로 생산되고, 라방드lavande같은 꽃이 재배된다. 이것은 향료생산에 이용된다.

2) 마르세이유시와 구항Vieux port

마르세이유는 세계적인 항구도시의 명성과 프랑스 제2의 대도시라는 이름이 합쳐져 있다. 따라서 도시로서 또는 항구로서 그 규모가 크고, 역사도 깊다. 마르세이유에 대한 바다, 항구, 도시에 관한 자연경관을 몇 가지 논하면 다음과 같다.

구항vieux port은 이미 2500년 전부터 오늘날의 규모와 면모를 지닌 양항이다. 이곳은 알프스산맥에서 기원되는 론Rhône강의 하구와 인접해 있으므로 거산巨山과 대해의 기압차이로부터 생기는 대기의 이동 즉 미스트랄mistral 같은 강한 바람의 위력이 대단하다. 그러나 이 항구에서는 미스트랄이 별로 위력을 발하지 못한다. 항구의 모양은 �口자형으로 입구를 제외하고는 강풍을 잘 막아주고 있다. 항구 안에는 고급 요트와 여객선, 작은 어선들과 보트에 이르기까지 수많은 선박이 빽빽하게 들어서 있다.

항만시설이 좋고 관리가 잘되어 있으며, 오랜 세월의 흐름은 항구 자체를 마치 고색창연한 문화재의 분위기로 만들고 있다.

항구의 안쪽을 기점으로 해서 도시가 발달되었기 때문에, 항구주변의 건물들 자체가 도심을 이루고 있다. 이미 수백 년 전에 건설된 건물들은 퇴색한 모습을 보이면서도 질서정연하게 배열되어 있다. 항구를 둘러싼 시가지는 거의 모두 카페, 술집, 호텔, 음식점, 바다에 관한 해

마르세이유시의 전경과 인접한 바다

마르세이유시에서 보여지는 구항(Vieux Port)과 이프섬

양상점들이다.

이곳은 이미 잘 알려진 바와 같이 거칠고 범죄가 많은 항구도시로서의 명성에 조금도 손색이 없다. 세계각처에서 몰려든 선원들의 일시 휴식처이기도 하다. 주로 부두 노동자를 포함하여 도시인구의 절반이 외국인이다.

필연적으로 국제적인 건달과 범죄성 분위기가 잘 무르익어 있으며, 물론 술과 여자, 알코올 중독자, 부랑아들이 우글거리고 있다. 그렇지만 문학적으로는 마도로스의 사랑과 바다의 기질이 넘치는 곳이기도 하다.

이 항구의 풍물 중 하나는 아침마다 형성되는 어시장이다. 가난한 어부 가족은 부창부수하여 아침바다에 나가 물고기를 잡아 부둣가에서 좌판을 벌인다. 수십 명의 영세한 어부의 아내들은 살아 움직이는 싱싱한 생선을 들고 싸구려 얼마를 외친다. 항구와 부둣가가 깨끗한 환경이어서 이방인들은 시간 가는 줄 모르고 구경을 하게 된다. 이와 같은 정경은 거의 매일같이 반복된다. 정어리sardine, 도미dorado, 오징어seiche, 낙지pulp, 대구종류tago, 넙치, 가자미, 가오리, 홍어 등을 비롯하여 대

마르세이유, 연안에서 어획되는 정어리(좌)와 숭어, 도미류(우)

소 여러 종류의 물고기가 잡히고 있다.

항구주변에 밀집해 있는 레스토랑의 유명한 메뉴로는 마르세이유 부이아베스Marseille Bouillavaise, 즉 생선국 요리이다. 한국인으로서는 좀 생소해도, 비교적 부담 없이 먹을 수 있다.

마르세이유의 신항新港은 거대하다. 부두로 사용되는 방파제의 길이만도 10㎞ 이상이며, 연年 하적량은 2억 톤이나 된다. 유럽에서는 암스테르담 다음가는 제2의 항구이다. 이 항구는 시실리, 이탈리아, 아프리카 등의 여러 지역과 유럽의 여러 지역으로 다니는 정기 여객선의 도크로도 활용되고 있다.

수십만 톤에 달하는 대형 유조선과 화물선이 만내에 즐비하다. 대형선박의 집합장인 것이다. 또한 대형선박의 정비와 수리를 전문적으로 담당하기도 한다. 수십 만 톤급의 배가 밑바닥을 땅위에 드러내 보이고 있기도 하다.

마르세이유 자치 항만청은 그 권한이 거대하며, 경제적으로 부유하다. 이 항만청은 해양연구소에 일정량의 해양환경 연구비를 장기간 조달하고 있다. 마르세이유시는 인구 100만의 프랑스 제2의 도시이다. 특히 바다에 관한 문화가 융성한 도시이다.

해양과학은 다른 어느 도시보다 발달되어 있으며, 샤또 디프château d'If 같은 바다 문화에 대한 유적도 있다. 이 지방에서 태어난 유명한 향토 작가로는 알퐁스 도데Alphonse Daudet, 마르셀 파뇰Marcel Pagnol, 장 지오노Jean Giono 등이 있다.

마르세이유 해변은 전형적인 지중해변으로서, 대개 바윗돌로 되어 있으며, 모래사장은 아주 빈약하다. 그러나 해수욕을 즐기는 사람들은 자유롭고, 반라의 수영객이 많으며, 부분적으로는 나체촌을 이루는 곳도 있다. 일부 해변에는 부유계층의 호화별장이 즐비하며 자연경관이 아주 좋다.

그러나, 마르세이유만gulf of Marseille은 대도시의 방대한 하수뿐만 아니라 각종 선박오염을 수용해야 하므로 해양오염이 심각하다고 할 수 있다. 도시 하수는 3차 처리까지 하여 수심 수십 미터의 바다 밑으로 내뿜어서 해수면을 직접 오염시키지는 않는다.

시민의 바다에 대한 자연보호의식은 항구의 규모나 기능에 비례하여, 대단히 높다. 이러한 시민의식은 바다오염을 극소화시키고 있다. 번잡한 해상교통, 즉 수많은 선박의 출입과정에서 수질은 탁해질 수밖에 없으나 외견상 고형물의 오염현상은 비교적 적은 편이며, 바다에 대한 자연보호운동이 잘 전개되고 있다.

3) 지중해의 해양연구소

프랑스에서 해양을 주제로 연구하는 전문기관은 대학교의 부설 해양연구소, 국립과학원CNRS, 국립해양수산연구소Ifremer 등이다. 이들은 대대적인 연구기반을 지니고 있다. 대학의 부설 연구소도 도처에 오랜 역사를 지니고 발달되어 있다. 이것은 이 나라의 국민들이 실용주의적인 생각으로 해양학을 발달시킨 결과이다.

프랑스의 지중해변에는 중요한 해양연구소가 10여 개 이상 있다. 스페인 국경으로부터 이탈리아 쪽으로 지명을 소개하면 바니울스Banyuls, 세뜨Sète, 몽뻴리에Montpéllier, 마르세이유Marseille, 르 브뤼스크Le Vrusc, 따마리스Tamaris, 뚤롱Toulon, 니스Nice, 빌프랑스 쉬르 메르Villfranche-sur-Mer, 모나코Monaco가 있다.

(1) 바니울스 임해 연구소 Banyuls sur Mer
이 연구소는 스페인 국경에 가까운 작은 마을에 있다. 피레네 산맥이 지중해와 만나 멈추는 곳이기도 하여 뛰어난 자연경관의 면모를 보이고 있다.

일반적으로 지중해는 해안의 모습 속에, 다소의 모래사장이 보일 뿐이다. 그러나 이 연구소의 인근지역에는 여기 저기 모래사장이 있다. 또한 경관이 좋고, 수온이 알맞아서 여름철에는 많은 피서객이 찾는 곳이다. 꼴리우르Collioure라는 마을은 인구 2~3천 명 정도의 화가들이 모여 사는 화가 촌으로서 평화롭고 아름다운 면모를 보인다.

연구소는 1883년 피에르 에 마리 큐리Pierre et Marie Curie, 파리대학 해양생물학 교수였던 앙리 라까즈 듀티에Henri de Lacaze-Duthiers에 의하여 설립되었다.

해양과학의 여러 분야에 종사하는 40여 명 정도의 상임연구원이 연구소에서 활동하고 있다.

특기할만한 것은 연구소의 여러 분야 중에서 육상생태학의 연구 분야가 포함되어 있는 점이다. 부속시설물 중에는 해발 2,000m의 피레네산 자연보호림 속에 별장식 실험실이 운영되고 있다. 다른 한편으로 고산지대의 호소를 연구하기 위한 고산육수 실험실도 설치되어 있다. 이런 고산실험실에는 매년 유럽 전역으로부터, 수백 명의 학생들이 찾아와 생태학적 연수교육을 받는 것이 특색이다.

이곳에서는 지역적 특성을 살리는 방편으로서 연구용 동식물 수족관은 일반에게 관람이 되며 이곳을 지나는 사람이면 찾아오는 명소의 역할을 하고 있다.

이 수족관에는 왕바다거북tortues caouonnes, 도미류daurades, 곰치류murénes, 말미잘류actinies, cerianthes, loups 등이 축양되고 있다.

다른 전시품으로는 동부 피레네 산맥에서 자생하고 있는 조류(새종류)가 수집되어 전시되고 있다.

(2) 마르세이유 해양학 센터 Centre d'Océanologie de Marseille

이 해양연구소는 마르세이유의 쌩 샤를르Saint-Charles 대학교의 동물학을 전공한 A. Marion 교수가 1883년 해양과학의 중요성을 인식하고 1,200m²의 임해연구소를 짓기 시작하여 1889년에 건물을 완성함으로써, 연구소가 설립되었다.

초기의 연구소 명칭은 동네 이름을 따서 앙둠해양연구소Station Marine d'Endoume라고 불렀다. 연구소에서 바다로 약 2km 떨어진 해상에는 샤또 디프château d'If섬이 자리 잡고 있다.

바닷가 암벽 위에 세워진 연구소는 여유 있는 부지와 연구동을 지니고 있지는 않다. 그러나 130년이라는 역사 속에 굴지의 해양학자들이 다수 배출되어 세계적인 명성을 얻고 있다. 해양연구소의 전속 건물은 앙둠Endoume바닷가의 4개 동 3,471m²와 루미니Luminy대학 캠퍼스 내에 있는 5층 건물 2,500m²로 되어 있다. 이 밖에 별도로 있는 해양미생물 분야가 통합되고, 대학 내 해양학 교수들의 연구실과 실험실을 합쳐서 계산하면 이 연구소의 실제 규모는 더욱 크다.

연구소는 1948년 페레스J·M Pérès 교수가 소장으로 취임하면서부터 활발하게 발전하기 시작하여 1983년 은퇴하기까지 다음과 같은 규모의 12개 연구 분야를 두고 많은 연구비를 수용하였다. 그리고 수많은 외국인을 받아 들여 교육을 시켰으며, 국제 교류를 활성화시켰다.

> Distribution pélagique(원양생물의 분포), Production pélagique(원양생물의 생산), Benthos des substrats durs(고형물체에 서식하는 저서생물), Production bentique(저서생물의 생산), Récifs coralliens et milieux environnants(산호초와 자연환경), Pollution, Protection des milieux naturels(오염, 자연환경의 보호), Microbiologie et protophytes(미생물과 원생식물), Biochimie(생화

학), Physiologie et aquaculture des téléostéens(경골어류의 생리학
과 양식), Physiologie et aquaculture des crustacés(갑각류의 생리학
과 양식), Biologie marine(해양생물학), Geologie et sédimentologie
marine(해양지질학과 침전학)

1983년, 연구소에 세대교체가 이루어지면서 40대의 블랑F. Blanc 교
수가 소장직을 이었다. 그는 연구소의 기구를 완전히 개편했다. 기존
의 많은 기구를 통폐합하여 다음과 같은 4개의 연구 분야로 간소화하
였다.

첫째, 저서생물 분과 1benthos 1. 이 분과에서는 해양환경을 분석함으
로써 저서생물의 생태계를 종합적으로 연구하고 있다. 즉 저서생물의
총괄적인 구조와 동적연구dynamique를 비롯하여, 우점종의 생물학, 또
는 생태학 연구에 초점을 맞추고 있다.

둘째, 저서생물 분과 2benthos 2. 이 분과에서는 저서생물의 생산성
과 먹이망을 집중적으로 연구하고 있다. 광합성 색소 또는 14C방법을
통한 저서생물의 제1차 생산 뿐 아니라 생장, 번식, 그리고 집단의 동적
변화에 대하여 연구한다. 즉 저서생태계의 에너지 흐름과 유기물질의
순환과 재생산 과정의 기능을 연구한다.

셋째, 생태생리학 분과écophysiologie. 해양환경의 여러 가지 요인과
해양생물의 여러 가지 생리적인 면모를 복합적으로 연구한다. 이 분야
의 실험 방법은 실제적인 활용에도 기여하고 있다.

넷째, 원양생물 분과pélagos. 해수의 무기물질과 유기물질의 물리·화
학적 연구 분야, 플랑크톤 분야 및 통계학 분야를 연구하고 있다. 근해
와 원양의 생태계를 구조적으로 기능적으로 연구하는 곳이다. 또한, 해
양과 대기와의 상호관계에 대하여서도 연구한다.

연구소에 소속되어 있는 교수, 연구원 및 행정요원 등은 약 180여

명이었다. 그 내용을 보면 프랑스 국립과학원 소속 연구원이 40여 명, 대학 교수 연구원이 30여 명, 그 밖에 E.P.H.E, 또는 C.N.E.X.O 등에 소속되어 있는 소수의 상주연구원들이 있었다. 또한, 국가박사과정을 포함한 박사과정 중의 연구원도 40여 명 이상 있다. 대학수준의 단일 연구소로서는 규모가 대단히 큰 편이다.

(3) 모나코 해양박물관과 수족관

모나코는 바티칸에 이어, 세계에서 두 번째로 작은 나라이다. 프랑스에 에워 쌓여있는 보호국으로서, 이탈리아 국경에 인접해 있다. 이 나라의 장축은 약 4km로서 지중해변에 위도상 대각선으로 놓여 있다. 면적은 $1.8km^2$에 불과하며, 인구는 3만 명 정도이다. 기후가 대단히 따뜻하여 세계적인 피한지로 발달되어 있다. 이 나라의 3가지 유명한 생활수단은 자동차경기, 카지노, 그리고 해양박물관을 비롯한 관광 수입이 주종을 이루고 있다.

이 연구소와 박물관은 110여 년 전에 알베르 1세가 해양연구소를 설립하였고, 작크 꾸스또가 크게 발전시켰다. 작크 꾸스또는 유명한 해양탐험팀과 연구팀을 거느리고 있었다. 그는 지구상의 구석구석을 탐험하며 기록영화를 제작하였다. 그 필름은 전 세계에 보급되어 해양학의 보급과 발달에 큰 역할을 하고 있다. 따라서 이 연구소에서는 최신의 탐사선을 비롯한 갖가지 해양연구 장비를 갖추고 있는 세계적으로 유명한 해양연구소 중의 하나이다.

이 나라를 찾는 사람은 대부분 경관이 좋은 곳에 위치하는 이 해양박물관을 방문한다. 이 박물관은 모나코항구의 바로 바깥쪽 청정수역의 암벽 위에 세워져 있는데, 지중해에서 서식하는 대소의 다양한 어류가 수족관에 잘 양식되고 전시되어 있어서 관광객에게 커다란 관심과 흥미를 제공한다. 또한, 대형 공룡이 한 동안 전시되어 있다가 최근에는 영상 기록 시스템으로 대치되어 있으며 각종 해산 동·식물의 표본이 훌륭하게 전시되어 있다.

4) 세계의 바다를 누빈 꾸스또와 해양생물학의 태두 페레스

유사 이래 해양 개척의 선구자들은 수 없이 많으며, 이들은 인류 문화를 창조하는데 크게 기여한 위인들이기도 하다. 이들 가운데 근년에 들어, 과학적이고 학술적인 활동을 통해 명성을 날린 두 사람의 프랑스인 해양학자를 소개하고자 한다. 한 분은 자크 꾸스또Jacques Cousteau이고, 다른 한 분은 장 마리 페레스J. M. Pérès이다.

(1) 해양학의 보편화에 기여한 꾸스또

꾸스또는 모나코의 해양박물관Musée océanographique과 해양연구소Institut océanographique를 기반으로 활동하였다. 그가 이끈 해양탐험팀과 연구진은 전 세계의 바다를 누비며 탐사하여 기록 영화를 제작함으로써 해양학을 보편화하는데 크게 기여했다.

또한 그는 잠수기술을 획기적으로 개발한 개척자이기도 하며, 근년에 서거하기까지 명성있는 국제해양학술회의CIESM를 개최하는 등 해양과학 발전에 정열적으로 활약한 선구자이다.

그에 관한 책으로는 『바다의 챔피언champion of the sea』, 『바다의 사나이man of the ocean』, 『바다의 세계the ocean world』, 『꾸스또의 아마존강 여행Jacques Coustau's Amazon Journey』 등이 있고, 최근에 우리나라에서 『쥬니어 꾸스또 선장』이라는 과학도서가 발간되기도 하였다.

모나코의 해양박물관과 연구소는 1898년 유명한 해양학자이기도 한 모나코의 왕자 알베르 1세Albert 1er prince de Monaco가 설립하였다. 이

박물관은 지중해성 기후와 좋은 해양경관을 배경으로 하고 있으며, 지중해성 식물의 조경도 박물관의 품위를 더해주고 있다.

이곳에는 전 세계의 다양한 수역에서 수집된 크고 작은 각양각색의 어류가 수족관에 전시되고 있어서 이곳을 지나는 많은 관광객이 해양생태의 일면을 즐길 수 있게 해주고 있다. 박물관에는 우수한 해양연구팀이 학술활동을 펼치고 있는 것도 특색이다. 박물관장 및 연구소장을 역임한 두망쥬Doumange 박사는 1970년대 한·불 과학 협력시대에 방한하여 우리나라의 해양학 발전에 기여했으며, 1986년에도 방한하여 주문진에서 해군선을 타고 동해중부 해역을 시찰하기도 했다. 이 분은 우리나라의 해양과학 발전에 커다란 관심을 가지고 있었으며, 박물관과 연구소 운영을 활발하게 하고 있다. 모나코의 해양박물관은 역사적으로나 실제 내용적으로나 세계적인 명성을 지닌 해양박물관 중의 하나이다. 저자가 두망쥬 소장을 만났을 때 우리나라에 대한 많은 감회를 술회하고 있었다.

(2) 해양생물학의 태두 장 마리 페레스

해양생물학의 태두 장 마리 페레스 박사는 꾸스또와는 동년배로서 기질상으로 서로 가까운 친구사이다. 꾸스또가 잠수기술의 개발과 해양탐험의 개척자라면, 페레스는 해양생물학의 연구와 교육에 있어서 독보적인 능력을 발휘한 학자이다.

페레스박사는 1915년 파리에서 태어나 1943년 해양생물학으로 이학국가박사 학위를 취득하면서부터 정열적으로 활약한다. 초기에 그는 모나코 해양박물관의 부소장으로 일을 시작하며(1943~1944), 그 후 다양한 경력을 쌓는다. 그가 남긴 중요한 업적은 무엇보다도 프랑스의 마르세이유 해양학센터의 소장으로서 40여 년간 봉직하고 1983년에 은퇴한 것이다. 그는 프랑스 학술원의 회원이며, 동시에 벨기에의 왕립학술원 회원으로서 학문적으로 최고의 영예를 누렸다.

그리고 해양개발센터CNEXO의 최고자문위원으로서 활약하였다. 그가 발표한 연구논문은 적어도 220편 이상이며, 저술한 서적도 10여 권이나 된다. 해양과학의 발전에 다방면으로 기여한 공로로 여러 종류의 훈장과 메달을 수여 받았다. 그가 앙둠 해양연구소Station marine d'Endoume에서 소장으로 봉직한 40년 동안 실로 중요한 업적은 연구소를 외형상으로 10배 이상 키웠고, 학술적으로는 연구 분위기를 개방하여 유수한 해양학자들의 요람이 되도록 하였다. 또한 교육적으로는 박사과정을 확대, 개방하여 세계 도처의 학생들을 수용하여 유능한 해양학자로 성장시켰다.

이 연구소는 마리옹A. Marion 교수가 설립자로서 1883년부터 연구소를 짓기 시작하여 지금도 옛 모습을 지니고 있는 본관 건물을 6년 후에 완공했다. 이 연구소는 도심에서 불과 4km 정도 떨어져 있으나 자연 환경이 깨끗하고 청청지역을 이루는 해변가의 조용한 지역에 위치하고 있다. 이곳은 전형적인 지중해성 기후를 지니고 있어서, 한 여름에도 아주 덥지 않고 한 겨울에도 별로 춥지 않다. 여름철 수온은 아주 따뜻하고, 한 겨울철에도 차갑지 않아 사철 수영을 즐기는 사람들이 적지 않다. 또한 샤또 디프château d'If섬은 연구소에서 약 2km 앞의 바다에 있는데, 이 연구소의 자연경관과 정취를 더하여 주고 있다.

3. 동지중해의 바다와 자연

1) 동지중해의 다양한 바다자연

지중해를 테티스Tétys라고도 하는데, 이것은 바다의 여신이라는 뜻이다. 이 신은 대단히 아름다운 여신으로 상징되고 있다. 그리스 신화의 제우스신과 포세이돈신이 서로 각기 찾아가서 결혼을 하자고 간청했으나 테티스는 이 신들과 결혼을 하게 되면 더 훌륭한 아들이 태어나기 때문에 결혼을 할 수 없다고 거절하고 사람과 결혼을 한다. 그래서 태어난 아들이 아킬레우스이다. 아들은 어머니가 신과 결혼을 했다면 자신이 더 뛰어난 존재가 될 수 있었을 것이라고 아쉬워했다. "테티스"라는 해양학술지도 한 동안 명성을 날렸다.

지중해는 이탈리아반도를 중심으로 해서 서지중해와 동지중해로 크게 나눌 수 있다. 서지중해의 북쪽해안으로는 이탈리아, 프랑스, 스페인이 자리 잡고 있으며, 남쪽으로는 모로코, 알제리, 튀니지가 해안을 나란히 하고 있다. 서지중해 안에는 섬이 거의 없으며 비교적 심해를 이루는 것이 특색이며, 해안선은 아주 단조로운 편이다.

그러나 동지중해는 서지중해에 비해서 아주 복잡한 해안선을 지니고 있을 뿐만 아니라 섬들이 대단히 많은 다도해로서 아름다운 자연환경을 이루고 있다. 따라서 동지중해는 다양한 명칭을 지닌 바다들의 모임이라고 하겠다.

동지중해의 핵심적인 나라는 그리스가 아닐 수 없다. 그리스반도를 중심으로 서쪽으로 이오니아해Ionian Sea와 아드리아해Adriatic Sea가 있으며, 이 두 바다는 모두 지중해의 일부로서 크게 보아서 지중해의 해양학적 성격을 지니고 있으나 세부적으로는 지역적 특성을 지니고 있다.

그리스 동쪽에는 에게해Aegean Sea가 있는데, 이 바다에는 대단히 많은 섬들이 산재하여 있는 해역으로서 아름다운 해양경관을 나타내고 있다. 이 바다의 동쪽 해안선인 터키는 유럽과 아시아로 나누는 역할도 하고 있다.

에게해는 아주 길고 협소한 다르다넬스해협Dardanelles Strait과 접하고 있다. 이 해협은 다시 작은 내해인 마르마라해Marmara Sea와 연결되어 있다. 마르마라해는 이스탄불시가 위치하는 아주 좁은 보스포러스해협Bosporus Strait을 통해서 흑해Black Sea와 직결되고 있다.

흑해의 북쪽 부위에서는 아조프해Sea of Azov가 연결되어 있다. 이와 같이 다양한 바다의 성격과 해안선은 대략 지중해의 성격을 지니고 있거나, 아니면 지중해의 영향을 크게 받고 있다. 때로 지역적 성격에 따라 해양성격의 커다란 차이를 드러내는데, 지리적, 지형적, 기후적 차이에 의한 것이라고 하겠다.

2) 에게해의 다도해 자연

에게해는 지중해의 일부로서 서쪽으로는 그리스반도, 동쪽으로는 소아시아가 위치한다. 에게해의 전체면적은 약 21만 4,000km²인데 길이는 약 611km, 폭은 299km이다. 에게해의 남쪽으로는 크레타섬이 위치하고 있다.

에게해는 한때는 아르키펠라고('다도해'라는 뜻)라는 이름이 사용될 정도로 섬의 수효가 많다. 에게해 제도에는 지질 구조상 지진이 빈번히 일어난다.

에게해는 펠로폰네소스 만과 크레타 섬 사이의 해협을 통해 서쪽의 이오니아해와 연결되고 있다. 에게해의 해수는 전반적으로 맑고 푸르며 대소의 수많은 섬들이 산재해 있다.

에게해변에 위치한 에페스Efes, 셀추크Selcuk, 이즈미르Izmir, 아이발릭Aybalik은 터키의 남쪽에서 북쪽으로 위치하고 있는 도시들이다. 아이발릭의 바닷물은 상당히 맑아 보이고 잔파도가 많이 있으며 해변은 크게 보아 지중해의 성격을 벗어나지 않고 단조롭게 보인다.

해변에는 해조류가 다소 쌓여 있으며 갈조류가 양적으로 많아서 우점종으로 보인다. 그러나 외관상으로는 종의 다양성이 아주 적어 보인다. 해변이 좁고 모래사장은 작은 돌로 깔려있는 그저 일반적이고 평범한 지중해변을 이루고 있다.

아테네에서 69km거리에 있는 수니온곶으로 가면 아티카반도의 끝부분이 나타나는데 이곳에서는 이오니아해와 지중해 그리고 에게해가 만나는 곳이다. 이곳은 전형적으로 지중해의 수색을 하고 있으며 두 개의 바닷물 덩어리가 합류하면서 수문학적 변화와 함께 파도가 심하여 항해가 대단히 위험하다. 이것은 이 해역의 독특한 해류에 따른 것으로서 해양학적 의미를 지니고 있다.

이곳에 바다의 신 포세이돈 신전이 있다. 신전은 도리아식 건축의 열두 개 기둥으로 남아있는 세계적인 유적지이기도 하다. 물론 바다 자연의 풍광이 뛰어난 곳이다. 아테네는 지극히 양호한 지중해성 기후를 지니고 있고 우리나라의 제주도와 비슷한 기후를 지니고 있다.

코린트 운하는 동지중해와 홍해를 잇는 수에즈 운하는 세계적인 대역사의 산물이며 지중해의 중요성을 더욱 부각시키고 있다. 다른 한편으로 그리스의 펠로폰네소스반도Pelopponnesos Peninsula의 코린트 운하는 세계 3대 운하로서 에게해와 이오니아해를 연결시킨다.

아테네에서 89km 떨어져 있는 코린트 운하는 옛날에 대단히 발달된 상업도시로서 윤리적으로 퇴폐한 도시였다. 성서에 나오는 고린도전서가 이곳의 지명이며 코린트시는 사도 바울의 2차 전도 여행지이기도 했다.

코린트 운하는 A.D. 67년에 네로가 운하를 파다가 중단한 적이 있고 1883년에서 1893년 사이에 펠로폰네소스반도에 폭이 25m 수심이 8m 지표면으로부터 수심 80m, 총 길이 6,343m을 완공하여 이오니아해와 에게해를 연결시킴으로써 420km의 해로를 단축시키고 있다.

이 운하는 프랑스 민간회사가 1893년에 완성시킨 것이다. 물론 그리스 배가 통과할 때는 통행료가 저렴하지만 다른 배가 지나가면 상당히 비싸다. 코린트 운하는 작고 초라한 모습을 하고 있다. 다만 좁은 협곡에 물이 차여 있는 듯 보일 뿐이다. 상선이 통과할 때에는 운하의 전용 동력선이 예인을 하여 통과시킨다. 물론 동력선은 규모가 매우 작고 상선이나 커다란 배는 몸체가 크기 때문에 자연경관 상으로 이채롭게 보인다. 실제로 이 운하에는 선박의 왕래가 그렇게 빈번해 보이지 않는다.

그리스 코린트 운하에서 화물선이 예인선에 의하여 이동되고 있다

그리스의 해역에는 약 3,000여 개의 도서가 있다. 그 중에 유인도는 777개라고 한다. 아테네시와 인접해 있는 에기나 섬은 선편으로 한 시간 거리이다. 이 섬의 면적은 85km²이고 주민은 1만여 명 정도이고 전형적인 지중해의 자연 환경을 지니고 있다. 이곳에서는 해산 천연섬유의 생산이 많고 각종 해

그리스 코린트 지방 해안에서의 저서생물

산물이 풍부하며 피스타치오, 포도, 땅콩 등도 많이 생산되고 있다. 에기나섬은 페르시아 전쟁 때 참전을 했으며 A.D. 469년에 아테나를 도와서 전쟁에서 승리했고 1427년에서 1826년 사이에는 터키의 지배를 받다가 해방되었다. 에기나섬은 그리스 임시정부의 수도이기도 했다.

코린트는 그리스 본토와 펠로폰네소스반도를 연결하는 요충지로서 이오니아 바다의 코린트만과 사카로만을 연결하는 운하가 코린트운하이다. 이 운하는 결국 그리스와 이탈리아를 연결하는 것이다.

에게해에서 수심이 가장 깊은 곳은 크레타섬 동쪽인데 수심이 3,543m에 이른다. 에게해에서는 9월 말부터 5월 중순까지 온화한 남서풍이 분다. 에게해의 조류는 속도나 방향이 완만하지 못하며, 바람의 영향을 크게 받는다. 보고에 따르면 약 480m의 수심의 수온은 14~18℃ 정도라고 한다. 그러나 해수면의 수온은 14℃로 일정하다.

에게해에 있는 그리스섬들은 북쪽에서 남쪽까지 7개의 그룹으로 나누는데, 타소스·사모트라키·렘노스섬 등을 포함하는 트라케해 제도, 레스보스·키오스·이카리아·사모스섬들을 포함하는 에게해의 동쪽 해역의 제도, 스키로스의 섬들을 포함하는 북北스포라데스 제도, 밀로스·

파로스·낙소스·티라·안드로스섬들을 포함하는 키클라데스 제도, 살라미스·아이기나(아이이나)·포로스·히드라(이드라)·스페차이섬을 포함하는 사로나코스 제도, 이탈리아가 그리스에게 양도해준 13개 섬의 도데카니소스 제도 그리고 그리스에서 가장 큰 섬인 크레타섬과 주변의 작은 섬들을 해양 지리적으로 나누고 있다. 크레타·카르파토스·로도스섬들은 그리스에서 터키 해안으로 가는 징검다리 역할을 한다.

3) 마르마라해와 다르다넬스해협

마르마라해는 남쪽으로 다르다넬스해협과 북쪽으로 보스포러스해협 사이에 위치하고 있는 내해이다. 따라서 다르다넬스해협은 좁은 협만을 통해서 에게해와 직결되며 마르마라해의 북쪽으로는 보스포러스해협을 통하여 흑해와 직결되어 있다. 이 해협 역시 대단히 좁아서 여객선으로 20분 정도면 건널 수 있다.

해류에 대해서 고찰하여 보면 다르다넬스해협의 수심은 평균 70m 정도이며, 해류는 해수의 표면에서는 2~3노트의 속도로 마르마라해에서 에게해 쪽으로 흐르고 있다. 다만 바람이 강할 때에는 표층수가 다소 역류하기도 한다. 저층류에 있어서는 에게해의 높은 염도의 해수가 마르마라해로 유입되어 섞이고 있다.

다르다넬스해협의 길이는 61km이며 폭은 1.2~6.4km이다. 이 해협의 평균 수심은 55m이고 가장 좁은 폭에서는 98m에 불과하다. 마르마라해의 해수면에는 에게해 쪽으로 빠른 해류가 흐르는데, 바다 속에서 흑해의 성격을 지닌 어류와 에게해의 성격을 지닌 어류가 다르다넬스해협, 마르마라해, 보스포러스해협에서 각기 해양의 성격에 맞는 생태계를 이루고 있다.

다르다넬스해협은 지정학적 중요성이 있다. 이 해협은 지중해와 에게해에서 이스탄불과 흑해로 진입하는 관문이며, 전략적, 경제적으로 아주 중요한 기능을 하고 있다. 1807년 영국함대의 존 더크워스 제독이 무력으로 이 해협을 제압하였다. 제1차 대전 때, 영국 잠수함 1척이 보스포러스해협의 골든 혼 앞바다에서 터키 전함 1척을 침몰시켰음에도 불구하고 연합군이 이 해협을 정복하지 못했다.

마르마라해Sea of Marmara는 '대리석'을 뜻하는 메르메르mermer에서 유래되었다. 터키쪽 영토와 유럽 쪽 영토를 갈라놓는 내해內海로서 북동쪽에 있는 보스포러스해협을 통해 흑해와 직결되고, 남서쪽으로 다르다넬스해협을 지나 에게해와 연결되고 있다. 이 바다의 길이는 280km이고 최대너비는 80km이다. 면적은 11,350km^{2}에 불과하다. 평균수심은 494m이고 가장 깊은 수심은 1,355m이다. 강한 해류는 없는 편이고, 다르다넬스해협 부근의 염도는 평균 22‰이다. 마르마라해는 지각변동으로 생성된 해역으로 지진이 자주 발생한다. 마르마라해의 이스탄불 인근의 키질 제도는 주로 휴양지로 이용되며, 남서쪽의 카피다기 반도 앞바다의 마르마라 제도에서는 화강암·점판암·대리석이 생산되고 있다. 마르마라해의 연안 도시들은 공업과 농업이 주업이지만 관광휴양지로 이용되는 곳도 있다.

4) 흑해와 보스포러스해협

보스포러스해협은 대단히 좁은 해로이다. 이곳은 이스탄불시를 양분하고 있으며 해안 쪽은 대단히 아름다운 별장 지대를 이루고 있는 곳이다. 기온의 변화가 많으며 이 해협의 저층류는 흑해에서 에게해로 유출되고 있으며 상층류는 에게해의 소금물이 흑해로 유입되고 있다.

흑해는 원래가 담수이고 염도가 대단히 낮다. 그러나 일반적으로 지중해의 높은 염분을 지닌 해수가 흑해로 유입되는 경우, 흑해의 저층류는 상당한 염도를 유지하고 밀도가 높으므로 해수의 성격을 지니고 있는 반면에 흑해로 유입되는 강의 담수량에 의해서 표층류는 담수 내지 대단히 낮은 염도를 지니고 있을 수 있다. 따라서 저층과 표층 사이에는 염도, 밀도의 차이가 크고, 기온과 해수의 온도 차이가 크기 때문에 표층의 수온은 대기 온도에 쉽게 영향을 받는다.

보스포루스해협의 제원을 살펴보면 길이가 31.7km이고 해협의 최소 폭은 660m이며 가장 넓은 폭은 4.7km이다. 그리고 평균 수심은 70m이다. 최소 폭의 지역은 루메리 히사르 지역이고 마르마라해 쪽으로 보스포루스 대교가 있고, 해협 중간쯤에는 파티흐 술탄 아흐메트 대교가 있다.

오스만 터키와 러시아 사이에는 부동항을 확보하기 위한 전쟁이 잦았는데, 1914년에도 전쟁이 있었다. 그러나 터키는 러시아의 부동항정책을 저지시켜 왔다. 세계 제1차 대전 때에도 터키는 독일과 연합을 하여 혁혁한 승전을 하였으나 독일이 패전함으로서 패전국이 되었다. 따라서 1919년 연합군에 참전하여 승리한 그리스 군이 터키에 진입하였다. 이때에 터키의 케말Kemal Ataturk 장군은 흑해에 있는 삼손항에서 1919년 5월 19일에 독립운동을 시작하였다. 앙카라에 임시 정부를 두고 사형선고까지 받았던 케말은 옛 터키의 땅을 모두 되찾고 초대 대통령으로 추대되어 1923년에 그리스 – 터키 조약을 체결하였다. 바다를 싫어하는 터키 사람들의 정서에 맞도록 에게해에 있는 모든 섬을 그리스에게 양도하고, 터키는 유럽 쪽 이스탄불 땅을 약 3만km²를 차지한다. 이것은 터키가 아주 유리하게 잘 이끌어낸 협상으로 터키 국민들의 전폭적인 지지를 얻었다. 그래서 터키가 오늘날에는 유럽연합에 가입할 수 있는 길을 가지고 있는 것이다.

흑해는 북쪽으로 우크라이나, 동쪽으로 러시아 연방, 남동쪽으로 그루지야와 접하고, 남쪽으로 터키, 서쪽으로 루마니아·불가리아와 경계를 이룬다. 흑해라는 이름은 바닷물의 색깔이 검은 데서 유래되었다. 바닷물이 검은 것은 수심이 깊어서 그런 것이다. 흑해는 원래 담수였는데 해수가 섞이는 바다로 변천되었다.

흑해는 보스포러스해협, 마르마라해, 다르다넬스해협, 에게해, 동지중해, 서지중해의 지브랄타해협을 통해서 대서양과도 연결된다. 북쪽에는 크림 반도가 있으며 동쪽으로는 케르치해협을 통해 해안 호수 같은 아조프해와 연결되어 있다. 흑해의 해수 면적은 42만km²이며, 해수의 총량은 54만 7,000km³이다. 최고 수심은 2,210m이다. 흑해의 연안에는 저지대가 거의 없으며, 몇 개의 하천으로부터 삼각주가 형성되어 바다까지 뻗어 있다.

흑해는 고대 테티스Téthys 해의 잔류성 분지에 해당된다고 한다. 현재 모습은 대략 4,000만 년 전에 발생한 구조적 변동으로 카스피해와 지중해가 갈라졌을 때 이루어진 것으로 보고되고 있다. 그렇게 형성된 흑해 분지는 점차 지중해에서 고립되어 염도가 낮아지고, 카스피해와도 분리되었다. 흑해의 염도는 다른 바다의 염도에 절반 수준이다. 이 바다의 특징은 해수면에서는 산소 융해가 왕성하게 발생하는 반면에 중심 수역의 수심 155m 이하에서는 황화수소 응집체로 인하여 산소가 소모되어 없다. 그 결과 수심이 깊은 곳에서는 혐기성 박테리아만 서식할 수 있다.

4. 아드리아해와 물의 도시 베네치아

1) 아드리아해의 자연

아드리아해Adriatic Sea는 크게 보아 지중해의 일부 해역이며, 이탈리아반도와 발칸반도로 둘러싸여 있는 길고 다소 좁은 협만이다. 이탈리아반도 쪽으로는 이탈리아와 산미라뇨, 발칸반도 쪽으로는 슬로베니아, 크로아티아, 보스니아 - 헤르체코비나, 유고슬라비아, 알바니아, 그리고 그리스가 인접해 있다.

지중해는 지중해만이 지니는 지리적, 기후적, 해양학적 성격이 있다. 지중해성 기후는 온난하여 살기 좋은 환경이라는 정평이 있고, 바다는 심해성 내해로서, 조석의 차이가 거의 없다. 특히 아드리아해는 내해 중에서도 내해에 속하는 바다이다. 아드리아해는 수심이 아주 낮

아드리아해의 크로아티아 해안에 정박해 있는 선박

아드리아해에서 보여지는 양식 등의 어업활동

아드리아해의 아름다운 해안경관

아드리아해의 연안에 건설된 지중해성 고유 성곽과 도시경관

으며, 수온이 따뜻하여 여름철에는 해수욕장으로 겨울철에는 피한지로 적격인 곳이기도 하다.

아드리아해의 면적은 132,000km^2 정도여서 남한 면적보다 조금 큰 편이다. 지중해와 접하는 남쪽 입구의 넓이는 95km 정도로서 좁으며, 제일 넓은 해역은 225km인데, 보통 200km 정도의 넓이를 가지고 있다. 반면에 길이는 800km 정도로서 길쭉한 타원형 내지 장방형 모양을 하고 있다.

이탈리아반도 쪽으로는 해안선이 아주 단조롭고 수심이 낮지만, 발칸반도 쪽으로는 대소의 많은 섬과 만이 형성되어 있으며 석호Lagoon 자연이 발달되어 있는 천해역이다. 그러나 알바니아 쪽의 해역은 수심이 깊은 편이지만, 가장 깊은 해역의 수심도 1,590m에 불과하다.

아드리아해의 해안에는 이탈리아반도 쪽으로 트리에스테, 베네치아, 리미니, 안코나, 페스카텔, 바리 등의 항구도시가 발달되어 있으며, 발칸반도 쪽으로는 폴카, 리예카, 자다르, 스플리트, 두레스 등의 항구도시가 있다.

아드리아해에서 생산되는 패류

아드리아해에서 어획되는 도미류

2) 베네치아시와 석호자연

아드리아해의 북안에 위치하는 아름다운 물의 도시 베네치아 Venezia(영어로는 베니스Venice)시는 석호lagoon 속에 세워진 도시이다. 해변가 모래사장의 섬 위에 세워진 도시로서 바닷가의 사상누각이라고도 할 수 있다. 그러므로 도시발달의 깊은 역사와 해안의 자연경관이 어우러져 환상적이고 낭만적인 수상도시의 면모로, 전 세계의 관광객이 모여드는 명소이다.

석호lagoon란, 해류 또는 조류가 해안으로 토사를 운반하여 수심이 아주 얕은 바다의 일부를 폐색시킴으로써 해안 호수가 형성되는 것을 말한다. 다시 말해서, 바다와 호수가 모래로 격리된 것이다. 호수의 물은 염도가 높고 영양염류가 풍부하며 수온이 적정한 바닷물로서 여러 가지 독특한 성격을 나타내기도 한다. 따라서 해양생물이 풍부한 여건을 지니고 있는 반면에 때로는 부영양화가 발생되어 식물 플랑크톤이 대량 번식하는 경우가 적지 않아 적조현상이 심하게 발생되는 경우가 많다.

아드리아해의 북단 해역과 발칸반도 수역에는 수많은 섬과 천해의 자연환경을 지니는 석호가 많다. 이곳의 석호에 대해서는 학술적으로 관심이 많아, 당사국뿐만 아니라 국제적인 연구조사가 활발하게 이루어지고 있다. 저자도 프랑스 지중해안에 위치하는 석호의 일종인 에땅드 베르Etang de Berre호를 20여 년 이상 연구하고 있음을 부언한다.

베네치아시는 석호 속에 산재되어 있는 약 155여 개의 모래섬 위에 시가지가 건설 된 것이다. 따라서 지형상으로 지반이 약할 수밖에 없고, 세월이 경과하면서 지반의 침하현상이 불가피하다. 그러나 베네치아의 중심번화가에는 고층건물은 아니지만, 고색창연한 웅장한 건물들이 여기 저기 산재해 있다.

베네치아는 로마, 피렌체와 함께 이탈리아 최대 관광지이며, 물의 자연경관을 유감없이 발휘하는 한편, 문화 예술의 메카 노릇을 하고 있는 도시이다.

베네치아시의 관문은 대운하Canal Grande의 한쪽 시발점인 동시에 철도역인 산타 루치아Santa Lucia광장이며, 다른 한쪽 끝은 산마르코San Marco광장이다. 도시 형성의 본거지인 산마르코 광장에는 베네치아를 찾아오는 수많은 관광객으로 항상 붐비고 있다. 이곳은 넓은 바다와 도시, 성당과 다양한 건축물, 각종 문화행사 그리고 이곳만이 지니는 독특한 볼거리가 외국인들의 눈길을 끌고 있다. 광장에서는 대소의 음악회가 끊이지 않고, 토속적인 볼거리 또는 국제 영화제의 개최 같은 갖가지 행사가 끊임없이 이어지고 있다.

셰익스피어의 희극 「베니스의 상인」, 티만의 소설 「베니스에서의 죽음」 등도 이 도시를 배경으로 하고 있으며, 특히 나폴리항의 가곡이기는 하지만 '창공에 빛난 별 물 위에 어리어 바람은 고요히 불어오누나……'의 "산타 루치아Santa Lucia노래"는 산타 루치아 광장으로부터 떠나가는 배의 모습과 함께 이 도시를 멋진 낭만의 도시로 부상시키기에 부족함이 없다.

3) 베네치아시의 교통망과 해수면의 변화

아름다운 물의 도시 베네치아는 간단없이 찾아드는 물난리에 영일이 없다. 아프리카의 방대한 사하라 사막에서 발생되는 더운 열기가 바람이 되어, 이곳 베네치아의 해역에까지 영향을 미칠 때는 해수면이 상승할 수밖에 없고, 열풍의 강도에 따라 환상의 도시가 침수되어, 시민들은 일시에 수재민으로 전락되는 일이 비일비재하다.

베네치아의 대운하와 도시경관

이러한 열풍을 시로코Sirocco라고 하는데 이 바람은 주로 3월부터 7월까지 자주 발생되고 있다. 해수면이 1.4m만 높아지면 베네치아시는 완전히 침수가 되는 저지대로 변한다. 이러한 해수면의 변화는 대단히 자주 발생되고 있으며, 드물기는 하지만 해수면이 1.9m까지 상승하는 경우가 있으니 이 도시의 수재는 면치 못하는 숙명적인 사실이기도 하다.

베네치아시의 교통망은 거미줄만큼이나 복잡한 수로, 즉 180여 개나 되는 운하로 되어 있고, 운하 위에 무려 400여 개 이상의 다리가 건설되어 있다. 베네치아의 시가지는 S자형 대운하로 크게 양분되고 있다. S자 대운하의 한쪽 끝 부분은 베네치아시의 관문인 산타 루치아 중앙역이고, 다른 한쪽은 이 도시의 중심가인 산마르코San Marco광장인데, 양끝의 길이는 약 4km 정도이다.

베네치아시의 수로 속에서 운행되고 있는 대부분의 선박은 교통수단으로 이용되고 있다. 따라서 선박의 규모와 모양이 다양하며 쓰임도 다양하다. 마치 시내버스 같은 선박에서부터, 택시 같은 곤돌라 또는 갖가지 사치스러운 치장을 하고 관광객을 유치하는 호화 찬란한 곤돌라에 이르기까지 다양하다. 베네치아 시내에서는 자동차라고는 찾아볼 수 없는 것도, 이 도시의 색다른 특징이다.

베네치아시는 물의 도시라는 특수성과 함께, 온화한 기후와 따뜻한 바닷물, 그리고 석호의 천해 환경으로 인하여 사철을 두고 많은 관광객을 유치하고 있다. 그 결과 수많은 외국인과 15만 명 정도의 시민들이 날마다 그리고 불철주야 이용하고 있는 수많은 선박으로부터 발생되는 수질오염이란, 막을 길 없는 인재가 아닐 수 없어 참으로 아름다운 해안환경과 도시미관을 무색하게 하고 있다.

특히 골목길에 해당되는 좁은 수로의 경우에는, 정체된 운하 물로부터 나는 악취가 극심하여 수질오염의 심각성을 대변하고 있다. 주택이 밀집되어 있는 좁은 수로의 경우에도 마치 수챗구멍같이 더러운 인상을 준다.

시가지를 관통하는 S자형 대운하의 경우에는 수로가 넓고 수량이 많아 오염이 덜되어 있으나 수색은 역시 대단히 탁하고 흑색 빛을 띠고 있다. 베네치아시 당국은 수질 오염 방지에 많은 노력을 기울이고는 있지만, 물 천지인 베네치아를 수질 오염에서 해방시키기에는 어림도 없다.

베네치아 도심에 거미줄처럼 건설된 작은 운하의 일면

베네치아의 다양한 운하 모습과 곤돌라

베네치아의 신속한 교통수단인 곤돌라

5. 지중해와 홍해의 적조현상

상습적인 적조현상을 나타내는 대표적인 지역으로는 지중해와 홍해의 일부수역을 예로 들 수 있다.

나일강은 세계적으로 유명하게 수량이 많고, 특히 우수기雨水期의 범람은 역사적으로도 유명한 사실이다. 검은 대륙에 쏟아 부어진 빗방울은 광야의 토양 속에 들어 있는 영양염류를 휘몰아 지중해와 홍해로 운반하게 되니, 나일강 상·중류의 강우량에 따라, 이 해역의 적조의 심도가 좌우된다. 상습적인 적조지역이지만, 특히 몇 년에 한 번씩 또는 더 큰 간격으로 맘모스급의 적조가 성서에서처럼 일어나는 괴변은 의심할 여지없이 가능하다.

홍해는 현재, 지중해와 인도양을 길게 잇고 있는 내해이다. 그러나 수에즈 운하가 건설되기 전에는 아프리카 대륙과 사우디아라비아반도로 완전히 둘러싸여 있는 대단히 길고, 폭이 좁은 호수의 성격을 띤 특수한 해역이다. 따라서 대륙으로부터 영양염류가 용해되어 흘러들어갈 수 있는 여건이 구비되어 있고, 뜨겁고 풍부한 태양광선은 물의 온도를 높일 뿐만 아니라, 미세조류의 번식을 부추김으로써 물을 붉게 물들이고, 이것이 유래가 되어 홍해라는 이름이 붙어진 것이다.

홍해나 지중해에서처럼 바닷물의 빛을 붉게 물들이는 주인은 남조류 중의 '오실라토리아 에리트레아Oscillatoria erythreae' 또는 '오실라토리아 루베센스Oscillatoria rubescens'이다. 이 미세조류의 번식 속도가 기하급수적으로 진행되어 물 전체가 미세조류로 가득 들어 있는 상태이다. 물론 물을 붉게 하는 미세조류는 비단 이런 종류뿐만 아니라, 아나베나Anabaena, 아파니조메논Aphanizomenon 속屬의 남조류도 적색을 나타내는 색소를 지니고 있으며, 이들도 독자적으로 대량 번식하게 되면 물빛을 붉게 한다.

지중해의 Villfranche-sur-Mer 해양연구소

에땅-드-베르에서 ^{14}C으로 제1차 생산량을 실험하는 부표

적조를 일으키는 가장 중요한 원인이 되는 생물종의 하나인 남조류 분포를 보면 다음과 같다. 남조류는 세상에 가장 널리 분포되어 있는 미세 식물이다. 웅덩이, 댐, 호수, 강물, 바다 또는 수도꼭지에는 물론이고, 지상의 어느 위도, 고저, 건냉, 광선의 과다를 불문하고, pH, 온도의 고저를 불문하고 생존 번식한다. 온천의 더운 물에 생육하는 것은 온천조溫泉藻라 하고, 북극의 눈이나 얼음 속에 생육하는 것은 빙설조氷雪藻라 한다.

남조류는 계통발생학적으로 박테리아와 형제지간 같은 유연관계를 지니고 있나. 생식상으로는 주로 2분법으로 쉽게 번식하지만, 광합성을 하여 독립영양을 하는 것이 박테리아와는 다르다. 그러나 때에 따라

프랑스의 북서지중해안에 서식하는 홍학떼

서는 바다의 용승현상upwelling지역이나 하구 또는 해안 공업단지의 막대한 유기 오염물질이 유입되면 독자적인 생활수단인 자가 영양의 수단은 팽개치고, 삼투영양osmotrophy(쌍편모 조류도 함) 방식으로 탐식을 한다. 즉 영양물질을 마구 받아들여 생장 번식함으로써 온통 물을 핏빛으로 변화시키는 결과를 빚는다. 이런 속성 때문에 남조류의 어떤 종류는 주위 환경을 파괴시키는가 하면, 어패류를 죽이고 생태계를 파괴시킴으로써 악명을 남기는 경우도 있다.

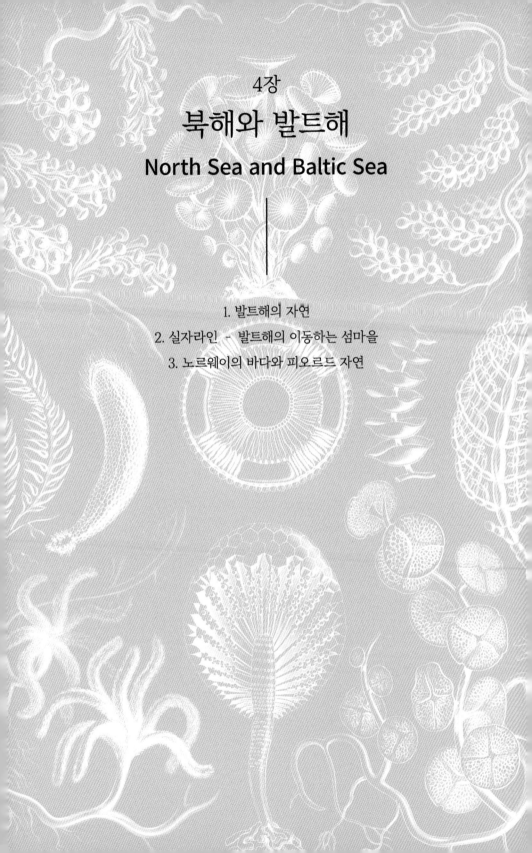

4장
북해와 발트해
North Sea and Baltic Sea

바렌츠해

아이슬란드

노르웨이해

핀란드

스웨덴

대서양

노르웨이

헬싱키

오슬로

스톡홀름

발트해

카자흐스탄

북해

덴마크

영국

아일랜드

베를린

런던

네덜란드

폴란드

독일

프랑스

체코

1. 발트해의 자연

1) 발트해Baltic Sea의 자연

발트해는 덴마크, 독일, 폴란드, 리투아니아, 라트비아, 에스토니아, 러시아, 핀란드, 스웨덴 등 9개국이 해안선을 공유하고 있다. 스웨덴은 이 바다의 동쪽 해안선을 거의 다 점유하고 있으며, 서북쪽 해안선은 핀란드가 점유하고 있다. 덴마크는 발트해에 싸여 있는 반도국이다. 러시아는 대단히 적은 부분의 해안선을 지니고 있지만, 내륙에 산재해 있는 많은 호수와 강과 운하를 통하여 북극해와 통하고 있으며, 남쪽으로는 흑해에까지 연결되고 있다.

덴마크의 인어공주상

발트해의 면적은 43만km²이며, 평균수심은 55m에 불과하다. 가장 깊은 수심은 고틀란드 섬의 동쪽 해역으로 463m이다. 대형의 만으로는 보트니아만, 핀란드만, 리가만, 그다니스크만 등이 있다. 커다란 섬으로는 스웨덴의 코틀란드Gottland섬과 욀란드Öland섬, 덴마크의 셀란Sjaeland섬, 핀Fyn섬, 롤란Lolland섬, 보른홀름Bornholm섬, 핀란드의 올란드Åland섬, 에스토니아의 사례마Saaremaa섬과 히우마Hiiumaa섬 등이 있다.

지형상으로 발트해는 스칸디나비아반도와 유럽대륙으로부터 심히 돌출한 유틀란드Jutland반도에 의해서 북해와 분리되어 있으며, 양 반도 사이에는 비교적 넓은 스카게락Skagerrak해협과 카테가트Kattegat해협이 있다. 그러나 코펜하겐이 있는 셰란섬과 스칸디나비아반도의 말단에 있는 말뫼시 사이에는 준트Sund해협이 좁은 수로를 이루고 있다.

발트해는 북구권 여러 나라의 수상 교통의 요지이며, 특기할만한 것은 발트해의 핀란드만과 수백 km의 운하를 통하여 러시아의 백해 White Sea와 연결되고 있으며, 나아가서 바렌츠해를 통하여 북극해와 연결되고 있다.

이곳은 천해로서 일반적으로 맑고 깨끗하여 햇빛이 수심의 최저 층까지 투과하고 있다. 따라서 이 바다의 상공을 비행할 때는 이 해역의 자연경관과 섬들의 자연경관은 물론 저층의 모래바닥까지 관찰할 수 있을 정도이다.

연안에는 섬이 많은 편이며, 호수의 나라인 핀란드로부터는 많은 양의 담수가 발트해로 유입되고 있어서 염도가 낮은 바다이다. 특히 염도가 아주 낮은 수역은 발트해의 동·북부 해역으로서 핀란드의 연안 수역이다. 이러한 이유로 겨울철의 수개월 동안 염도가 낮은 바다물은 동결 되고 있다.

발트해의 담수성 환경요인은 이 해역의 생물상에 막대한 영향을 미치고 있다. 이 바다에는 담수성 생물이 서식할 수 있으며, 수산자원으로 특기할만한 것은 패류 같은 저서 생물이다. 다른 한편, 어류로는 가자미, 대구, 청어 등의 자원도 풍부한 것으로 알려져 있다.

2) 발트해 연안의 문화

발트해의 연안에 자리 잡고 있는 덴마크의 코펜하겐, 노르웨이의 오슬로, 스웨덴의 스톡홀름은 북구의 베네치아라고 할 만큼 운하가 발달되어 있다.

스톡홀름Stockholm시는 발트해 연안으로 돌출된 반도와 작은 섬들이 서로 연결되면서 시가지로 건설되었다. 특히 왕궁이 위치하고 있는 스타덴섬은 13세기 중엽부터 시작한 도시발달의 근원지이다. 스톡홀름시는 주민 200만 명이나 되는 발트해의 중심도시로서 오슬로와 함께 과학기술, 학술, 정치, 사회적인 문화와 교통의 중심도시이다.

이 지역의 기후는 연중 가장 추운 1월의 평균기온이 영하 1.6℃로서 영하권으로 떨어지고 있지만, 항구는 부동항이다. 가장 더운 7월의 평균기온은 16.6℃에 불과하여 비교적 온화하고 살기 좋은 기후대를 이루고 있다.

스톡홀름시가 세계적인 시선을 받는 것은 과학기술의 최고봉을 이루고 있는 노벨연구소가 있고, 노벨상을 매년 수여하고 있는 주관도시로서의 명성이라 하겠다.

노벨Alfred Bernhard Nobel은 스웨덴이 배출한 세계적인 화학자인 동시에 발명가로서 1833년에 태어나서 1896년에 서거하였다. 그는 다이너마이트를 완성하였고, 그의 형은 카스피해에서 유전개발에 성공함으로써 그의 가문은 유럽의 대부호가 되었다. 노벨상은 그가 모았던 재산의 일부를 유언에 따라, 스웨덴 과학 아카데미에 기부하여 운영되고 있다. 1901년에 5개 분야에서 가장 빛나는 과학자, 문학자, 그리고 인류의 평화에 헌신적으로 공헌한 사람에게 노벨상을 시상하기 시작하여, 오늘날에 이르면서 명성을 더해가고 있다.

스톡홀름 대학교Univ. of Stockholm는 1877년 사립교육기관으로 설립되었다가 1960년에 주립대학교로 되고, 다시 1977년에 국립교육기관으로 재편되었는데, 규모도 대단히 크고 명성도 있는 세계적인 대학교이다. 학생수효는 3만여 명이며, 교수진은 무려 3,700여 명이나 된다. 부속 도서관에는 200여만 권의 장서가 보유되어 있다. 이 대학교는 자연과학의 기초과학 분야가 대단히 신장되어 있어서, 수학과 물리분야, 화학분야, 생물과 지구물리분야에 각각 따로 학장을 두고 운영할 만큼 대학교육의 수준이 높으며, 과학기술이 발달되어 있다.

코펜하겐의 운하자연은 스칸디나비아 반도 쪽으로 튀어나온 튜을란드반도가 덴마크 국토의 대부분을 차지하고 있으며, 코펜하겐은 카테가트해협과 발트해를 가로막고 있는 셀란Sjaeland섬의 동쪽 해안에 위치하고 있다. 따라서 코펜하겐은 유럽대륙과 스칸디나비아반도 사이의 육상과 해상의 교통요지이다.

코펜하겐은 아드리아해에 위치하는 물의 도시 베네치아와 비견할 만큼 도시의 곳곳이 운하로 연결되어 있다. 그러나 이곳의 바다는 비교적 동적dynamic이어서 정적static으로 느껴지는 베네치아와는 정서적으로 다르다. 이런 연유로 발트해의 바다와 지중해의 바다는 성격상으로 차이가 있고, 자연경관이 다른 것이다.

덴마크는 독일, 스웨덴, 노르웨이, 영국 등과는 바다로 이웃하고 있으며, 도서를 많이 거느린 해양 국가이기도 하다. 특히 덴마크는 독일과는 바다는 물론 육지와도 접경을 이루는 반도국이다. 코펜하겐시의 인구는 100만에 가까운 대도시로서 발트해의 중요한 무역항인 동시에 문화·예술의 중심도시이며 동시에 상공업의 중심도시이다.

이곳은 불후의 동화작가 안데르센을 배출한 나라이기도 하다. 그는 『인어공주』, 『들판의 백조』, 『미운 오리새끼』, 『성냥팔이 소녀』, 『벌거숭이 임금님』, 『빨간 구두』 등의 주옥같은 동화를 창작하였으며, 작품의 내용은 권선징악적이며, 비운 또는 불운의 처지를 참고 견디어 승리한다는 경건한 흐름을 지니고 있다.

안데르센은 풍부한 상상력과 시적인 재능을 발휘하면서 아름다운 문체로 동화를 엮어내어 전 세계의 어린이들에게 널리 애독되고 있다. 특히 인어공주의 인어상은 코펜하겐 항의 바닷가에 세워져 수많은 관광객, 특히 어린이들이 찾아와서 인어상을 배경으로 사진을 찍으며 동상을 만져본다.

코펜하겐 대학교Univ. of Copenhagen는 1479년에 설립되어 500년 이상의 역사와 전통을 지닌 명문대학이다. 학생수효는 26,000여 명이고 교수진은 1,500여 명이다. 이 대학 도서관에는 100만 권 이상의 장서가 보유되어 있으며, 부속 박물관으로서는, 식물 박물관botanical museum, 동물 박물관zoological museum, 의학사 박물관medical history museum, 광물 박물관mineralogical museum등 자연과학에 관련된 여러 가지 박물관이 설립되어 있다. 또한 자연과학의 연구 분야에서는 해양과학의 연구 논문들이 괄목할만하게 발표되고 있다.

2. 실자라인 - 발트해의 이동하는 섬마을

실자라인은 발트해의 초호화 여객선으로서 스웨덴의 스톡홀름항구에서 핀란드의 투르크항까지 왕복 운행되고 있는 움직이는 섬마을이라고 할 만큼 거대하고 호화로운 국제 여객선이다.

이 여객선은 먼 바다나 깊은 바다를 항해하는 것이 아니고 발트해의 북부 연안을 따라 항해하기 때문에 스웨덴과 핀란드의 수목이 풍부하게 자라고 있는 해안의 자연경관을 볼 수 있고 연안의 도시나 마을의 전경도 조망할 수 있다.

이 여객선의 제원을 보면 배의 길이는 171m이고, 넓이는 28m이며, 총 배수량은 34,414톤에 달한다. 그러나 순전히 적재할 수 있는 톤수는 17,841톤이다. 여객선의 항속은 22노트이며, 선실은 588개로서 수용할 수 있는 여행객의 수효는 2,023명이다. 적재하여 운반할 수 있는 차량은 306대이다. 스톡홀름에서 핀란드까지 항해 거리는 241해리

nautical mile이고 운행시간은 11시간이다.

여객선은 거대한 10층 빌딩에 비견할 만하다. 이 여객선의 구조를 소개하면 대략 다음과 같다. 제일 아래층의 갑판인 1층에는 영화관이 있으며 2층에는 사우나와 수영장이 있는 한편 일부는 선실로도 구축되어 있다. 3, 4층은 완전히 자동차가 선적되는 갑판이며 수부각자水夫各自의 선반 또는 격납고로 사용되는 로커스lockers가 있으며 게임코너, 바다용품 점sea shop, 실자 랜드Silja Land, 안내소가 있다. 안내소에서는 24시간 응급 시에 의사의 진료를 받을 수 있고 스웨덴과 핀란드의 각종 안내서가 비치되어 있다. 그리고 여행에 관한 티케팅 및 안내를 받을 수 있고 귀중품을 보관 시킬 수도 있다. 뿐만 아니라 우체통도 있어서 우편물을 발송할 수 있다. 이것은 거의 자치구에 해당되는 역할이라고 하겠다. 실자 랜드에서는 어린이 놀이터를 비롯하여 미끄럼틀, 볼풀ball pool 등이 설치되어 있다.

그리고 4층의 일부와 5, 6, 7층은 완전히 객실cabin로 되어 있다. 8층에는 뷔페 레스토랑, 커피 점, 그릴, 댄싱 팰리스dancing palace가 위치하고 있다. 댄싱 팰리스는 나이트클럽으로서 세계적인 댄스 밴드가 연주를 하고 있다. 9층에는 거대한 면세점과 카지노, 회의실conference이 있으며 맨 위층인 10층에는 디스코가 있고 경치를 조망하는 파노라마 바bar가 있다.

이 거대한 국제여객선에는 대형 면세점이 있다. 이곳에서는 각종 과자류를 비롯하여 술, 담배, 향수, 의류, 화장품 등이 비교적 저렴하게 판매되고 있다. 그리고 배안에 수영장을 비롯하여 각종 위락시설이 설치되어 있다.

객실도 등급이 있고 2인 1실의 시설을 보면 침대는 이층으로 되어 있고 샤워실이 있으며 테이블과 의자도 있다. 객실의 높이는 2m 정도 인데 침실의 기능을 가진 밀폐된 생활공간이다. 거대한 배이지만 기관의 움직임을 미세하게 감지할 수 있다. 샤워실은 배수시설이 원활하지 않고 공간이 좁기도 하고 하수 냄새가 배어 있어서 다소 비위생적이고 불편하다.

여객선의 식당은 뷔페식으로써 아주 훌륭한 편이다. 다양한 메뉴의 식사를 자유자재로 할 수 있다, 그리고 다양한 음료수는 물론 포도주, 맥주 등의 주류도 무제한으로 제공되고 있다.

3. 노르웨이의 바다와 피오르드 자연

1) 노르웨이의 바다자연

노르웨이Norway는 지형상으로 보면, 남북으로 1,700km 정도의 길이를 가진다. 수도 오슬로가 위치하는 남부에서는 400여km의 폭을 지니지만, 북쪽으로 갈수록 좁아져서 100km 정도가 되는데, 보되시와 나르비크시가 위치하는 지역에서는 더욱 좁아진다. 노르웨이의 국토는 스칸디나비아반도의 북쪽해안을 모두 점유할 뿐만 아니라, 구절양장 같이 복잡한 해안선은 지구상에서 가장 특징적인 자연환경을 이루고 있다.

노르웨이는 다양한 바다를 접하고 있다. 북쪽으로는 북극해 Arctic Sea와 접하고 있는 바렌츠해Barents Sea, 서쪽으로는 노르웨이해 Norwegian Sea, 남서쪽으로는 북해North Sea, 남쪽으로는 스카게락해협 Skagerrak Strait을 끼고 있다. 그리고 육상으로는 스웨덴, 핀란드, 러시아와 국경을 이루고 있다.

노르웨이해는 북극해의 일부로 취급되기도 하는데, 그린란드해, 바렌츠해, 북극해 및 아이슬란드로 둘러싸여 있는 해역이며, 가장 깊은 수심은 3,630m 정도이다. 다시 말해서, 노르웨이해는 국토의 서북쪽 해안선으로부터 방대하게 뻗어있는 원양의 바다이다. 북극권이 이 바다의 가운데로 지나고 있으며, 북극권의 영향이 지대하여 유빙이 흘러 내리는 한계선이 이 해역에 설정되어 있다. 그렇지만 멕시코 만류인 난류의 영향이 있는 해역이며, 대구, 청어 같은 어류가 많이 어획되는 어장이다.

북해라 함은 영국, 프랑스, 벨기에, 네덜란드, 독일, 덴마크, 노르웨이와 북쪽의 셰틀랜드제도Shetland Island에 둘러싸여 있는 해역이다. 이 바다의 크기는 약 60만km²이며, 천해로서 평균수심은 94m에 불과하다. 특히 북위 55°를 중심으로 길이 250km, 폭 95km, 깊이 20~30m의 광대한 해저구릉지대를 이루고 있다. 이곳을 도거뱅크Dogger Bank라고 하며, 어류의 산란과 서식 장소로서 대단히 좋아 세계 4대 어장을 이룬 적이 있다. 그 당시 많이 어획된 어류로는 대구, 청어, 광어, 가자미 등이다. 그러나 유전 개발로 인하여 오늘날에는 어장이 퇴락되어 있다. 이 해역의 염분은 염도가 비교적 높은 대서양의 해수를 비롯하여, 염분이 비교적 낮은 연안수와 발트해의 해수가 섞여서 북해수를 이루고 있다.

2) 노르웨이의 피오르드 자연

피오르드 자연은 노르웨이, 덴마크, 그린란드, 알래스카, 러시아, 캐나다 등에서 대단히 발달되어 있다. 이들은 주로 북극해와 접했거나 인접해 있다. 특히 노르웨이의 전 해안에 발달되어 있는 피오르드는 빙하기에 거대한 빙하가 침식하여 U자형 계곡을 이룬 것으로부터 시원된다.

노르웨이의 해안자연은 대단히 독특한 협만, 즉 피오르드 자연을 이루고 있다. 이 나라의 전 해안에 펼쳐지고 있는 피오르드 자연은 복잡하기만 하다. 위도적으로는 북극권에 속하며, 북단의 한대로부터 남단의 비교적 온화한 기후에 이르기까지 해안선의 구석구석은 피오르드 자연을 연출하고 있다.

노르웨이의 해안선 길이는 무려 20,000여km에 이르고 있다. 이것은 우리나라의 해안선 길이보다 2배 이상 되는 것이다. 삼면이 바다이며 남해안에 삼천여 개의 도서와 서해안에 대단히 발달된 리아스식 해안을 지닌 우리나라의 해안선 길이는 10,000여km이다.

피오르드의 생성원인은 제4빙하기에 해안에서 생성된 막대한 빙하가 빙식곡을 만들었는데, 빙하기가 지난 간빙기에 얼음은 모두 녹아 사라지고 그 자리에 바닷물이 침입, 또는 해면의 상승으로 U자형 계곡 속으로 바닷물이 진충된 것이다. 따라서 계곡의 양안兩岸은 절벽을 이루면서 좁은 협만을 이룬다. 이러한 피오르드의 만은 입구에서부터 내

피오르드 자연의 원천을 이루는 빙하

륙의 뒤편에 이르기까지 깊은 수심을 유지하는 것이 보통이다.

　노르웨이의 대형 피오르드를 북쪽에서부터 몇 개 나열해 보면, 알타피오르드Alta fjorden, 울스피오르드Ulsfjorden, 발스피오르드Balsfjorden, 안드피오르드Andfjorden, 오포피오르드Ofofjorden, 티제피오르드Tysefjorden, 폴드피오르드Foldfjorden, 트론헤임스피오르드Trondheimsfjorden, 송네피오르드Songnefjorden, 보크나피오르드Boknafjorden, 오슬로피오르드Oslofjorden 등을 들 수 있겠다. 수만 개에 달하는 피오르드가 노르웨이 전 해안의 구석구석에 존재하고 있다.

3) 송네피오르드

　송네피오르드Songnefjorden는 노르웨이 서안에 위치하는 최장의 협만으로서 길이가 185km나 된다. 이 피오르드는 빙하의 침식을 강하게 받았기 때문에 수심이 무려 1,200m 이상이며, 협만의 양쪽 해안은 깎아지른 것 같은 절벽을 이루고 있다.

　이곳은 난류인 멕시코 만류의 영향을 받아서 기후가 대단히 온화하다. 가장 추운 2월의 평균기온이 1~3℃이고, 가장 더운 7월의 평균기온은 15℃ 정도이다. 그리고 강우량이 아주 풍부하여 연 2,000mm나 된다. 따라서 구절양장 같은 협만의 양안 절벽으로부터 낙하하는 수백 미터에 달하는 폭포가 도처에 산재해 있다. 이것은 지구 경관이 나타낼 수 있는 가장 훌륭한 절경 중의 하나라고 할 수 있다.

　이러한 협만의 자연경관은 수로의 좁고 넓음과 함께 지형적, 기후적 성격을 조화롭게 펼쳐 보이고 있다. 한 여름철의 단편적인 경관은 원시림과 초원의 배경 속에 울퉁불퉁한 절벽이 관찰되며, 그 위로부터 폭포의 장관이 연출되기도 한다. 그리고 수시로 변하는 일조日照와 강

노르웨이 송네피오르드 자연의 경치

우降雨는 엇섞여 나타나며, 운무雲霧의 변화가 무쌍하다. 변화무쌍한 기상 속에 피오르드 자연의 다양함이란 신비경에 달하고 있다.

　피오르드 자연에는 산림이 가득하며, 해수면에 가까운 해안 단구, 또는 평평한 곳에는 작은 마을이 군데군데 형성되어 있다. 요컨대 피오르드 자연이란 산, 바다, 해수면, 절벽, 폭포, 산림, 초원 등이 어우러져 아름다운 절경을 이루고 있다.

　이 지역에서도 기후에 알맞은 갖가지 채소류가 재배되고, 보리, 귀리 같은 곡류가 생산되며, 사과나 앵두 같은 과수도 생산된다. 그리고 피오르드 자연의 물속에는 청어, 대구, 연어, 송어 등의 어류도 풍부하게 서식하고 있어서, 중요한 자원으로 활용되고 있다. 또한, 연어, 송어의 양식은 이곳의 특색을 나타내는 산물이라고 할 수 있다.

　송네피오르드 지역의 중심부에는 노르웨이의 제2의 도시 베르겐 Bergen시가 있다. 이 도시와 주변 지역의 주민까지 합치면 인구가 100

만에 이르는데, 피오르드의 자연 속에 전형적으로 아름답고, 활기찬 북구의 도시를 이루고 있다. 베르겐시에는 노르웨이 최대의 수족관이 있는데, 각종 해산어류는 물론 바다표범, 펭귄이 양식되고 있다.

베르겐 대학교Univ. of Bergen는 1825년에 설립된 베르겐 박물관 Bergen Museum을 모체로 하여 1948년에 대학교로 발전되었다. 학생수 효는 8천여 명이고 교수진은 800여 명으로서 비교적 규모가 큰 대학이다. 도서관은 100만 권의 장서를 보유하고 있으며, 역사박물관과 자연사 박물관이 설립되어 있다.

4) 오슬로피오르드와 바이킹 기질

오슬로피오르드는 스카게락해협과 접하고 있으며, 100여km 안쪽에 수륙水陸의 풍광이 아름다운 오슬로시가 자리 잡고 있다. 오슬로피오르드는 송네피오르드와 마찬가지로, 구절양장 같은 수로와 양쪽 연안의 경관이 뛰어나게 아름다우며, 오슬로 시민이 즐기는 해양스포츠의 현장이며, 해안의 구릉지대는 별장지역이기도 하다. 바다를 즐기고 요트를 즐기는 오슬로 시민은 이곳을 해양 스포츠 센터와 휴식처로 이용하고 있다.

노르웨이의 피오르드 자연은 경제성과 연계되고 있다. 피오르드 지역의 대부분은 울창한 산림지대를 이루고 있어 산림자원의 보고라고 할 수 있다. 이러한 자연 속에 드문드문 형성되어 있는 마을은 더없이 아름답다. 피오르드 자연 전체가 여름철에는 휴양지 내지 별장지대로서 최적의 조건을 이루고 있다.

겨울철에는 눈이 많이 내려 눈과 얼음의 세상을 이루고 있지만, 실제로 이것은 담수 자원으로 되어 전기의 생산 및 산림의 육성에 천혜적인 이점으로 작용하고 있다. 특히 이와 같은 기후적인 요인은 연어, 송어 같은 고급 냉수성 어족의 양식을 비롯하여 수산 자원의 육성에도 좋은 환경을 제공하는 것이다.

오슬로시는 스칸디나비아반도의 과학기술, 학문, 정치, 문화, 상공업의 중심지 중의 하나이다. 오슬로시에는 과학기술의 명당인 노벨연구소가 있으며, 세계적으로 명성을 떨치는 비겔란 조각공원이 있다. 이 공원에는 수많은 사람의 조각품이 전시되어 있다. 또한 이 공원 인근에는 비겔란 박물관이 있어서 조각가의 위대한 발자취를 보존하고 있다.

또한 학문의 요람으로서 역사와 전통을 자랑하는 오슬로 대학교가 있다. 오슬로 대학교는 1811년에 설립되었으며, 학생수효는 2만여 명 가까이 되며, 교수진은 1,400여 명에 달한다. 부속도서관의 장서는 무려 4백만 권 이상이며, 식물, 동물, 지질, 고생물에 대하여 하나하나 특성화시켜서 식물박물관, 지질박물관, 고생물박물관이 설립되어 있다.

노르웨이, 오슬로만의 해안경관

오슬로만의 거센 바람과 범선

또한 부속식물원botanical garden도 있다.

노르웨이의 국토는 70% 이상이 산악지대를 이루고 있다. 이것은 스칸디나비아 산맥이 노르웨이 국토의 중앙 부위에 길게 뻗어 있기 때문이다. 이 산맥은 고산준령이라기보다는 높이가 1,000m 내지 2,000m 정도이고, 고원의 성격을 띠고 있다. 노르웨이의 면적은 우리나라의 남한보다 3배 반 정도 크지만 인구는 1/10 정도이다.

노르웨이 사람들의 바이킹 기질은 험악한 자연환경으로부터 참고 견디는 강인한 인내심으로 자연에 적응하여 살아남는 지혜를 발휘하게 했다. 천혜의 바다 혜택 속에서도, 거친 파도를 헤쳐 나가야 하는 모험을 통하여 자신들의 생활을 개척해야만 했고, 그 결과 세계적인 해운국을 이루어, 오늘날과 같은 부유한 복지국가를 이루고 있다.

다시 말해서, 노르웨이 국민의 생활 방편은 지리적으로 어업과 해운업이 필수적일 수밖에 없는 자연환경이다. 또한, 북극권의 풍광風光과 피오르드 자연의 경관은 무엇보다도 훌륭한 관광자원으로서 극대화될 수 있는 천혜의 자연조건이다. 피오르드 자연 자체가 지니고 있는 방대한 양의 수산자원과 산림 자원은 바로 국력을 풍요롭게 하는 주요 자원이다. 이들로부터 파생되는 다양한 종류의 산업은 이 나라를 더욱 부유하게 발전시키는 잠재력이며 원동력이기도 하다.

노르웨이는 모범적인 복지 국가 중의 하나이며, 풍부한 수산자원과 산림자원, 그리고 방대한 천혜의 경관 자원을 고려한다면, 지구상에서 가장 부유한 복지국가 중의 하나라고 하겠다.

5장

프랑스 연안의 대서양과 영불해협의 바다와 자연

1. 프랑스, 대서양 해안의 자연과 생물

1) 대서양 해안의 저지대

지구상에는 바다와 육지, 즉 해양과 대륙이 지형에 따라 독특한 성격을 지니면서 조화롭게 분포되어 있다. 다시 말해서, 오대양과 육대주가 하나의 지구라는 자연 속에 상호 보합하여, 조화를 이루고 있다. 그러나 자세히 보면, 대륙마다 지형상의 고저가 다르고, 동서남북의 형태가 다르다. 또한 개개 대륙은 각기 다른 성격의 바다와 접하고 있다.

바다의 수면보다 조금 높은 육지의 평야를 저지대wet land라고 하자, 예를 들면, 아메리카의 남·북대륙, 유럽대륙, 그리고 아프리카대륙으로 둘러싸여 있는 대서양 연안의 육지는 대부분 저지대를 이루고 있는데, 대륙마다 바다마다 독특한 성격을 나타내고 있다. 그 내용을 살펴

영불해협에 위치한 해안 마을의 경관

보면 다음과 같다.

남아메리카의 서부에 위치하는 안데스 산맥의 높은 지형, 즉 고원은 동부의 파라나Parana 수계의 광활한 저지대 또는 아마존강 하구의 저지대와 조화를 이루고 있다. 특히 아르헨티나의 엔뜨레 리오Entre Rio 주를 중심으로 펼쳐지는 팜파의 평야와 저지대는 가히 세계적으로 비옥한 평야이다.

북아메리카의 저지대wet land는 크게 2개 지역으로 볼 수 있다. 하나는 서북부에 위치하는 오대호 지역의 광활한 내륙 저지대이다. 방대한 내수면을 지니는 슈피리어Superior호, 미시간Michigan호, 후론Huron호, 에리Erie호, 온타리오Ontario호는 서로 연결되어 있으며, 나이아가라 폭포 같은 절경의 자연경관을 이루면서 하천이 되어 대서양으로 유입된다.

다른 하나는 미국 동부의 체사피크Chesapeake만을 중심으로 하는 광활한 평야이다. 이것은 서부의 로키Rocky산맥의 고원과 조화를 이룬다. 이 저지대는 풍부한 강우량과 온화한 기온으로 수목이 울창한 자연경관을 이루고 있으며, 강, 호수, 연못, 늪지의 밀도가 세계적으로 대단히 높은 곳이다.

대서양 연안의 아프리카 서쪽 해안도 역시 저지대를 이루고 있다. 이곳은 사하라 사막의 서쪽 해안인데, 특히 모리타니국의 해안선은 사하라 사막의 열기(기압)가 빠져 나가는 저지대이다. 이곳의 저지대는 바다의 영향, 예로 바닷바람의 영향을 거의 받지 않기 때문에, 가혹한 사막의 풍토가 바닷가 해변까지 그대로 유지되고 있다.

유럽 대서양의 저지대는 내륙의 알프스 산맥과 조화를 이루는 프랑스의 대서양변이라고 할 수 있다. 유럽대륙은 다른 대륙에 비하여 면적의 규모가 작기도 하지만, 저지대를 이루는 스케일도 옹색한 편이다. 또한 자연 지리적 지형에 있어서도 외형상으로 커다란 특색을 보이지 않는다. 그렇지만 대서양 연안의 전체적인 저지대의 흐름과는 잘 조화를 이루고 있다.

전 해양과 대륙의 지리적 관점에서 볼 때, 대서양을 이루는 4개 대륙의 연안은 광활한 저지대를 이루는 특징을 지니고 있는 반면에, 태평양의 연안을 이루는 아메리카 남·북의 대륙과 아세아대륙의 연안은 일반적으로 커다란 산맥으로 고원을 이루고 있어서 대서양의 연안과 대조를 이루고 있다.

2) 프랑스, 대서양변의 굴 양식

이곳 해안에서는 조석의 차이가 5~6m 정도이며, 광활한 조간대 평원이 펼쳐지는 것이 보통이다. 프랑스가 접하는 대서양 해안의 북쪽으로부터 남쪽에 이르기까지 비교적 큰 도시로는 브레스트Brest, 깽뻬르Quimper, 로리앙Lorient, 반느Vannes, 낭트Nantes, 라 로쉘La Rochelle, 보르도Bordeau, 바이온느Bayonne 같은 해안도시이다.

브레스트시가 위치하는 북쪽 해역에서, 라 로쉘시가 위치하는 중부 해역 사이에는 수많은 만과 섬이 있으며, 해안선이 대단히 복잡하게 들락날락하여 연안이 자연 지리적으로 변화무상하며, 해안경관이 수려하다.

그리고 프랑스 대서양변의 중부 해역에서 스페인 국경에 인접해 있는 바이온느 해역까지는 해안선이 단조롭게 직선을 이루고 있으나, 지형상으로는 저지대여서 수많은 대소의 해안호수와 소택지가 분포되어 있다.

보르도시 근처에 위치하는 아르까숑bassin d'Arcachon만은 규모가 비교적 큰 편이고 남쪽으로 나 있는 좁은 만구를 통해서만 대서양과 수문학적 성격이 교류되는 내만의 자연 지리적 성격을 표출하고 있다. 이런 자연조건은 이곳을 프랑스에서 가장 광활한 굴 양식장으로 만들고 있다. 참고로 부언하자면, 프랑스 대서양변의 해안에서 생산되는 굴은 거의 프랑스의 전체 굴 생산량에 해당된다. 예외적으로 지중해안의 또 호수bassin de Thau에서 다소 생산되고 있다.

프랑스 대서양변에는 해태, 미역, 조개 같은 해양생산의 포텐셜을 지니고 있지만, 굴 양식 외에는 다른 수산양식이 별로 없다. 북부 연안 지방에 송어양식장이 있지만 양적으로 근소하다. 이것은 어류 소비량이 거의 없기 때문이다.

프랑스에는 어업의 비중이 대단히 낮을 뿐 아니라, 어민의 수효가 아주 적다. 이와 같은 성향은 국민 전체가 물과 바다를 즐기며, 해수욕이나 해상 스포츠에 연연하는 국민성과는 비교가 된다. 또한 가톨릭 문화 속에는 해산물의 비중이 거의 없다시피 한 데도 기인한다. 금요일 식사 중에 한 접시의 생선을 먹는 것이 고작이다.

프랑스 국민의 장점 중의 하나는 자연보호의식이 강하다. 해양오염에 대한 의식이 뚜렷하고 자연훼손의 결과가 어떤 것이라는 것을 잘 파악하고 있다. 물론 항구도시에는 배가 많고 인구가 많아 오염이 불가피하지만, 오물수거에도 상당히 주력하며 수질악화를 막고 있다. 그런 결과로 항구에서도 낚시를 즐기는 사람이 있을 정도이다.

3) 프랑스, 바이으롱섬 Ile de Baillon과 해양연구

이 섬은 브레스트 해역과 느와르무티에 해역 사이에 위치하고 있으며, 해양학적 성격도 이들과 대동소이한 편이다. 그러나 세부적으로는 기후적 성격과 해양 성격의 차이가 적지 않다.

이 섬은 모리비앙Moribian이라는 만灣 속에 위치하는데, 해안선이 들쑥날쑥함은 물론, 많은 섬이 산재해 있어서 복잡한 해양환경을 이루고 있다. 총체적인 자연경관은 뛰어나게 아름답다.

모리비앙만의 중앙에는 커다란 섬이 위치하고 있고, 그 주변에 작은 섬들이 산재해 있는데, 바이으롱섬은 길이가 300여 미터에 불과한 아주 작은 섬이다. 그렇지만 수목이 무성하여 밀림을 이루다시피한 수륙水陸의 경관이 수려한 면모를 보이고 있다.

이 만의 규모는 상당히 크지만 만구가 지극히 좁아서 대서양의 파도나 해류의 영향을 직접 받지 않고 좁은 만구를 통해서 해수의 유동이 일어남으로 서서히 영향을 받는다. 따라서 천연의 자연 방조제를 지닌 듯이 만내의 수면은 호수의 성격을 띠고 있다. 물론 심한 바람이나 태풍이 있을 적에는 역시 파도가 높고 물결이 거세다. 태풍이 지난 바로 다음 바이으롱섬을 겨우 방문할 수 있었던 저자는 우비를 잘 갖추었지만 거친 파도에 온몸이 젖고 보트의 흔들림에 어려운 시간을 보낸 적이 있다.

바이으롱섬은 랜느 대학교의 임해연구소가 설립되어 있는 곳이다. 대학의 교원maître d'assistant 한 명이 몇 명의 연구원과 함께 조그만 모터보트로 이 섬에 출근하여 근무한다. 그러나 여름철에는 많은 학생들이 이 섬으로 연수를 오기도 하며, 일정기간 임해 실험실습을 받기도 한다.

이 섬은 고도古都인 반느Vannes시와 인접해 있으며, 브르타뉴지방의 중심도시인 랜느Rennes시와는 약 2시간 정도의 거리에 있다.

프랑스는 대서양과 지중해, 그리고 영불해협과 접함으로써 삼면이 바다이고, 바다를 즐기는 국민성은 전 세계의 대양으로 진출하여 남태평양의 도서뿐만 아니라, 전 해양에 적지 않은 도서를 점유하고 있는 해양 국가이기도 하다.

이러한 국민적 정서는 해양과학의 발달에 큰 영향을 미치고 있다. 따라서 다양한 종류의 연구기관이 해양과학에 종사하고 있다. 파리나 마르세이유 대학의 해양연구소를 비롯하여 수많은 연구기관이 해양학에 종사하고 있다. 예로서, 국립과학연구센터CNRS : Centre National de la Recherche Scientifique, CNEXO(Centre National pour l'Exploitation des Océans), COB(Centre d'Océanographie de Bretagne), IFREMER(Institut Français de Recherche pour l'Exploitation de la Mer), EPHE(Ecole Pratique des Hautes Etudes), ISTPM(Institut Scientifique et Technique des Pêches Maritimes), ASTEO(Association Scientifique et Technique pour l'Exploitation des Océans) 등의 연구기관은 오랜 세월 속에 필요에 따라 기구의 통폐합을 거듭해 가면서 명칭의 변화도 가지면서 발전해 나가고 있다.

4) 프랑스, 대서양변의 조류상

프랑스가 접하고 있는 대서양 연안은 밀물과 썰물의 차이가 비교적 크고 넓은 조간대를 이루고 있어서 해조류가 대단히 풍부하게 서식하고 있다. 이 해역에 풍부하게 서식하고 있는 해조류는 다음과 같다.

녹조류로는 청각Codium, 잎파래Enteromorpha, 파래Ulva(2~3종류) 등이 풍부하게 관찰되고, 갈조류로는 아스꼬필룸Ascophyllum, 푸쿠스Fucus (4종류), 다시마Laminaria(3종류), 하리드리스Halidrys 등이 엄청나게 많이 서식하고 있다. 홍조류로는 콘드루스Chondrus, 해태Porphyra 3종류 외에 다양한 종류의 홍조류가 서식하고 있다. 해안에는 많은 양의 해조류가 집적되어 하나의 경관을 이루는데, 특히 아스꼬필룸Ascophyllum, 푸쿠스 Fucus, 다시마Laminaria가 주종을 이루고 있다.

이러한 막대한 양의 갈조류는 해양생물 자원으로서의 의미를 지니고 있다. 갈조류가 이곳에서 직접 활용되는 예는 다이어트 식품의 일부로 개발되고 있으며, 신경통 치료를 위한 타라시오테라피thalasioteraphie에 활용되고 있다. 이 치료법은 갈조류를 쌓아 놓은 풀pool장에서 수영도 하고 갈조류 더미 속에서 뒹굴면서 신경통을 완화시키는 물리적 요법이다.

프랑스인이 유일하게 생식生食을 즐기는 굴oyster은 대서양변에서는 어디에서나 양식을 하고 있다. 굴 양식장에서 보이는 굴의 양식대의 대열은 끝없이 펼쳐지는 규모로서 조간대의 평야를 덮고 있다. 이와 함께 해태Porphyra, 파래Ulva 또는 청태Enteromorpha도 대량 서식하고 있다. 이런 해조류는 굴 양식장의 생태계를 형성하는 주요 구성원이기도 하다.

굴 양식으로 유명한 곳은 보르도Bordeau의 아르까숑Arcachon만과 프랑스 북부의 해변들이다. 이곳의 굴 양식은 오래 전부터 대단히 발달되어 기업화되어 있다. 그러나 어업에 종사하려는 사람이 적고, 실제 어부의 수효가 적어서 굴 양식 등의 해양개발에 어려움이 많다. 어부들이 어업을 기피하는 이유는, 첫째 바다 일이 고달픈 육체노동이고, 둘째 문화적으로 소외된 생활을 해야 하며, 셋째 많은 돈을 벌지 못한다는 점을 강조한다.

실제로 프랑스 사람들은 어류를 식품으로 사용하는 일은 금요일 한 끼 생선요리 뿐으로 요리 자체가 지극히 어설퍼서 맛도 없고 인기가 전혀 없다. 요리방법이 발달되어 있다는 프랑스 음식이지만, 해산식품의 활용은 굴을 먹는 것 외에는 참으로 빈약하기만 하다. 그래서 해산물의 소비량이 극히 적고, 어부라는 직업이 인기가 없다.

2. 프랑스, 대서양 연안의 해태자원

프랑스의 대서양변에 위치하고 있는 '느와르무띠에Noirmoutier섬'을 중심으로 자생하는 해태의 일종인 '포르피라 움빌리칼리스Porphyra umbilicalis'에 대하여 다소 언급하기로 한다.

이 섬은 조석의 차이로 하루에 두 번씩 섬과 육지로 교차된다. 이 일대의 광활한 해안평야에는 온통 굴양식장이다. 굴의 양식대臺에는 해태가 번성하여 마치 해태양식장같은 느낌이 들 정도로 해태가 자라고 있다. 굴양식 어부들에게는 대단히 귀찮은 존재인 것이다. 바로 이 해태가 '포르피라 움빌리칼리스'로서 이 지역의 우점종이다.

이 해태종은 다른 종의 해태보다 윤기가 있으며 엽체는 두꺼워서 아주 얇은 어린미역만큼이나 투박하다. 체표면은 원형에 가까우며 생체량이 크다. 어떤 개체는 직경이 90cm 정도로 대형이다. 월 2회 이곳을 찾아 해태를 채집했는데 때로는 20~30kg 정도나 실험재료로 운반되었다. 여러 가지 실험용도의 하나로서 해태의 수분함량을 20~30% 정도 되도록 꾸들꾸들하게 말려 영하 20℃ 또는 영하 80℃에 저장하였다가 실험에 사용하기도 했다.

또 이것은 향수의 맛을 살리는데도 한 몫을 했다. 특히 한 여름에 향긋한 바다냄새를 담고 있는 생김(해태)에 야채를 섞어서 만든 샐러드는, 겨울철에 수박을 먹는 것처럼 귀하기도 하고 신선한 맛을 준다.

해태의 영양분을 보면 쇠고기만큼이나 단백질의 양이 많으며, 각종 비타민의 함량도 우수하다. 특히 생김의 경우에는 비타민 C가 타의 추종을 불허할 만큼 많고, 또한 탄수화물이나 미네랄도 많으며 방향성 물질도 있어 독특한 맛을 지닌다.

해태는 세계적으로 약 55종이 자생하고 있다. 우리나라에서는 10종, 일본에서는 20종 이상 그리고 프랑스의 대서양변에서는 4종이 자생한다. 김의 생산 시기는 겨울철(12~3월)로서 우리가 먹는 이 엽체葉體는 중성포자(단상)가 발아 생장한 것이다. 해태의 생활환生活環은 식성과는 상관없이 불란서의 생물학자 드리우Drew에 의해서 1949년에 밝혀졌는데, 해태양식에 획기적인 전기를 맞게 했다.

한국, 일본, 중국 등 3국에서는 오래전부터 해태를 식품으로서 귀히 여겨왔으며, 이제 해태의 경작면적은 점점 제한 또는 축소되어가는 반면에, 선호도와 인구는 증가하여 간다. 이런 면에서 자원고갈 현상을 부인할 수 없다.

그런데 김구이나 김밥을 대하게 되면 왜 검은 종이를 먹느냐고 의아해하는 파란 눈빛의 프랑스 사람들에게는 아예 격세지감을 느끼게 한다. 그러나 생김 샐러드는 이들에게 미각적으로 그럴듯하다고 설득이 된다. 또한 프랑스내의 동양인 식료품상에서 김(해태) 한 장에 1프랑이라고 하면 머리를 갸우뚱하고 어깨를 움츠리며 김의 맛을 요모조모로 뜯어 감상한다. 대량생산해서 동양 3국에 수출하는 길은 없겠느냐는 진지한 태도를 보이기도 한다.

3. 대서양의 참다랑어 자원

1) 프랑스 국립수산 연구소

다랑어의 종류는 전 해양에 수십 종이 서식하고 있는데, 대서양에도 전 해역에 산재하여 여러 종류가 서식하며 회유한다. 일반적으로 많이 알려진 것으로는 참치류 중에서 참다랑어를 비롯하여 황다랑어, 눈다랑어, 날개다랑어, 가다랑어skip jack 같은 어종이다.

여기에서 소개하고자 하는 대서양의 참다랑어는 블루 핀 투나blue

pin tuna로서 주로 아프리카 북단을 회유하다가 물 맑고 따뜻한 지중해역으로 들어가 산란을 하여 번식하는 어종이다. 학명으로 소개하면 다음과 같다.

Thunnus thynnus : Northern bluefin tuna
Thunnus maccoyii : Southern bluefin tuna

참다랑어blue pin tuna 외에도 우리에게 익숙하게 알려진 참치류의 통속명과 학명은 다음과 같다.

Big eye tuna : 눈다랑어 : Thunnus obesus
Long fin tuna or Albacore : 날개 다랑어 : Thunnus alalunga
Yellow fin tuna : 황다랑어 : Thunnus albacares

대서양의 참다랑어는 대단히 커다란 해양자원을 이루고 있다. 이들은 수온, 염도, 먹이, 일조량 등에 민감하여 그 조건에 따라 떼를 지어 집단 회유한다. 참다랑어는 이와 같이 환경조건이 잘 정해진 곳에서 군서생활을 하는 것이다. 수온이 낮아지는 것과 같은 부적절한 환경이 되면, 적정 수심으로 내려가서 2~3개월 동안 활동을 중지하고 동면을 하기도 한다. 이때는 12월 말쯤이며 겨울 집을 찾아가서 휴식하는 때라고 할 수 있다.

대서양의 다랑어 연구는 프랑스 국립 수산 연구소ISTPM : Institute Scientifique et Technique des Peches Maritimes가 대서양의 참치 자원에 대하여 오랫동안 종사하여 왔다. 연구소의 본부는 낭트Nantes의 에르드르Erdre강가에 위치하고 있는데 실용주의pragmatism에 입각하여 운영되고 있었다. 연구소는 대서양의 참치 어군이 회유하는 어장을 찾아서 낚시로 어획하여 꼬리표Label를 붙여 방류하며, 재 포획되는 장소, 시기, 크기, 무게 등을 통하여 회유 경로와 생태적 연구를 정통적으로 하여 왔다.

프랑스 정부는 국립 수산 연구소ISTPM와 국립해양개발센터CNEXO : Centre National d'Exploitation des Oceanes를 통폐합하여 이프르메르Ifremer라는 새로운 조직으로 개편하여 프랑스의 해양·수산연구 기관을 일원화함으로써 방대한 바다 연구의 기능을 효율화하였다.

이프르메르연구소의 본부는 대서양과 영불해협이 접하는 프랑스 브르타뉴Bretagne지방에 있는데 방대한 연구소부지 위에 최신의 시설을 갖추고 있다.

2) 참다랑어의 생활사

대서양의 참다랑어에 대한 일반적인 생활사life cycle나 회유경로에 대한 수산 관계자의 체험이나 또는 일반적인 학설에 따르면, 지중해에서 산란하는 참다랑어의 회유범위는 대서양의 북위 20°에서 70° 사이와 서경 10°에서 75° 사이의 해역이다. 참다랑어의 회유는 1월 중순부터 시작하여 멕시코만 근해에서 대양을 횡단하는데 약 2개월이 걸리며, 그 후에는 아프리카 서안에 접근하여 먹이를 섭취하면서 북상하다가 지브랄타해협을 지나 지중해로 회유하는데 그 시기는 보통 3월 말에서 5월 말까지이다.

이들 참다랑어의 회유는 지중해에서 물 맑고 깨끗하며 수온이 따뜻한 코르시카·사르디니아·시실리·몰타 또는 크레타 같은 도서의 연안까지 계속되어 이곳에서 산란을 한다. 암놈은 1mm 정도의 알을 배출하게 되고 이를 추종하던 수놈은 방사하여 알을 수정·부화시킨다.

참다랑어의 치어는 부화가 된지 2일 정도가 되면 유영하기 시작하여 미세 플랑크톤을 섭생하며 생장을 시작한다. 그러나 이 단계에 대하여는 아직도 소상하게 파악되어 있지 않아 연구가 계속되고 있다.

치어가 된 참다랑어의 크기는 4mm 정도이며 풍부한 양의 먹이를 섭식하면서 생장하다가 다음해에 찾아오는 천어들과 합류한 다음 대서양 또는 인도양으로 회유하여 나간다. 다시 말해서 1~2년생의 참다랑어는 무리를 지어 본능적으로 향일성을 따라 멕시코만으로 향하는 것으로 알려지고 있다.

크기가 1m 이상 되는 참다랑어의 친어는 산란·수정·부화를 마친 다음, 다시 지브랄타해협을 나와서 노르웨이 중부 연안까지 북상하였다가 아일랜드와 뉴파운드랜드 근해를 거쳐 멕시코만류로 회귀하게 된다. 이 기간은 약 8~10개월 정도라고 한다.

참다랑어의 일반적인 형태를 보면, 몸체는 방추형의 비만한 몸통을 이루는데 등 부분은 진한 청색을 띠고 있으며 배면은 은백색이고 측면은 두 부분의 중간색에 해당되는 회색을 띠고 있다.

참다랑어가 4~5년생일 때는 몸체가 1m 이상 되며 80~150kg의 무게를 지닌다. 6~7년생이 되면 몸체가 2m 이상으로 350kg 정도의 무게를 지니는 것이 보통이다.

참다랑어는 20년 정도 생존할 수 있으며, 드문 경우에는 무려 1천 kg의 무게를 지닌다. 참다랑어는 운동성이 대단히 활발하고 민첩하며, 행동반경이 대단히 크며, 회유속도도 $32km\cdot h^{-1}$ 정도나 된다. 참다랑어의 최대 유영 속도는 $70~80km\cdot h^{-1}$ 정도로 알려지고 있다.

3) 참다랑어의 어획과 맛

참치잡이는 과거에는 주로 채
낚시용 투나 어선에 장착한 주낙으
로서 포획하였으나, 최근에는 대형
건착선에서 어획하고 있다. 이러한
어획은 주로 통조림용으로 쓰이고
있다.

여기에서는 수문학적 계절에
따라 회유하는 서부 아프리카 북단
과 지중해를 회유하는 참다랑어를
정치망으로 어획하는 예를 들기로

프랑스 브르타뉴 지역의 어선과 갈매기

한다. 어획 시기는 회유성 어류의 어획시기를 맞추어야 하기 때문에 이
곳을 지나는 시기가 3월 말에서 5월 말까지이므로 불과 2개월밖에 되
지 않는 기간 동안에 어획을 수행해야 한다.

참다랑어가 지나가는 길목에 정치망을 설치하며, 어획 후에는 신속
하게 처리하는 운영의 묘를 살려야 한다. 정치망의 설치 수역은 스페
인, 모로코, 튀니지 해역이다. 참다랑어는 군서 생활을 하기 때문에 정
치망으로 대량 어획할 수 있어 때로는 1,000여 마리 이상 그물로 잡는
경우도 있다.

참다랑어는 등 푸른 생선의 대표적인 어종이며 건강식품으로 알려
져 있다. 여기에는 에이코사펜타엔산eicosa-penta-enoic acid : EPA이라는 다
가 불포화 지방산(20개의 탄소 사슬 중에 5개가 2중 결합)이 포함되어 있는
것이다.

참다랑어는 산소를 많이 필요로 하는 활발한 운동성을 가지고 섭식
하기 때문에 행동반경이 크며, 또한 이를 뒷받침하는 생체 기능 역시

활발한 것이다. 그러나 정치망에 걸리면 짧은 시간 내에 에너지를 탕진하며 죽는 성격이다.

참다랑어는 급속 냉동에 따른 신선도의 차이, 어획 중의 처리 과정에 따른 근육 상태, 혈액의 제거 또는 생산되는 계절적·지역적 차이에 따라 맛과 질의 차이가 현격하게 다르다. 이러한 조건이 잘 맞은 것은 일품의 맛을 지니고 있으며, 가장 좋은 식품으로 인정된다.

특히 맛있는 부위는 참다랑어의 뱃살 부위이다. 물론 참다랑어의 맛은 다른 어류에서처럼 산란시기(5~6월) 전인 배란기(4~5월)에 어획된 것이 일품이라고 알려졌지만, 생애주기로 본다면 체내에 지방이 가장 많이 축적되어 있는 시점에서 어획되는 것이라 하겠다. 이때는 회유를 마치고 동면에 들어가는 시기로 수문학적 겨울철이라 하겠다.

한 가지 부언하자면, 프랑스의 참치 자원 연구가 심도 있게 진행되는 것과는 다르게 일반 프랑스인들은 참치에 대하여 똥블랑thon blanc(백색 참치류), 똥루즈thon rouge(적색 참치), 똥죤느thon jaune(황색 참치)라는 인식으로 어체가 크고 맛이 있다고 생각하고는 있으나, 실제 식생활에서는 소비가 많지 않고, 더욱이 참치회의 요리는 거의 알려져 있지 않다. 프랑스인의 참치 자원 연구는 식생활의 필요성과는 별도로 해양의 기초 과학이 튼튼함을 느끼게 하는 일면이다.

4. 영불해협의 자연과 생물

1) 영불해협의 자연

영불해협은 위도상으로 북위 50° 전후에 위치하고 있는데, 영국과 프랑스 사이의 최단거리는 32km에 불과한 천해성 해협이다. 위도는 높지만, 기온이 대단히 온화하고 민물·썰물의 차이가 세계적으로 제일 큰 16m나 되는 해역이다.

이 해역의 해양학적 특성은 북극권의 한류와 멕시코만류가 이 해협에서 상충함으로써 안개가 대단히 많으며, 비가 연중 250일 정도 내리는 지역이기도 하다. 이 해협의 해양학적 성격으로는 해류의 흐름이 수시로 바뀌며, 천해라고 하지만 파도가 높고, 기상이 수시로 바뀌어 해황을 예측하기 쉽지 않아 출항하는데 신경을 많이 쓰지 않을 수 없다.

조간대의 면적이 대단히 광활하게 펼쳐짐으로써 저서생물benthos인 각종 해조류와 패류의 서식이 활발하고, 원양생물pelogos로서는 난류를 따라 회유하는 어류와 한류를 따라 회유하는 어류가 모여 종류가 다양하고, 양적으로 풍부하게 어획되고 있다.

해협의 해수는 청정하여 저층까지 거의 광투과층euphotic zone을 이루며, 광이 투과되는 가시적 저층의 경관은 수심에 따라 다양하게 보인다. 주로 돌, 모래, 암반 등이 각양각색으로 구성되어 있으며, 조간대에는 모래와 펄이 많으며 광활한 해양 동·식물의 서식처이다. 또한 돌이나 암반의 경관도 드물게 보이고 있다.

해협의 중요한 기능은 해상교통의 요지로서 대소형의 각종 여객선, 화물선, 유조선이 빈번하게 왕래되는 통로 역할을 하고 있다. 그리고 해상 스포츠, 즉 보트, 요트, 범선 등을 즐기는 사람이 많다. 여기서는 저자가 답사한 영불해협의 몇몇 해안을 중심으로 자연경관과 해양학적 성격을 언급하기로 한다.

2) 쌩 말로Saint Malo

쌩 말로는 지형적으로는 브르타뉴Bretagne반도와 쉐르부르그

Cherbourg반도가 만나서 만들어지는 정삼각형 바다의 내륙 쪽의 정점 부위에 위치하고 있으며, 해양학적으로 조석의 차이가 대단히 커서 15m 정도나 된다. 랑스Rance강이 바다로 빠지는 하구 역에 조석의 낙차에너지를 이용하여 설립한 조석차 발전소가 있다. 이것은 쌩 말로의 안쪽, 디나르Dinard 지역의 만을 가로막아 방조제를 건설함으로써 이루어졌는데, 조석차 에너지 발전소의 규모가 크고, 초창기에 건설된 것이어서 세계적인 이목을 끌기에 충분하다. 또한, 아름다운 자연경관과 에너지 개발면에서 본보기의 역할을 하고 있다.

해역의 아름다운 자연경관은 조력발전소의 경관과 잘 조화되어 있어서, 레저 스포츠가 많이 발달되어 있다. 항내에는 수많은 보트와 요트로 가득 메워져 있는데, 이것도 역시 아름다운 경관이다. 우리나라 서해안도 조석의 차이가 큼으로 이곳의 조석차 발전소를 본받아 건설하려고 한 적도 있다.

3) 몽 쌩 미쉘 Le Mont Saint Michel

이 해역은 쌩 말로와 인접한 해역으로 해양환경을 보면, 조석의 차이가 더 심하여 무려 16m나 되는 곳이다. 더욱 특징적인 것은 밀물·썰물의 속도가 대단히 빨라, 썰물시 이곳에서 조개를 줍기 위하여 펄 안으로 깊숙이 들어가게 되면, 밀물 시 미처 빠져나오지 못하고 희생되는 어부들이 적지 않았다. 광활하게 끝없이 펼쳐지는 조간대는 거의 모래사장 내지 개펄로 되어 있어서 저서생물, 특히 갯지렁이류와 패류의 서식환경이 대단히 좋다. 프랑스뿐만 아니라 유럽 도처의 해양 학도들이 임해 실험실습을 하기 위하여 한번은 거쳐 가는 해안으로 알려져 있기도 하다.

몽 쌩 미쉘은 밀물 때는 섬이 되고 썰물 때는 육지가 되는 세계 7대 불가사의한 곳으로 알려져 있는데, 옛날의 성채, 수도원, 박물관, 감옥 등 대소의 많은 유적과 미로같이 복잡한 통로들이 이곳을 찾아오는 사람들에게 자신의 존재나 위치의 감각까지도 흐리게 한다. 더욱 분위기를 어수선하게 만드는 것은 이 섬의 진입로를 중심으로 즐비하게 들

세계 7대 불가사의라는 몽 쌩 미쉘의 전경

어서 있는 기념품점과 음식점이며, 수많은 관광객을 유치하려는 상인들의 적극적인 행위도 색다르다.

4) 깡Caen 해역

이곳은 영불해협에서 비교적 좁은 수역이며, 노르망디Normandie의 해안 지역을 대표할 수 있는 중심 해역이라고 할 수 있다. 깡시는 파리에서 239km의 거리에 있으며, 깡 대학교의 해조류 연구는 게이랄 교수professeur Gayral를 비롯한 연구팀이 괄목할 만한 성과를 내고 있다. 프랑스에는 자연지리적인 여건에 따라 대학마다 연구 분야가 특성화되어 있다.

이 해역은 간만의 차이가 큼으로 넓은 조간대에는 조류의 서식이 활발하며, 또한 인접한 지역에는 쎄느Seine강의 하구가 있는데, 파리시

를 관통하여 영불해협의 르 아브르Le Havre 수역에 담수를 쏟아 부으면 서 막대한 영양염류를 운반하고 있다. 이것은 해조류의 서식을 활발하 게 만드는 주요 요인이 된다.

일반적으로 해조류 중에서, 해태Porphyra 같은 것은 담수가 흘러들 어 염도는 다소 낮으며, 영양염류가 풍부한 수역에서 대량번식을 한다. 어류 중에서도 도미나 숭어 같은 것은 염도가 다소 낮으며, 먹이가 많 은 곳으로 회유하는 성향이 있다. 이곳은 여러 가지 자연 조건이 해조 류의 연구 분위기를 고조시키고 있다.

저자는 1976년 4월, 이 일대의 해역을 수차 답사하면서 해태를 채 집했다. 게이랄 교수가 같이 연구를 하자는 간곡한 청을 사양한 것을 기억하면서 이미 30여 년이 흘러간 것에 감회가 없을 수 없다.

5) 영불해협의 풍부한 해양생물 자원

⑴ 풍부한 해조류 자원과 개발

봅트Baupt는 영불해협의 해안에서 멀지 않은 내륙에 위치하는 벌판 지역의 이름이다. 지도상에서도 쉽게 찾아볼 수 없는 지명이지만, 해 조류를 이용하여 까라게난caraghénane을 생산하는 대형 공장이 설립되 어 있다. 이 공장은 1956년에 설립되었는데, 1976년까지도 미국, 덴 마크, 스페인, 프랑스 등의 몇 나라에서만 공장을 운영하고 있었다. 이 공장에는 연구원이 40여 명이었고, 종업원이 300여 명이었으며 1년에 2~3천 톤의 까라게난을 생산하여 상당한 가격으로 해외에 수출하고 있었다.

이 공장에서 원료로 사용하는 해조류는 모두 홍조류Rhodophyta였는 데, 15여 종류가 주로 사용되고 있었으나, 실제로는 100여 종류의 홍조류가 세계 도처에서 수입되고 있었다. 우리나라의 해안에서 채취되어 건조되었던 홍조류(*Chondrus sp.*, *Gigartina sp.* 등)도 많이 쌓여 있었다.

이 공장에서 사용하고 있는 까라게난의 원료는 홍조류 중에서 *Calliblephasis sp. Phyllophora sp.*, *Polyneura sp.*, *Gigartina sp.*, *Corallina sp.*, *Gracilaria sp.*, *Gelidium sp.*, *Delsea sp.*, *Nitophyllum sp.*, *Delesseria sp.*, *Lithophyllum sp.*, *Laurencia sp.*, *Ecklonia sp.*, *Laumentaria sp.*, *Hypnea sp.*, *Chondrus sp.*, *Eucheuma sp.*, *etc*와 같은 종류였다. 이들의 종명은 대부분 확인할 수 있으나, 일반적인 사용을 설명하고 있어서 그냥 종류로 표시하였다.

1976년 주로 깡Caen 해역과 바르플뢰르Barfleur 해역에서 채집한 연구용 해조류 중에는 갈조류가 양적으로 대단히 많았으며, 홍조류는 종류가 대단히 다양하게 관찰되었으나 양은 아주 적은 편이었다. 반면에 녹조류는 *Ulva*가 매년 상습적으로 녹조현상green tide을 일으켜서 말썽이 되고 있을 만큼 저층수심에 대량 서식하고 있었다. 이 해역에서 쉽게 채집할 수 있는 해조류의 목록을 소개하면 다음과 같다.

· 녹조류Chlorophtra : *Cladophora rupestris*, *Cladophora utriculosa*, *Codium tomentosum*, *Corda film*, *Enteromorpha compresa*, *Taonia atomeria*, *Ulva rigida*, *Ulva spp.*, etc.

· 갈조류Phaeophyta : *Ascophyllum nodosum*, *Bifurcaria rotunda*, *Cystoseria filrosa*, *Cystoseria myriophylloides*, *Desmaretia aculeata*, *Fucus ceranoïdes*, *Fucus serratus*, *Fucus spiralis*, *Fucus vesiculosis*, *Halidrys siliquosa*, *Galopteris scoparia*, *Himanthalia elingata*, *Laminaria digitata*, *Laminaria spp.*, *Patina pavonia*, *Sargassum spp.*, etc.

· 홍조류Rhodophyta : *Ahnfeltia plicata*, *Antithamnion plumula*, *Calliblepharis lanceolata*, *Callithamnion tetricum*, *Callophyllis lacinita*, *Ceramium ciliatum*, *Ceramium rubrum*, *Chyptopleura ramosa*, *Dilsea carnosa*, *Dumontia incrassata*, *Furcellaria fastigiata*, *Gastroclonium ovatum*, *Geladium pusollum*, *Gigartina stellata*, *Gracilaria verrucisa*, *Griffithsia flosculosa*, *Heterosiphonia sp.*, *Lamentaria articulata*, *Laurencia pinnatifida*, *Membranoptera alata*, *Pelvetia caniculata*, *Plocamium coccineum*, *Polyides sp.*, *Polyneura hilliae*, *Polysphonia lanos*, *Pophyta umbilicalis*, *Rhodymenia palmata*, *Soleria chordalues*, *Sphaerococcus coronopifolius*, etc.

(2) 풍부한 어류자원

1976년 8월 저자는 쉐르부르그Cherbourg항 인근에 있는 바르플뢰르Barfleur 해역에서 녹조현상을 조사·연구하면서 그물을 놓아 어획한 경험에 따르면 다양한 어류가 풍부하게 자생하고 있음을 알 수 있었다. 놀라운 점은 무엇보다도 어류가 양적으로 많다는 것이다. 상어(4마리 : 20여kg) : 놀래기류labres(수십 마리 : 30여kg) : 꽃게(수십 마리 : 20여kg) 등의 어류가 하룻밤 펼쳐놓은 간단한 그물에 약 100kg 이상의 어류가 어획됨으로써 전반적으로 이 해역이 좋은 어장의 기능을 지니고 있음을 확인할 수 있었다. 이런 양적 풍부함뿐만 아니라 대·소의 다양한 어류가 골고루 잡힘으로써 자연 그대로의 해양생태계가 보전되어 있음을 알 수 있었다. 저자는 처음으로 상어지느러미 맛도 보고, 조기처럼 생긴 놀래기labres를 건조하여서 즐기기도 하였다.

이러한 이유는 해양학적으로 이곳이 난류와 한류의 상충에 따라 어획량이 많음을 보여주는 것이다. 이런 현상은 바로 불로뉴Boulogne항의 어판장에서 볼 수 있다. 불로뉴 항은 영불해협에서 어업 중심지 중의 하나인데, 막대한 어획량이 산적되어 있는 현장은 영불해협에 풍부한 어족자원이 서식하고 있다는 것을 시사하고 있다.

유럽에서 제일 높은 가뜨빌(Gatteville) 등대. 365 계단의 높이로 40km의 거리까지 비춘다

5. 영불해협의 녹조현상

1) 바르플뢰르Barfleur항의 녹조현상

북불北佛의 한계선은 영불해협La Manche에서 멈춘다. 영국 쪽으로 우뚝 튀어나온 반도의 땅이 프랑스 지도를 펴면, 즉시 눈에 들어온다. 이 반도의 한쪽 맨 끝에 자리 잡고 있는 조그만 마을과 항구의 이름이 바르플뢰르Barfleur이다. 이 지역은 영불해협의 일반적인 강한 해류를 가로막고 있는 반도적 성격으로 인하여 해황의 변화는 물론이고, 해류의 강한 영향 속에 있다. 따라서 파도가 아주 심하게 일고 난류와 한류가 만나는 지역의 한 부분으로서 일기 변화는 물론, 해류의 변동도 심하다. 뿐만 아니라, 여러 가지 환경조건이 수시로 바뀌어 해상활동에도 엄격한 규제를 받는다. 그러나 각종 해조류의 생육과 어류의 회유가 많아 해양학과 어업활동에 활기가 있다.

이 해역에서는 파래*Ulva*, 잎파래*Entermorpha*, 다시마*Laminaria*, 모자반*Sargassum* 등 녹조류와 갈조류는 양적으로 대단히 많으며, 홍조류인 경우에도 종류상으로 풍부하다. 특히 울바 리지다*Ulva rigida*는 엽상체가 두껍고, 생태적으로 수심이 깊은 곳에서 생육한다. 이 수역에서는 7월 말, 8월 초에 수문학적 초여름의 수질환경을 이루는데, 이때에 이 해역 일대에는 대소의 차이는 있지만 한여름마다 연안과 항만에 녹조류가 대량으로 집적되어 여름의 뜨거운 햇빛과 함께 썩는 현상이 일어나고 있다.

이런 심한 오염현상을 파악하기 위하여 갈파래가 어디에서 생육하고 있다가 사멸되어 집적되는가? 하는 출처에 대한 연구의 필요성이 대두되었다.

2) 녹조현상의 조사방법

녹조현상은 어민과 주민들에게 많은 피해를 입힌다. 우선 위생적으로 막대한 피해가 뒤따르기 마련이다.

프랑스 국립수산과학연구소ISTPM는 녹조현상의 원인규명과 대책에 대한 연구를 요청받고 실험계획을 세워 우선 현장조사를 착수하였다.

연구방법, 실험목적, 조사결과에 대한 공지사항을 인쇄한 가로 20cm, 세로 25cm의 장방형 얇은 비닐종이를 파래*Ulva*가 생육하는 또는 생육할 수 있는 수심 저층에 인공적으로 심는 작업으로 시작된다. 이 인공 표적물은 실제 파래*Ulva*가 연안에 집적되는 것처럼 이 지역의 독특한 해류와 조석의 영향을 받아서 해변이나 항구, 항만 등 연안으로 이동되고, 심할 경우에는 집적되어서 회수되는 것이다. 결국 비닐 표적물을 '현장*in situ*'에 심는 양과 회수되어지는 양적 관계는 비례적으로 나타난다.

이런 해상작업의 취지와 목적을 공지 사항으로서 인쇄된 비닐종이와 함께 TV, 라디오 등의 매스컴에 알려, 그 해안에서 회수되는 이 비닐은 누구든지 동사무소나 경찰서에 가져다가 신고하도록 한다. 이 인공 파래*Ulva*가 집적되어 회수되는데 요구되는 시간과 위치, 그리고 양적관계의 추적은 오염속도, 오염의 심도와 밀접한 관계가 있어서 결국, 연구의 중요한 내용이 되는 것이다.

'현장*in situ*' 작업을 하기 위해서는 연안에서 4~5km 떨어진 해역으로 나가서 한 장소에서 4~50분 동안 잠수를 하여 400장의 비닐을 바다 저층에 하나하나 조그만 돌로 눌러 놓거나, 해조류의 사이사이에 끼워 놓는 작업이다. 이 해역의 수심은 보통 수십 미터에 달하나 아주 깊은 곳은 90m까지 되며, 이곳의 저층에는 해조류가 많이 서식하고 있다. 특히 길이가 수 미터씩이나 되는 다시마*Laminaria*나 모자반*Sargassum*이 밀생하여 마치, 숲을 형성하고 있는 듯하다.

3) 해조류의 생육과 해양오염

우리가 흔히 보는 청태, 미역, 해태 같은 녹조, 갈조, 홍조류는 태양에너지가 한계요인limiting factor으로 작용하여 수심에 따라 조화롭게 잘 분포되어 자생하고 있다.

해조류 군락의 파악은 수심이 낮은 곳에서는 비교적 잘 알 수 있지만, 연안에서 좀 멀거나 수심이 조금만 깊어도 저층에 생육하는 해조대의 성격을 파악하기는 쉽지 않다. 수심 깊숙이 각종 해조류가 어우러져 생육한다는 것은 대소의 각종 어류에게는 좋은 서식처가 되며, 자연평형이 잘 이루어져 있음을 의미한다.

실제로 저층 해조류의 생태계가 파괴되어도 수면 또는 수중에 영향이 있겠는가 하겠지만, 만일 저층의 해조류 군락이 사멸된다면 생태학적 변모는 물론이고, 생물상의 황폐화를 면치 못할 것이다. 또한 해류가 심한 해역이라면 방풍림처럼 형성되었던 해조군락의 사멸은 인접 연안 또는 해수욕장의 모래사장을 이동시켜서 없어지게 할 수도 있을 것이고, 반대인 경우에는 항만과 같은 시설에 모래를 운반하여 수심을 낮게 함으로써 피해를 입힐 수도 있다.

그리고 해조군락을 따라 서식하는 어류들도 없어지게 될 것이므로 어업에도 타격을 줄 것이다. 또한 수문학적 각종 요인(온도, 염도, pH)들의 변화가 불가피할 것이다. 해양에서 발생된 자연의 파괴는 일상의 잔잔한 바다로 간주된다고 해도 신속하게 어떤 변모를 이루어 나갈 것이 틀림없다.

인위적인 각종 해양오염은 미세조류의 이상 증식현상을 유도하여 적조현상을 일으키게 하고, 뒤이어 저서의 해조류benthic macroalgae에게도 타격을 주어 서식처를 잃게 할 수 있다. 또한 흑조 현상 역시 깊은 수심에 생육하고 있는 해조류 군락을 파괴할 수 있다. 결과가 녹조현상을 일으키는 원인이 되는 것이다.

우리들은 이러한 자연의 이상 변화를 쉽게 또는 신속하게 알아낼 능력이 부족하여 때로 놀라운 괴변을 만나는 것이다.

6. 영불해협의 대형 유조선의 침몰과 흑조현상

1) 영불해협의 자연

영불해협의 최단거리는 30여km에 불과하지만, 영국과 프랑스를 바다로써 갈라놓는다. 프랑스 쪽 연안은 전반적으로 아름다운 자연경관을 갖추고 있으며, 해안도로가 잘 건설되어 있다.

위도상으로는, 북위 50° 전후에 위치하여 북극권에 가까운 편이다. 난류와 한류가 교차함으로써 심한 안개와 함께 비가 잦은 날씨가 많다. 해류의 흐름도 수시로 바뀌어 얕은 바다라고는 하지만, 해황을 예측하기는 어려운 편이다. 따라서 어로 활동이나 해상 실험 작업을 하기에 만만한 해역은 아니다.

해안을 따라 자생하는 아종azons(가시 금작화)과 즈네genêt(금작화)라는 노란 꽃이 만발하여 해안을 물들이는 4~5월의 봄이면, 이곳의 자연경관은 더욱 아름답다.

이 해역은 프랑스의 4대 관광지역 중의 하나이기도 하다. 간만의 차이가 아주 심한 쌩 말로St. Malo 같은 곳은 세계적으로 유명한 조력 발전소가 일찍이 건설된 곳이기도 하다. 몽 쌩 미셀Le Mont St. Michel은 세계의 7대 불가사의한 곳 중의 하나로서 관광단지를 이루고 있다. 이곳의 최대 조석차는 16m에 달하고 있다. 썰물 시에 펼쳐지는 모래사장은 참으로 광활하다.

불로뉴Boulogne 같은 어항은 어업의 중심지를 이루고 있으며, 새벽에 각종 어류를 경매하는 광경은 풍부한 어족자원을 과시하기에 충분하다. 파리에 거주하는 한국인 아마추어 낚시꾼들도 이 수역에서는 재미를 톡톡히 보는 때가 있다. 어떤 낚시그룹은 고등어maguereau를 100여 수 이상 어획하여 파리로 돌아가지만, 오히려 나누어 먹는데 진땀을 빼는 경우도 있다.

저층은 모래, 돌, 암반 등 각양각색으로 구성되어 있고, 동·식물의 서식처가 넓은 조간대 속에 펼쳐져 있어서 다양한 종류의 동·식물이 분포되어 있다. 따라서 해양생물학의 좋은 연구 대상지로서 활용되고 있다.

영불해협의 상공을 다니면서 해양경관과 파도를 관찰하는 것은 흥미로운 일이 아닐 수 없다. 청명한 날씨에는 푸른 물의 속속을 들여다볼 수 있을 만큼 해맑다. 바닥에 바위가 있으면 검은 수색을 하고, 얕은 수심이나 모래바닥인 경우에는 옅은 푸른색 바탕에 하얀색을 나타낸다. 깊은 바다는 파란색이다. 실은 바람이 심히 일고 있을 때 일수록 바다를 내려다보는 재미는 더하다. 하얀 물거품 같은 파도의 점멸도, 해안에 찰랑거리는 파도의 반짝거림도 아름답다. 또한 청명한 밤에 이 해협을 내려다보는 것도 재미있는 일이다. 그럴 때면, 저 아래 떠 있는 선박들의 반짝거리는 불빛이 인상적인 감상을 남긴다. 그러나 날씨가 흐리고 비가 오는 날의 밤에는 기체 밖으로 아무것도 보이지 않는다. 보려고 해도 마치 염라대왕의 검은 보자기를 덮어씌운 듯이 공포 분위기를 느끼게 한다.

이 해협은 유럽 해상교통의 요지로서 여객선과 유조선은 물론이고, 대소형 선박의 통행로 역할을 맡고 있다. 그런데 이 해역에서는 대형사고가 종종 일어나서 전 세계인의 이목을 집중시킬 뿐만 아니라, 때로는 커다란 충격을 안겨주기도 한다. 1993년 3월 초순에도 영국의 대형 여객선이 벨기에의 체브르그 항구 부근에서 전복됨으로써 수많은 사상자를 내고 세계의 이목을 끌기도 했다.

2) 흑조현상 : 유조선의 침몰과 원유 유출

지금부터 약 40여 년 전(1978년)에 프랑스 쪽 영불해협의 해역에서 대형 유조선이 원유를 싣고 폭풍에 휩싸여 침몰한 사건이 있었다. 이 사건이 흑조현상을 발생시킴으로써 자연 파괴의 특기할 만한 기록으로 남게 되었다. 바다를 뒤집어 놓는 강풍은 상당기간 계속되었고, 더군다나 해류가 강하고 간만의 차이가 심하니 유조선에서 유출된 원유는 프랑스 쪽 연안으로 유동되어 철썩철썩 바닥에 엉겨 붙이는데 인색하지 않았다.

참으로 눈으로 보기 참혹한 현상이 일어나기 시작한 것이다. 어패류의 참사는 물론이고, 어류가 죽어서 연안에 깔리고, 갈매기를 비롯한 각종 철새는 긴 모가지를 비틀비틀 꼬면서 기다란 다리는 힘없이 그 끈끈하고 검은 기름 덩어리 위에 처참하게 쓰러져 죽었다. 속수무책의 상황이었다. 대재난은 원유가 다 소모될 때까지 계속되었다.

프랑스 국민들은 경악했고, 분노의 함성은 온 나라를 휘말리게 했다. 국민의 여론은 온통 여기에만 집중되었다.

대통령, 장관, 학자, 등 각계각층의 모든 국민은 밤낮을 가리지 않고 대책을 논의했고, 국민들의 실망과 분노를 수렴하기 위하여 토론하기 시작했으며, 어민, 주민, 군인을 비롯하여, 참여할 수 있는 사람들은 해안과 해역에 부유하는 원유를 수거하는 한편, 연안의 모래, 돌, 해조류, 바위틈에 엉겨 붙은 원유 덩어리를 긁어내고, 씻어내는 작업에 몰두하기 시작했다. 전 국민의 여론과 정부의 지원은 '있었던 그대로의 옛 자연 상태'로 돌려놓는데 최선의 노력을 다했다.

프랑스 국민의 일상적인 기질이란, 외국인의 눈에는 수다스럽고 놀기만 좋아하는 국민들이라는 인상을 쉽게 받을 수 있다. 그러나 이런 어려움이 닥쳐왔을 때, 오랫동안 축적된 국민의 저력과 열띤 정열은 아낌없이 발휘되어 현명하게 재난을 극복하기 시작하였다.

3) 흑조현상은 생태계 파괴

흑조의 발생요인은 적조에서처럼 인위적 또는 자연적 여러 가지 환경요인이 복합적으로 작용함으로써 생기는 것과는 달리, 해양에서의 유전개발과 같은 산업 활동 또는 유조선의 침몰과 같은 사고발생에 의해서 일어난다.

흑조에 의한 자연파괴나, 적조에 따른 자연평형의 상실은 결과적으로, 해양생태계를 여지없이 유린하여 사막화시키는 효과를 나타낸다. 그러나 흑조의 경우는 자연계에서 일어나는 자정작용이 지극히 느리므로 더욱 피해가 크다. 인위적으로 흑조현상을 제거하기 위해서는 막대한 경비가 요구되는 어려움이 있다.

해상의 유조선 또는 유전개발로 인한 다량의 원유oil 유출은 해양 생태계에 심각한 타격을 주는데, 일례로 해양에서 유전을 개발하는 경우 해수와 거의 비슷한 비중을 가진 원유의 덩어리가 수직적으로 바다 속에 희석된다고 할 때 또는 표면으로부터 일정한 수심의 깊이에 섞일 경우, 원유 덩어리가 생태계에 미치는 영향은 표면에 뜨는 경우에 비해서 훨씬 치명적일 수밖에 없다. 이런 오염의 자정작용에 관여하는, 즉 원유oil를 분해하는 미생물로서는 바칠루스Bacillus속, 아시네토박터Acinetobacter속, 마이크로 코쿠스Micrococcus속의 여러 종류들로서 탄소와 수소의 화합물인 원유hydrocarbon를 탄산가스(CO_2)와 물(H_2O)로 분해한다. 이런 자정작용만으로는 원유의 오염 현상을 해소시키는데 많은 세월이 걸린다.

한편으로 이런 원유 분해 능력이 있는 미생물을 인위적으로 대량 배양mass culture하여 오염된 해역에 투여함으로써 심각한 오염현상을 해소하려는 연구 활동도 많이 진행되고 있다.

또한 원유 속에는 소량이기는 하지만, 용존산소를 소비하면서 산화되어 침전되는 여러 가지 유기 성분도 함유되어 있다. 이러한 현상은 물속의 용존산소량을 감소시킴으로써 어류의 호흡에 치명적 영향을 미쳐 질식하게 만든다. 그런가 하면, 유출된 원유는 해수의 표면에 아주 얇게 탄화수소 필름hydrocarbon film을 형성하여 해수와 대기와의 가스교환 작용을 차단시키는 결과를 초래한다.

탄화수소 필름hydrocarbon film 역시, 용존산소량을 급격하게 저하시키는 결과를 나타냄으로써 어류의 호흡작용을 압박하고 질식을 일으키는 요인이 된다. 따라서 흑조현상은 물속에서는 산소가 소비되어 없어지고, 대기로부터는 O_2가 물속으로 녹아 들어가지 못하게 하기 때문에 용존산소 결핍증, 나아가서는 무산소 현상을 일으킴으로써 생태계를 유린하고, 바다를 사막으로 변조시킨다.

그러나 위에서처럼 막대한 원유가 유출될 때에는 이런 경로가 진행되기 이전에 원유 자체가 이미 동·식물의 체표면에 부착됨으로써 폐사되는 경우가 많다.

4) 흑조현상과 해양연구소

영불해협의 연안에는 오래 전부터 대소의 많은 해양연구소가 설립되었고, 이곳의 해양자연을 연구하여 왔다.

파리6Paris Ⅵ 대학 소속인 로스꼬프Roscoff 해양연구소는 여러 연구소 중에서도 역사와 전통이 있을 뿐 아니라, 흑조현상에 심한 타격을 받은 해양연구소 중의 하나이다. 이 기회에 이 연구소를 조금 소개한다.

로스꼬프 지방은 파리에서 약 650km 떨어져 있으며, 인구는 2천 명 정도밖에 안 되는 아주 한적한 어촌마을을 이루고 있다.

이 연구소가 있는 로스꼬프 지역은 꽃배추choufleur의 주요 산지로서 안개와 비가 매우 잦으나 춥지 않은 기후를 가지고 있다. 연구소의 시작은 1868년인데 소르본느 대학교의 앙리 라까즈 듀티에Henri Lacaze-Duthiers 교수가 임해 실험실습지로서 이 지역을 선정함으로써 연구소로 발전되기 시작하였으며, 오늘날에는 프랑스에서 아주 좋은 연구소로서 저명한 해양학자들의 요람이기도 하다. 이곳은 저서생물benthos의 연구에 괄목할 만한 활기를 띠고 있는 것이 특색이기도 하다.

로스꼬교 연구소 근처에는 브르타뉴Bretagne대학교의 해양연구소와 국립해양연구센타 이프르메르Ifrmer라고 불리는 대형 연구소가 위치하고 있어서, 수많은 해양학자들이 연구 활동을 하고 있을 뿐 아니라, 프랑스 해군기지가 자리 잡고 있는 해역으로서, 이런 흑조현상에 실제적인 대책과 연구 활동은 물론이거니와 해양학의 연구 분위기도 대단히 고조되어 있는 곳이다.

즉, 이곳의 모든 연구원들이나 교수들은 이 해역의 모든 해황과 생물상에 대하여 마치, 문전옥답을 가꾸듯이 연구하여 막대한 자료를 축적하여 오던 차에 일시에 검은 바다로 변하니, 동·식물이 전멸하다시피 한, 해양동식물의 떼죽음 상태에 가만히 있을 수가 없었을 것이다.

현황 조사를 위한 연구위원회를 결성하고, 생태계 파괴현장을 하나하나 가차없이 고발하며, 학문적으로 깊이 연구하기 시작한 결과, 많은 연구논문과 자료의 축적은 물론이고, 최근까지도 생태계 파괴 이후에 변천되어 가는 해양생태계의 양상에 대한 연구가 계속되었다.

5) 자연보호는 국민의식의 척도

프랑스 국민들은 물을 좋아한다. 꿈이 있다면 산과 바다에 별장을 갖는 것이고, 나아가서는 요트를 가지고 유유자적 해상 스포츠와 레저생활을 즐기는 인생이 되고 싶어 한다.

또한 국민들의 대다수는 생태계에 지극히 커다란 관심을 가지고 자연보호운동을 실천하며 생활한다. 생태학자를 칭하는 에꼴로지스트

ecologiste 또는 녹색당이라는 정당 같은 것도 설립되어 정치무대에서 활약한다. 이러한 활동은 오래 전부터 국가 정책적으로 막대한 지원을 통하여 계몽되어진 국민의식의 결실이 아닌가 생각된다.

영불해협의 처참했던 흑조현상을 프랑스인들은 잘 극복해 나갔고, 또 옛날의 자연 상태로 원상 복귀시키는 지혜도 발휘했다. 정말 찬사를 보낼 만한 일이었다. 다른 한편, 영국인도 산업혁명 이후 심각하게 오염되었던 테임즈강을 정화시키는데 온갖 노력을 경주하여, 물고기가 다시 뛰어 놀게 한 것도 자연보호의 또 다른 훌륭한 예가 될 수 있다.

이 흑조시기에 재미있는 현상이 남불南佛 쪽에 있었다. 흑조현상으로 큰 고통을 겪고 있는 북불北佛 사람들과는 달리, 지중해변의 사람들은 영불해협 쪽에서 공급되어진 갯지렁이가 없어지자 바다낚시를 즐기지 못하여 한동안 불만스러워 했다.

이에 맞추어 한국산 갯지렁이가 비행기를 타고 나타나게 되었으니 유학중인 저자로서는 자못 반갑지 않을 수 없었다. 한국과 프랑스의 경제적 차이가 현격했던 때라, 푼돈이지만 갯지렁이가 많이 수출되어 경제적 도움이 되기를 바랐으나, 돌이켜 생각하니 남해안과 서해안에서 무분별하게 대량 채취되어 수출됨으로써 자연평형에 영향을 미치지 않을까 염려가 되기도 했다.

1987년에 우리나라의 서해안에서도 유조선이 암초에 걸려 탱크 밑바닥이 터짐으로써 86톤의 벙커 C유가 유출됨으로써 해태 양식과 어장에 적지 않은 타격을 입혔다. 현상을 보지 않아 자세한 상황을 모르겠으나 치명적인 영향으로 어민들은 분노하고 있을 것이 눈에 보이는 듯 했다.

유엔은 해양오염의 범위를 인간이 해양환경에 물질이나 에너지를 주입시킴으로써 생물자원에 해를 끼치고 인간의 건강을 위협하고 해양활동에 장애를 일으키며, 해수의 질을 훼손시키며, 해상 스포츠, 레저의 시설을 감소시키는 행위 등으로 정하고 있다.

인류가 해양에 누를 끼치는 오염의 종류는 각종 임해 산업단지의 폐수나 용수, 각종 선박의 오염내지 사고, 해저광물의 탐사나 개발활동, 해양환경에 인위적인 간섭, 원자력 에너지의 활용에 따른 방사능 폐기물의 주입, 해양의 군사적 이용 등으로써 해양자원의 변조 내지 파괴행위에서 유발되고 있다.

인간과 자연은 상호 타협하는 지혜를 발휘할 수밖에 없다. 과다한 산업 활동이 인류 복지에 크게 공헌할 것으로 여겨지지만, 결과적으로 오염의 유발은 멸망의 길이 될 수도 있음을 명심할 필요가 있다.

6장
아프리카Africa의 바다

1. 대서양, 카나리아군도의 자연과 수산자원

1) 카나리아 군도의 자연

카나리아 군도는 아프리카 대륙의 북서 해안에 위치하며, 대륙과 섬의 최단 거리는 불과 100km 정도이다. 그런데, 개개 섬의 성격은 아프리카대륙에 가까이 위치할수록 사하라사막의 영향을 많이 받고 있다는 사실이다.

카나리아 군도는 7개의 섬으로 구성되어 있는데, 가장 중요한 섬으로는 라스팔마스Las Palmas시가 위치하는 그란 카나리Gran Canarie섬과 자연경관이 수려하고 교육·행정의 중심을 이루고 있는 테네리페Tenerife섬이다. 이 두 섬의 주변에 위치하는 다른 5개의 섬은 란자로테, 푸엘레 벤투라, 고메라, 라 팔마, 이 엘로이며, 카나리아 군도의 총 면적은 7,541km^2(백과사전의 공식적인 기록은 7,272km^2)이고, 총 인구는 160만 명 정도이다. 주민의 주 업종은 농·수산업인데, 명산품은 포도주이고 주요 농산물은 바나나, 토마토, 감자, 담배 및 각종 화훼류이다. 이들은 수출되고 있으며, 1960년대 이후에는 관광으로 눈을 돌려 성공하였다.

카나리아 군도의 일반적인 기후는 무역풍의 영향으로 사철 기온의 차이가 별로 없어 18~20℃ 정도이고, 연중 강우량도 풍부하여 평균 2,640mm로 기록되고 있다. 그러나 개개 섬이 위치하는 장소에 따라 기후의 다양성이 크다. 어느 섬은 사하라 사막의 기후 영향권에 속하여 건기에는 거의 모든 식물이 말라 죽기도 하며, 또 다른 섬은 풍부한 강우량으로 풍요롭고 뛰어난 숲의 경관을 보인다.

해양환경적 측면에서 카나리아 군도는 사하라 사막의 영향을 많이 받으며, 이 일대의 황금어장에 대한 어업 전진기지로서 좋은 역할을 하고 있다.

사하라 사막의 위력은 우선 끊임없는 열풍을 해안으로 발산시켜 장구한 세월의 흐름 속에 잘 발달된 대륙붕의 연안 해역을 이루게 했고, 동시에 표층수를 원양으로 밀어내고 영양염류가 다량 포함되어 있는 비옥한 심층 해수를 연속적으로 끌어올리는 용승작용upwelling을 일어나게 하고 있다.

그뿐만 아니라, 찬란하고 풍부한 태양광선은 해양생물이 잘 서식할 수 있는, 알맞은 수온을 제공하며, 동시에 해수의 증발은 해양생물의 서식 환경을 알맞은 염도로 농축시켜 준다. 이 밖의 수문학적이고 지형학적인 여건도 해양생물의 폭발적인 증식을 일으키게 하고 있다. 다시 말해서, 막대한 해양생산이 이루어지는 천혜의 어장이 아프리카 대륙과 카나리아 군도 사이의 해역이다. 카나리아 군도가 바로 이런 황금어장의 전진기지로서 화려한 영광을 지니게 된 것은 지리적으로 당연하다.

2) 그란 카나리섬의 자연

그란 카나리섬은 우리에게 대서양의 어업 전진기지인 라스팔마스 항으로 더욱 잘 알려져 있다. 또한 유럽의 여러 나라에게는 국제적 피한 휴양지로서 명성이 있고 관광수입이 많은 섬이다.

그란 카나리섬은 동경 13°20′~80°10′, 북위 27°37′~29°25′ 사이에 위치하고 있으며, 면적은 1,558km²이고 아프리카 대륙과 최단거리는 약 100km 정도이며, 스페인 본토와는 약 1,000km의 거리에 있다. 인구는 약 75만 명이다.

라스팔마스항은 1883년 개항한 이후 유럽, 아프리카, 아메리카의 삼각무역 중계항이 되었으며, 1492년 콜럼버스가 스페인의 우엘바

Huelva항을 출발하여 대서양을 횡단할 때 기항하였으며, 그때 숙박했던 집은 기념물로 보존되고 있다.

라스팔마스Las Palmas시에는 약 28만 7천명의 주민이 생활하고 있으며, 도시는 오랜 옛날부터 유럽식으로 건설되어 외형이 아주 깨끗하고 아름다우며 부유하게 보이는 경관을 하고 있어서 휴양도시로서의 면모에 부족함이 없다.

라스팔마스시는 카나리아 군도를 대표하는 상업도시인 동시에 휴양도시이고 어업 전지기지이다. 따라서 전성기를 이루던 1970년대 초에 우리 동포는 5,000~6,000명이 거주하면서 어업과 그 밖의 생업에 종사하였다. 그러나 어장이 쇠퇴하고 어업권의 이해관계가 예민하게 대두되면서부터 한국인의 수효는 점점 감소하여, 그나마도 활기차지 못한 국면을 맞고 있다. 더욱이 스페인당국의 간섭이 심해져 교포의 수효는 더욱 감소하는 추세로서 소강상태의 국면을 맞고 있다.

그란 카나리섬에는 연간 강우량이 350mm 정도여서 선인장류만이 산에 자생하고 있으며, 전반적으로 준사막을 이루고 있다. 따라서 조수기(물을 만드는 기계)로 매일 3만 8천 톤의 물을 생산하여 쓰고 있다. 그러나 야채 생산이 잘 되는 것은 지하수를 개발하여 관개시설을 잘 하고 있기 때문이다.

그란 카나리섬은 화산섬이고 섬 전체가 산으로 되어 있는데 관광도로가 꼬불꼬불하게 산을 관통하면서 좋은 경관을 보여주고 있다. 찬란하고 부드러운 햇빛과 맑고 푸른 바닷물, 그리고 아름다운 해안선은 매혹적이어서 휴양지로서 명성이 높다. 그러나 이 섬의 기후는 사하라 사막의 영향으로 인하여 준사막을 이루고 있어서 산야의 식생은 대단히 빈약하다. 일견하면, 산의 군데군데에는 하나씩 또는 군락을 이루는 선인장류가 자생하고 있었고, 지표면에는 몇몇 종류의 초본이 관찰되고 있었다. 이러한 초본류는 북쪽 산에서 우기에 싱그럽게 자라고 있어서 대단히 좋은 경관을 이루고 있었다. 그러나 건기가 되면 모두 말라버려 삭막하게 된다.

저자에게 그란 카나리섬을 350여km 일주하면서 해안경관을 살펴 보고 관광객이 모이는 푸에르토리코Puerto Rico 인공해수욕장 등을 답사 하고 조사한 것은 이 해역을 이해하는데 의미 있는 일이었다.

3) 떼네리페섬의 자연

카나리아 군도의 7개 섬 중에서 제일 큰 섬이 떼네리페Tenerife섬이 다. 그 면적은 2,057km^{2}에 달하며 해안선의 길이도 269km나 된다. 이 섬은 교육기관이 발달되어 있고 카나리아 군도의 행정 중심지역으 로 되어 있다. 떼네리페섬은 그란 카나리섬에서 불과 60km이며, 제트 포일jet-foil 여객선으로 80분 걸리는 거리에 있지만, 자연경관이 완전히 다르다. 이곳은 풍부한 강우량으로 수목이 울창하다.

이 섬도 화산 활동으로 형성되었으며, 높이가 무려 3,718m나 되는 고산Mount Teide이 이 섬의 경관을 수려하게 하고 있다. 섬 전체가 마치 이 산의 정상을 떠받치고 있는 듯 하며, 이 산에 조림된 숲은 독일의 검 은 숲Schwartzwald이나 알프스의 숲을 능가할 만큼 거목의 소나무류가 하늘 높은 줄 모르고 쭉쭉 뻗어 장관을 이루고 있다. 섬의 북쪽에 위치 하는 이곳의 마을에는 수령이 3,500여 년이나 되는 용혈수龍血樹, dragon tree가 있어서 관광객의 발길을 끌고 있는 것도 특색이다.

이 산의 2,700m 고지까지는 자동차로 올라가고, 그곳에서 정상까 지는 케이블카로 오르는데 2,000m 이상에서부터는 화산폭발로 이루 어진 기기 절묘한 용암의 모습이 다양하게 보여주며 마력적인 인상을 준다.

기온은 연중 온화하고 변화가 없어서 겨울철인 1월 평균기온이 18℃이고, 8월인 여름의 기온이 25℃로서 일 년 내내 전 유럽인의 피한 휴양지 역할을 하고 있다. 섬 전체가 피한지이지만, 섬의 남쪽에 위치하는 유명한 해변beach으로는 엘 모다노El Modano, 로스 크리스티아노스 Los Cristianos, 라스 아메리카스Las Américas 등이 있다.

이 섬의 중심도시는 산타크르즈 드 떼네리페Santa-Curz de Tenerife로서 상당히 부유한 인상을 준다. 이곳에는 해양연구소가 있고, 이 연구소의 부설 수족관에는 어류 양식 시설이 되어 있다. 저자가 방문할 때에는 7~8kg 되는 7~8년생의 도미가 수족관에서 활력 있게 회유하고 있었다. 도미의 친어에서부터 산란, 수정, 부화, 치어, 양성, 성어 생산 등의 과정을 잘 진행시키고 있었고, 수족관의 시설도 상당히 좋은 편이었으나, 그 당시에는 10% 정도만 활용하고 있었다.

산타크르즈 드 떼네리페의 해양연구소 수족관

이 섬에는 오래 전에 원양어업으로 라스팔마스Las Palmas에 진출하여 입지전적으로 대성한 권영호 회장이 운영하는 조선소가 있다. 규모가 대단히 크고 위치가 아주 좋아서 장래에 더욱 번성할 것으로 기대된다.

그리고 이 섬에는 오랜 전통을 지닌 해양박물관이 있다. 규모도 상당하고 해양의 여러 분야에 연구원들이 일하고 있음을 알 수 있었다. 그러나 유감스럽게도 저자가 방문했을 때는 해양박물관이 이전을 하고 있어서 전반적인 전시품을 보지 못한 것을 아쉽게 여기지 않을 수 없다.

4) 대서양의 어업 전진 기지

아프리카 대륙의 내륙에 위치하고 있지만 사하라 사막의 위력은 적절한 생활환경을 지닌 연안 도시의 형성은 물론, 부락의 형성에까지도 제약을 주는 자연 조건이다. 아프리카 대륙의 연안에는 어로 활동을 지원해 줄 수 있는 어항이 거의 없으므로, 이웃하고 있는 카나리아 군도가 그 역할을 담당할 수밖에 없다.

이미 오래 전부터 프랑스와 스페인은 기초과학적으로 이 해역이 황금어장이라는 것을 알고 있었지만, 실제로 현대화된 기계 장비로 사하라 어장에 진출한 것은 1950년대 초 일본의 원양업계였으며, 그 이후 우리나라의 원양업계가 해외에 눈을 돌린 것은 1960년대 중반이었고 이곳 어장에 본격적으로 진출한 것은 한국 - 스페인 어업협정이 1974년 6월 28일 조인되고 라스팔마스항이 한국 원양업계에 어업기지로 제공된 이후부터이다.

이즈음, 한국 원양어선은 무려 200여 척이 이 해역에서 어로작업을 했으며, 선원만도 5,300여 명에 달했다고 한다. 따라서 라스팔마스항은 한국인으로 성시를 이루고 있었고, 어로활동에 눈부신 재능을 발휘했다.

이 해역에서 어획되는 어종으로는 갑오징어, 오징어, 한치, 문어, 능성어cherne, 민어corvina, 농어baila, 광어lenguado, 돔종류, 개상어cazon(식용상어), 새우, 가자미 종류, 갈치류, 오징어calamar, **pargi**, **sable negro** 등으로 다양하기도 하고, 고급 어종이 대량 서식하고 있어서 경제성이 대단히 좋았다. 다시 말해서, 세계적인 천혜의 어장을 개척하여 노다지의 황금알을 주워내고 있었고, 이러한 것은 우리나라의 국력 신장에도 일익이 되었던 것이다.

이곳에서 사용되고 있는 어선과 어법으로는 참치tuna통라인 어선, 채낚기 어선, 새우트롤어선, 저인망 어선 또는 정치망 어법이 사용되고 있었으며, 오늘날에도 특별한 어구 어법의 기술 없이 출어만 해도 만선의 풍어를 구가할 정도였다.

이때에 진출했던 국내의 원양업계는 대림수산, 오양수산, 남양수산, 동양수산, 한성수산, 인터부르고사 등 10여 개의 수산업체였고, 라스팔마스의 교포들이 설립한 업체 역시 40~50개에 이르렀다.

그러나 아프리카의 해안국들은 세계 해양법의 선포로 인하여 12마일의 정관수역을 일제히 200마일로 선포함으로써 자기 나라의 황금어장을 보호하려고 나섰으며, 다른 한편으로는 입어조건을 까다롭게 전환함으로써 어로활동의 전성기는 쇠퇴하는 비운을 맞았다. 따라서 이곳에서 활동하고 있던 많은 업체는 퇴조 또는 철수가 불가피하게 되었고, 교민의 수효는 현격하게 줄었다.

5) 관광의 메카

카나리아 군도의 관광자원은 무엇보다도 온화한 기온과 찬란한 햇빛이 아닐 수 없다. 사시사철 수영을 즐길 수 있는 수온과 공해에 전혀 오염되지 않은 대서양의 맑고 푸른 청정 수역의 바닷물이 관광 자원인 것이다. 다음으로는 카나리아 군도 7개 섬의 다양성과 수려하고 풍요로운 자연경관, 그리고 스페인 정부의 고급 관광객을 유치하기 위한 시설 투자와 서구의 서비스 정신이 이곳을 관광 낙원으로 만들어 놓은 것이다.

유럽의 여러 민족을 처음 대하게 되면, "그 사람이 그 사람"처럼 뿌리(씨종)를 알아내기가 어렵지만, 세월이 흘러가면서 분별력이 생긴다. 예를 들면, 프랑스를 중심으로 햇빛이 풍부하고 기온이 더워지는 지중해 쪽으로 갈수록 사람들의 외형은 키가 작아지며, 피부가 다소 검어지고 코가 낮은 들창코 성향이 보이는가 하면, 기질이 감성적인 경우가 많다. 그러나 북구 쪽으로 갈수록 피부가 희어지고 코가 오뚝해지며, 키가 커져서 장신에 이른다. 이들은 햇빛을 그리워하며 햇빛이 나면, 때와 장소를 가리지 않고 옷을 벗어던지고 일광욕bain de soleil을 하는 습성이 있다.

이러한 측면에서 기후와 지리적인 여건이 유럽인의 문화를 이루는 데 크게 작용하고 있다. 그 중의 하나가 햇볕의 편재 현상이고, 바캉스를 즐기는 풍토이다. 특히, 북구의 스웨덴, 노르웨이, 핀란드는 물론, 영국, 독일, 이탈리아, 스페인, 프랑스 등 여러 나라 사람들은 여름철과 겨울철의 바캉스 여행에 인생살이의 의미를 두고 있다. 따라서 여름철 바캉스 이동은 마치 민족의 대이동처럼이나 유난스럽고 별나다.

유럽의 다양한 관광 휴양지 중에서 지중해변은 인기가 있다. 경제 개념이 투철한 유럽인들에게 물가가 싸고, 해안이 좋은 스페인의 해변에 인파가 몰리는 것은 당연한 이치이다. 따라서 성수기에 스페인 국경을 넘는 차량행렬은 우리나라의 명절에 고향을 찾는 차량행렬 만큼이나 장사진을 이룬다. 다른 한편으로 스페인 본토에서 비행기로 1시간 거리밖에 되지 않는 카나리아 군도의 관광 열기도 대단하다.

카나리아 군도의 관광 실태를 보면, 1975년 이후 매년 200만 명이 찾아왔으며 1990년에는 500만 명의 바캉스 인파가 이곳을 찾았다. 물론 이곳은 해상 스포츠의 천국으로 무엇이든 즐길 수 있다. 예로서 윈드서핑, 요트낚시, 잠수낚시, 요트관광 등을 만끽할 수 있을 뿐만 아니라, 각종 오락시설로서 해변 일광욕을 위한 편의 시설과 수영장, 테니스장, 골프장 등이 잘 갖추어져 있으며, 동시에 천혜의 아름다운 자연경관을 즐길 수 있는 것이다. 말하자면 관광의 메카를 이루고 있다.

이곳은 일시에 30만 명의 관광객을 유치할 수 있는 시설이 되어 있고, 실제로 관광 시즌이 따로 없지만 10월에서 다음 해 3월까지 관광객이 붐비는 성수기를 이룬다. 관광 수입금은 막대하여 카나리아 군도의 경제에 70%를 차지하고 있다.

2. 아프리카의 황금어장, 모리타니 해역

1) 모리타니국과 해안선

모리타니 국가의 정식 명칭은 République Islamique de Mauritanie인데, 약자로는 RIM이라고 하며, 보통 Mauritanie 또는 Mauritania라고 칭하고 있다. 이 나라의 면적은 108만km^{2}이며, 인구는 약 200만 명으로서 인구밀도는 평방킬로미터당 2인 이하이다. 이 나라의 수도는 누악쇼트Nouakchott이며, 프랑스어가 공용어이지만 일반적으로 아랍어를 쓰고 있다.

방대한 면적의 국토는 세네갈강 유역에 녹지가 다소 있을 뿐, 대부분이 사하라 사막과 건조지대로 되어 있다. 다만, 사막의 각처에 오아시스가 점재하여 있다.

이 나라의 중부 이북은 연 강우량이 125mm 이하이며, 계절과 주야에 따라 온도 차이가 심하다. 특히 밤에는 강풍이 몰아치며 기온이 급강하하는가 하면, 고운 모래의 황사현상이 상습적으로 나타나고 있다. 또한 북동쪽으로부터는 건조한 열풍 하마탄Harmattan이 규칙적으로 불어온다.

다만 세네갈강 유역에서는 우기(7~9월)에 많은 양의 비가 온다고 해도 650mm 정도이다. 해안지방의 기후는 대서양의 무역풍으로 비교적 온화하다.

인종은 베르베르인과 흑인과의 혼혈인인 무어인이 이 나라 전체 인구의 77%이고, 이들은 목축민으로 이슬람교를 믿으며, 아랍어를 사용한다. 국민의 95% 정도가 문맹으로 대단히 미개한 나라이다. 이 나라가 지니는 가축으로는 낙타가 70만 두이며, 양과 염소가 700만 두, 소가 200만 두이다. 천연자원으로는 철광석의 수출이 아프리카에서 제2위이며, 상당히 풍부한 매장량을 가지고 있다.

대서양의 풍부한 어족자원으로 황금어장을 이루고 있어서 수산업이 이 나라 경제를 좌지우지하고 있다. 수산물 가공업이 다소 성장하기 시작하고 있으나, 기술 축적이 없는 상태이다.

모리타니 해안선은 약 700km로서 이들의 자연경관과 해양학적 성격에 대하여 북부에서부터 남쪽에 이르기까지 몇몇 주요 지역을 중심으로 소개하면 다음과 같다.

(1) 카프 블랑Cap Blanc

카프 블랑Cap Blanc은 모리타니 해안선의 최북단에 위치하는 곳이다. 바다 쪽으로 돌출된 카프Cap의 안쪽은 백사장이고, 카프의 바깥쪽은 퇴적암층으로 이루어져 있다. 이 카프의 끝에는 프랑스와 스페인의 국경선 표시의 비석이 있어서 식민지시대의 잔재로 남아 있다. 스페인 쪽으로는 나무 십자가가 해풍에 오랜 연륜을 보이고 있어서 아주 인상적이다. 이곳은 북동풍의 강한 영향 속에 바다와 사막과의 경계가 너무나 분명하다. 이것은 마치 생生과 사死 또는 무생물의 세계와 풍요로운 생물의 세계를 구별 짓는 것같이 뚜렷하다. 바다를 풍요롭게 하는 동풍의 위력은 이곳의 퇴적암을 갈가리 찢어 놓듯이 날카롭게 파놓고 지나가고 있다. 바람의 위력을 실감나게 보여주는 증거물이기도 하다. 이곳의 바다경관을 소개하면 다음과 같다.

바닷물은 아주 맑고 비옥하게 보이며, 바다표범이 수영하는 모습이 여기저기 보인다. 백사장 쪽으로는 대단히 많은 양의 갈매기 떼가 비상하는 모습이 매혹적으로 아름다운 경관을 이룬다.

조석의 차이로 적셔지는 조간대에는 염생식물의 군락이 무성하게 자라고 있다. 또한 물이 평원 깊숙이 들어왔다 나가는 통로에도 염생식물 군락은 대단히 무성하며, 그 사이로 물고기의 회유도 많다. 그물을 쳐놓으면 칠흑돔, 돔, 농어 등이 잡히고 있다. 또한 이곳에는 프랑스인이 경영하는 굴 양식장이 있다. 굴 값은 상당히 비싼 편이어서 12개에 600UM(한화로 6,000원)씩이나 한다. 공해가 없는 천혜의 자연을 이루고 있다.

모래사장에서 낚시를 하면, 농어baila가 많이 잡힌다. 이들은 주로 모래사장을 선호하는 어류이다. 문어통발을 놓고 어획하는 소형 선박의 어로작업도 해안에서 200m 정도 떨어진 곳에서 이루어진다. 통발은 플라스틱 통으로 보통 3m 간격으로 수백 개씩 달아 바다물속에 놓으면, 문어가 그 속의 조개를 먹으려고 들어갔다가 잡힌다. 문어는 이 통에 쫙 붙는다. 잘 떨어지지 않아서 소금을 뿌려 쉽게 떼어낸다.

(2) 라 구에라La Guera

라 구에라La Guera는 카프 블랑Cap Blanc을 완전히 벗어난 대서양쪽의 해변이다. 이곳의 바닷물 색깔은 청색에 가까운 녹색으로 대단히 비옥해 보인다. 모래사장에서는 갈매기 떼가 대량으로 비상하고 있으며, 물속에는 바다표범의 수영이 아주 진기하다.

이곳의 진기한 자연현상으로서는 강한 동풍이 바위를 날카로운 칼날처럼 층층이 파 놓은 점이다. 낮에 작렬하는 사하라 사막의 뜨거운 열기가 밤에는 식어서 바람으로 그것도 강력한 바람으로 변하여 이 지역의 모래를 휩쓸어 해안으로 옮겨 놓으며 바위는 오랜 세월의 물방울로 구멍이 나고 쪼개지듯이 장구한 세월의 끊임없는 강풍으로 바위의 약한 부위부터 세밀하게 떨어져 나감으로써 다양한 모양의 "풍력 조각품"을 만들어 내고 있다. 서쪽에 위치하는 바위는 바람의 위력이 적어서 훼손이 거의 되지 않아 좋은 대조를 이룬다.

해변의 바위에서 낚시를 하면, 도미류가 많이 낚여진다. 그리고 조금 먼 모래 쪽에서는 농어가 쉼 없이 잡히고 있다. 이러한 풍요로운 어류의 서식은 이 해역 전체가 용승현상upwelling 지역임을 확인시키는 것이다.

(3) 이위크Iwik : 띠미리스Timiris

이위크는 모리타니의 국립해양공원 방 다르겡 해역의 중심 부분에 위치하고 있다. 이곳에는 해양공원을 관리하며, 연구하는 해양 관측소station가 있다. 사하라 사막은 바다와 접하여 수륙의 연안을 이루지만, 강한 사막 기후는 거의 항상 바다 쪽으로 강력한 영향을 미친다. 이곳도 상기의 라 구에라 지역과 마찬가지의 자연환경이다.

이위크의 해안에는 100여 호의 조그만 판자촌 마을이 있다. 그리고 프랑스 사람들이 오래 전부터 이 해역을 연구하기 위하여 세워놓은 해양 관측소가 명물로 남아 있으며, 잘 활용되고 있다. 이곳은 완전히 프랑스식으로 되어 있다. 시설로는 태양열을 이용한 발전 시스템이 있고, 바닷물을 증류시키는 담수화 시스템도 있다.

그리고 이곳을 찾는 연구진을 수용할 수 있는 숙박시설이 깔끔하게 되어 있어서 오아시스 같은 기분을 느끼게 만든다. 낮에는 50℃까지 기온이 올라 가다가 밤에는 급강하하여 새벽에는 20℃ 정도가 됨으로서 불가피하게 추위를 느껴야 한다.

이위크의 남쪽에는 띠미리스 지역인데, 지대가 아주 낮아서 늪지를 이루고 있다. 다시 말해서, 해안선이 분명치 못한 해안 늪지와 수심이 아주 낮은 천해역으로서 각종 해양생물의 낙원을 이루고 있다. 선박은 수심이 낮아서 못 들어가고, 자동차는 빠져서 못 들어가는 곳이므로 교통은 대단히 불편하다. 세계적인 해양생물 자원의 보고이고, 사람이 쉽게 접근할 수 없는 "자연 그대로"의 뛰어나게 아름다운 해역이라고 할 수 있다.

(4) 누악쇼트 Nouakchott

모리타니의 수도 누악쇼트도 거의 바닷가에 자리 잡은 도시이다. 그렇지만 항상 동풍으로 육상의 모래 바람은 바다로만 간다. 따라서 바닷바람과 선선한 바다 기온 또는 습도의 영향을 거의 받지 못하고 있다.

누악쇼트의 항구에는 아무런 방파제가 없다. 말만 항구이지 그냥 모래사장에 작은 고기잡이배들이 몰려 있는 해안이다. 이 배들은 때맞추어 출어를 했다가 그냥 모래사장 저만치에서 물고기를 운반해 자동차에 싣는 원시적인 어로활동을 하는 곳이다.

이곳의 해안은 모래사장이 대단히 넓은 광활한 평원이다. 바다 역시 얕은 수심이며, 동풍에 의한 용승현상upwelling으로 바닷물은 "방 다르겡" 해역에서처럼 비옥하다. 따라서 이곳에 서식하는 어류도 양적으로 많고, 종류도 다양하다. 그러나 어선과 어구가 전무하다고 할 수 있으며, 어획 방법은 원시성임은 물론이다. 최소한의 어항·어획의 기능이 없는 것이다. 다만, 수십 척의 카누 보트들이 집결되어 있고, 원주민들이 원시적 방식으로 어로활동에 참여하는 것뿐이다.

(5) 모리타니의 남쪽 해안

누악쇼트 남쪽으로는 해안도로는 아니지만, 해안에 인접되어 건설된 고속도로가 있다. 200km의 사막도로로서 이 나라의 최대의 간선도로이다. 이 지역 역시 사막지대이지만 이 나라에서는 가장 비옥한 지역으로 여겨지는 중요한 국토라고 하겠다. 물론 누악쇼트의 해안경관과 대동소이하다.

세네갈Sénégal강이 사하라 사막을 차단시켜서 용승현상upwelling을 결핍시키는 대신, 하구로 운반해 오는 영양염류는 역시 식물 플랑크톤을 번식시키는 역할을 하고 있다. 이것은 해양학적으로 다른 해안과는 전혀 다른 성격을 나타내는 것으로 커다란 의미가 부여된다. 거의 비슷한 해황, 같은 부류의 해양생물이 서식하고 있다고 해도, 이것을 움직이는 동력이 다른 것이다. 다시 말해서, 이곳의 해역은 하구 성격이 가미됨으로써 모리타니의 고유한 해안 성격에 하구 성격이 섞여 만들어지는 해양생태계인 셈이다.

2) 사하라 사막과 바다

사하라 사막은 세계 최대의 사막이다. 나일강에서 대서양에 이르는 동서 5,600km의 길이와 지중해와 아틀라스 산맥에서 니제르강과 차드호에 이르기까지 남북 1,700km의 길이는 사하라 사막권속에 들어 있어서, 총면적이 무려 750만km²로서 아프리카 대륙 총면적 3,033만km²의 약 1/4에 해당된다.

사하라라는 말은 아랍어로 '사후라', 다시 말해서 '불모지'라는 말이다. 이 지역의 기후적 특색은 주간에는 40~50℃로 뜨겁고, 밤에는 20℃ 정도로 기온이 급강하함으로써 암석, 돌, 자갈 등은 급속히 부식되어서 가는 모래가 되는 원인으로 작용한다.

기후는 변화가 커서 어떤 경우, 강우량이 1일 300mm의 많은 비가 있는 경우도 있고, 어떤 때에는 거의 비가 없어서 4년간이나 한 방울의 비도 내리지 않는 절대 불모의 사막을 이루고 있다. 완전 사막으로는 약 100만km² 정도의 에르그Erg 지역으로 완전 평야의 사구지대를 이루고 있다. 대부분의 사막을 레그Reg라고 하는데 고운 모래가 바람에 날려 평탄한 지대를 이루며, 지극히 적은 양의 식물이 생존하고 있다.

파리에서 누악쇼트까지의 비행시간은 5시간 정도인데, 지중해의 아틀라스 산맥을 지나게 되면 비행기는 바닷가 사막 위를 달리게 된다. 사막 위에 내려 쪼이는 햇빛은 찬란하여 눈이 부실 정도이다. 그리고 광활하게 펼쳐지는 평원의 황사만이 빛을 반사시키고 있다. 해안지대에는 푸른 바닷물과 흰 바탕의 얇은 적색의 사막이 뚜렷하게 경계를 보이고 있다. 때로 흰 구름의 그늘이 사막의 평원에 얼룩을 지우고 있지만, 산도, 바위도, 나무도, 풀도, 집도, 아니 생명이 숨을 쉬고 있다는 흔적은 아무데도 없다. 완전 무생물지대로 보이는 것이다.

태양은 모래 바닥에 불볕더위를 쏟아 붓고, 황사가 휘날려서 숨이 막히는 곳, 물 한 모금 없고, 풀 한 포기, 그늘 한 점이 없는, 낮에는 뜨겁고, 밤에는 추워지는 생명이 견디기 어려운 불모지에서 원주민들은 낙타를 몰고 다니면서 강인하게 생명을 부지하지만, 너무 가난하고, 문명의 혜택이 미치지 않아 절망감을 금할 수 없는 나라의 환경이다.

모리타니의 해양국립공원을 이해하는 데는 사하라 사막의 실체를 파악하는 것이 무엇보다 중요하다. 이 공원의 생물적 풍요로움은 바로 사하라 사막으로부터 기원되기 때문이다.

3) 모리타니의 국립해양공원

모리타니국의 해안선은 거의 전부 사하라 사막과 접하고 있다. 바로 이 나라의 국립해양공원을 대표하는 해역을 방 다르겡Banc d'Arguin 이라고 하며, 이 나라 해안선의 중앙부분을 차지하는 근해역 전체가 포함되어 있다.

방 다르겡을 위도상으로 보면, 21°~23°N 과 16°~17°E 사이에 있으며, 약 2만여 평방킬로미터의 방대한 연근해역 및 해안지대이다. 모로코 쪽으로는 아트라스 산맥이 솟아 있어서 사하라의 기후와 모래가 바다로 직접 뻗어 나가는데 장애가 되지만, 지형적으로 모리타니의 해안은 완전 저지대로서 사하라 사막의 강력한 영향이 직접 바다로 연결되고 있다. 방 다르겡 해역에는 약 2m 정도의 조석 차이가 있다. 사하라의 모래가 바다로 불려가 침적된 해안이므로 수심이 아주 낮고 조그마한 모래섬이 많기 때문에 만조 시와 간조 시의 자연경관은 완전히 달라진다. 약한 해류에도 불구하고, 이곳의 해양생태계는 많은 영향을 받고 있다.

간조 시에 모래섬으로 나타나는 면적은 대단히 넓다. 비교적 높은 사구에서는 홍수림이 자생하고 있다. 저서생물benthos은 완전히 노출되어 생물학적으로 장관을 이룬다. 만조 시에는 대부분의 섬이 물에 잠기어 대해의 면모를 보이고 있다. 간조 시에는 넓은 지표면에 퍼져 있던 조류(갈매기류를 비롯한 바닷새 종류)가 만조 시에는 해안의 비교적 좁은 지면으로 몰려드는데, 그 때 조류떼가 비상하는 경관은 대단히 아름답다.

만조 시에도 해류나 파도가 거의 없으므로 해면은 완전히 거울같이 평탄하다. 물론 물이 들어오는 속도가 상당히 신속하지만 대단히 평온하고 고요한 수면을 이룬다. 이때에 보이는 수색은 아주 탁한 진녹색을 나타내는데, 여기에는 상당한 양의 모래입자도 섞여있지만, 동물성 플랑크톤과 각종 어류의 알이 물속에 가득하게 채워져 있어서 놀랄 만큼 걸쭉한 서스펜죤상을 이루고 있는 것이 특색이다. 이와 반대로 간조 시에는 물이 빠지는 속도에 따라 다소의 잔물결을 이루는데 동풍이 상조하는 현상이 나타난다.

4) 천혜의 용승현상Upwelling 자원

방 다르겡Banc d'Arguin 해역을 이해하려면, 우선 이곳의 바람을 알아야 한다. 모리타니 국에는 기온, 바람, 일조량 등을 측정하는 기상대가 없어서 자료를 찾을 수가 없었다.

사하라 사막으로 푹푹 내려 쪼이는 태양의 열기는 기압으로 되어 바다로 확산되는데, 이것이 바로 동풍Vent d'Est=Teliye으로서 대단히 강하고, 3월에 우세하게 분다. 이 동풍은 인접 해안 해수의 표층수를 원양으로 밀어내는 역할을 함으로써 표층의 빈 공간을 대서양의 심층수가 계속해서 채워지는 용승현상upwelling으로 연결되고 있다.

다시 말해서, 표층수를 원양으로 몰아내고, 원양의 심층수가 계속해서 이 수역을 보충하는 과정에서 저층 해수의 풍부한 각종 영양염류($P-PO_4$, $N-NO_3$, $N-NO_2$, $Si-SiO_4$)는 표면으로 나와서 식물 플랑크톤의 폭발적인 증식을 계속시키고 있다. 바로 이 바람이 방 다르겡을 풍요롭게 하는 동력인 것이다. 약 2만km^2의 이 해역은 수심이 20m 이하의 얕은 연안 어장을 형성하는데 천혜의 해양생물의 서식처가 되는 것이다.

또한 광합성 작용의 최적 상태에 있는 얕은 해저에는 녹색말zostère 군락이 번성하여 저층을 완전히 초원으로 만들고 있다. 이것은 무궁무진한 대서양의 영양염류가 용승현상upwelling에 따라 자동적으로 조달됨으로써 풍요로운 해저의 초원을 형성하며, 각종 수생 동·식물, 특히 어류의 최적의 서식처를 제공하고 있다.

뜨거운 태양열은 계속 사하라 사막에 작열할 것이고, 이 열기는 바람으로 변하여 바다로 불게 된다. 따라서 용승현상upwelling은 끊임없이 일어나며, 용승현상이 있는 한, 심층 해수의 막대한 영양염류가 표출되고 플랑크톤과 녹색말zostère은 폭발적인 증식이 계속된다. 이러한 요인들은 결국, 먹이연쇄에 따라 대단히 풍요로운 해양생태계를 이루게 된다. 모리타니 사람들은 이러한 사실에 거의 무관심하거나 모르고 있는 형편이다.

방 다르겡 지역은 지형적으로 특이한 세계적 해양생물자원의 보고이다. 어류의 남획과 오염을 막아서 녹색말zostère 군락의 파괴에 대비하면, 무궁한 어족자원의 보고일 뿐만 아니라, 아프리카에서 제일가는 해상자연공원으로 크게 각광을 받을 것이다. 동풍이 불 때에는 보통 민어corvina, 상어requin, 감성돔sargo, 도미dorado royale 같은 어류가 많이 잡힌다.

북풍vent du nord=Sahliye은 계절풍vent saisonnier이라고 한다. 이 바람

은 7~8월에 우세한데, 지형학적으로 방 다르겡Banc d'Arguin의 북쪽에 위치하는 카프 블랑Cap Blanc이 거대한 방파제 역할을 하고 있으며, 남쪽의 수역은 대양으로 열려 있어서 해류의 유통에 아무런 장애가 없다. 따라서 이곳의 북풍은 동풍과 거의 동일한 역할을 하는 셈이다. 이러한 지형적 여건은 이곳을 세계적 어장으로 조성시키고 있다. 서풍vent d'ouest=Likbeyliye도 6월에 불지만, 상기의 2개 바람과 같은 주요한 역할은 없다. 이때에는 tegawe, egmel, ezowl 같은 어류가 비교적 많이 잡힌다.

5) 제1차 해양생산

모래알 하나하나에 내려 쪼이는 태양열은 사하라 사막의 바람이 되어 바다 쪽으로 몰려가서 수심이 낮은 넓은 연안을 지닌 모리타니 해안의 표면수를 밀어내고 용승현상upwelling을 끊임없이 일으켜 생물자원의 보고를 이루고 있다. 다시 말해서, 이곳은 거대한 물고기의 자연 양식장을 이루고 있는 셈이다. 결국 물은 대단히 부영양화eutrophication되어 있으며, 수색은 맑은 편으로 클로로필의 농도는 대단히 높아 보이는 녹색을 띠고 있다. 해류가 있을 때에는 물의 흐름 속에 각종 어류의 알, 치어 또는 고운 모래알이 전체 물 덩어리 속에 가득 차서 흐물거리는 것을 육안으로 쉽게 볼 수 있다.

바다 저층은 사하라 사막의 모래 바닥과 동일한 구성분이며, 녹색 말zostère이 빽빽하게 밀생하고 있어서 수색은 검푸르게 보인다. 이 수초는 바로 각종 물고기의 아파트 역할을 할 뿐만 아니라, 산란지로써 또는 최적의 생활 장소로써 제공되고 있다.

물이 잠겼다가 섬으로 되었다 하는 조간대의 생물 상중에서 쉽게 눈에 띄는 우점종으로는 조개류와 게 종류이다. 물론 모래섬의 물가에서도 녹색말의 엽상체가 쌓여 있다. 다른 한편으로, 파래 종류, 갈조류와 홍조류의 파편이 관찰되기도 하지만 지극히 소량이다.

이런 간조대는 일반적으로 사하라의 모랫바닥이 대부분이지만, 또한 상단 부분은 갯벌을 형성하는데 용승현상upwelling에 따른 영양염류의 축적, 서식생물의 분해, 해조류 등 각종 물질의 퇴적이 니취를 이루고 있어서 발목이 20~30cm 정도 빠지는 진수렁을 이루고 있다. 이곳이 바로 비료창고 같은 역할을 하고 있는 곳으로서 그 위에는 조개류와 게 종류가 뒤덮여 서식하는 것이 쉽게 관찰된다.

6) 어패류의 낙원

모리타니의 방 다르겡 해역의 어족자원은, 마치 사하라 사막의 절대 불모지를 다 보상하고도 남을 만큼 엄청난 풍요로움과 아름다운 자연경관을 전개시키고 있어서 세계적인 황금어장의 명성을 얻고 있다.

이 해역의 바닷물 속에는 약 250종류의 각종 어류가 다량으로 서식하여 단일 해역의 어장권으로서는 세계 제일의 다양성을 보이는 것이다.

그런가 하면, 조석의 차이로 물이 들고 나는 조간대의 해변에는 조개류와 게 종류가 해변을 완전히 뒤덮고 있다. 여러 종류의 우점종dominant species이 대량 서식하고 있으며, 서식환경이 용승 현상upwelling과 직결되어 최적 상태에 있음을 알 수 있다. 이곳에서 쉽게 관찰된 저서생물로는 조개류와 게 종류는 물론, 굴, 해삼, 멍게 등이 관찰되었다.

이 해역의 방대한 천해 면적에는 왕성한 번식력을 지닌 수초가 가득한데, 바로 이 수초는 각종 어류의 자연 어초의 기능을 한다. 이들은 먹이인 동시에, 서식처로써 제공되어, 문어, 오징어 등이 막대하게 산란, 서식하고 있다. 이곳은 마치 천연 양식장 내지 자연 종묘배양장의 역할을 하고 있다.

다른 한편으로, 돔, 숭어, 농어, 상어, 민어 등의 어군도 막대하게 번식하고 있으며, 돌고래와 바다표범이 서식하고 있다. 이곳은 자연스럽게 먹이 피라미드의 저변이 끊임없이 잘 이루어져서 어패류의 풍요로움을 이루고 있다.

문어류tako : pulpo는 일년생으로서 친어로부터 11월경에 산란을 하면, 다음해 4월경에는 10cm 정도로 성장하며, 산란한 다음 자연사하는 것이 보통이다. 저인망으로 대량 어획되는데, 생장속도가 대단히 빨라 큰 것은 3~4kg에 이르기도 한다. 아주 얕은 수심에서 친어로서 성장되면, 비교적·수심이 깊은 곳으로 이동하여 40~50m의 해역에서 자연사한다.

다른 한편으로, 한국인이 플라스틱 원통형의 작은 통발을 개발하여 어획하는데 소득이 크다. 이 작은 통발을 수천 개씩 매달아 바닷물속에 넣으면, 문어는 그 속의 조개를 먹으려고 들어가서 잡힌다. 시세에 따라 변동이 있지만, 보통 1톤에 미화 6,000달러 정도의 어가로서 일본에 수출되고 있다.

한치류는 이 해역에서 잡히는 한치류는 세계에서 제일 맛이 좋다는 정평을 가지고 있다. 물론 이것의 생활사life cycle도 1년생으로서 방 다르겡 해역이 최적의 생육지이다. 저인망으로 대량 어획되고 있으며, 이 해역의 주 어종이다. 인기가 있을 때는 1톤에 미화 13,500달러까지 하는 고가상품이다. 주로 일본으로 수출하며, 큰 것은 횟감으로 사용되고 있다.

갑오징어mongo : choco는 역시 일년생 어족으로서 위의 어족과 함께 이 해역에서 저인망으로 대량 어획되고 있다. 어획된 것은 무게에 따라

1번에서 8번까지 분류하여 판매된다. 작은 새끼류를 '초코'라고 불리며, 유럽 쪽, 주로 스페인, 이탈리아 등으로 수출되고, 큰 종류는 '몽고'라고 하는데 일본으로 수출되고 있다. 86년도 국제 어가가 높았을 때는 1톤에 미화 5,000달러 정도로 수출되었다. 이 어종의 어획량은 문어의 어획량에 10~20%에 불과하다.

이 해역에서 잡히는 돔류를 '댄톤'이라고 한다. 어획상 부수적으로 잡히는 어종이다. 저인망으로 방 다르겡 해역에서 어획하는데, 한번에 10톤 정도도 쉽게 잡힌다. 그러나 경제성이 적어서 버리고, 보다 비싼 어종을 잡는다. 거의 무한량으로 많이 서식하고 있다. 1톤에 미화 2,600달러 정도로 판매되고 있으며, 적도미, 황도미 등 여러 가지 종류가 서식하고 있다. 1마리당 166g 이상인 것을 '텐톤'이라고 하고, 이하인 것을 '바르고'라고 하는데, 이것은 1톤에 불과 500달러에 불과하다.

민어류는 꼬르비나corvina라고 불리는 회유성 어류이며, 때로는 대량으로 어획되고 있다. 1톤에 미화 2,600달러 정도로 판매되고 있다. 비교적 값이 싸고, 우리나라에서는 인기가 있는 어류이다.

농어류는 바일라baila라고 불리는 어종인데, 돔 종류처럼 주로 돌이나 해안에서 서식하는 종류가 아니고, 모래사장에서 생육되는데 12월경에 많이 잡는다. 바닷가 모래사장에서 낚시를 하면, 한 번에 낚시 바늘 수효만큼 풍요롭게 잡히고 있다. 1톤에 미화 2,600달러 정도로 이탈리아로 수출되고 있다. 한국인은 회로 즐겨 먹는데 맛이 좋다. 한인 선장들의 말에 따르면, 건착망을 쓰면 좋은 어획을 할 수 있다고 한다.

새우와 가재류는 방 다르겡 해역은 수초와 해조류가 무성함과 동시에, 새우류, langusta류가 대량으로 서식하고 있다. 상당히 비싼 수산물이어서 경제성이 있다.

위에서 열거한 어종 외에도 다양한 어류가 어획되고 있다. 카존 cazon은 식용 상어로서 개상어라고 한다. 이것은 톤당 2,400달러 정도이다. 살모내테 드 로카salmonete de roca는 살모내테는 몸체 표면에 점이 있으며, 몸체가 작은 어종이다. 랑그아도lenguado는 넙치종류로서 '서대'라고 한다. 가오리 종류도 다량 잡힌다. 사블로 니그로sable negro는 이 해역에서 나는 갈치류이다. 비교적 몸체가 크다. Cherna는 농성어 종류로서 고급 어종으로 인기가 있다.

7) 바다·동물

바다거북은 우점종으로 자생하고 있는 푸른색 바다거북은 대단히 풍부한 녹색말zostères 군집의 영향을 받는다. 일부의 거북은 방 다르겡 연안의 모래 바닥에서 번식을 한다. 다른 한편으로는, 플로리다에서 태어난 거북이 대서양을 횡단하여 이곳으로 이동하는 것도 있다. 이 종류는 급격히 감소하고 있어서 보호관리가 요망되고 있다.

돌고래류는 모리타니 해안의 독특한 수문학적 조건은 2종류의 돌고래 군집을 조성하고 있다. 큰 돌고래grand dauphin는 그룹을 이루어 살고 있으며, 먹이의 이동에 따라 계절적으로 이동한다. 방 다르겡 남쪽인 티미리스Timiris 해역에서는 수백 년 동안 큰 돌고래의 서식환경이 잘 조성되어 있다.

다른 한편으로, 수자sousa라는 돌고래는 보통 20~30개체가 그룹을 이루어 서식한다. 이들은 아주 낮은 연안 역에서 살고 있어서 홍수림이 자생하는 조간대라든지 바다의 삼각주 같은 곳에 살고 있다. 이들은 어류의 밀도에 따라 바닷가를 이동하며 섭생하고 있다.

이 해역에 사는 바다표범은 무게가 250~350kg이며, 크기는 250~280cm 정도이다. 바다표범은 옛날에는 흑해, 지중해, 아프리카 서해안에 분포했으나, 지금은 대부분 멸종된 상태이다. 오늘날에는 전 세계에 약 500여 마리가 있는데, 약 100여 마리가 이 해역에 살고 있어서 가장 높은 밀도를 나타내고 있다. 이들의 먹이는 약 1/3이 문어와 낙지poulpes, 그리고 새우langoustes이고, 2/3는 어류로서 주로 농어bars와 숭어mulets이다.

바다표범phoque moine은 아프리카 연안에 사는 유일한 종류이며, 멸종 위기에 놓여 있다. 모리타니의 카프 블랑Cap Blanc반도에 가장 많이 서식하고 있다. 국립공원당국Banc d'Arguin은 이 종류를 보호하기 위하여 최선의 노력을 기울이고 있다.

바다표범은 바다의 젖먹이동물(포유류)로서 숨을 쉬기 위하여 규칙적으로 수표면으로 나온다. 숨을 쉬고 나면 20여 분 동안 먹이를 찾아 잠수하며, 50m 수심까지 들어가서 숭어mulets, 농어bars, 바다 송어truites de mer, 도미daurades, 문어와 낙지poulpes 등을 섭생한다. 바다표범은 잠을 잘 수 있는 동굴에 모임으로써 군집이 형성된다. 새끼는 5월에서 12월 사이에 동굴 속에서 태어나는데, 2년마다 약 90cm 정도의 새끼를 어미가 낳는다.

8) 조류의 낙원

조간대와 얕은 바닷물 속에 서식하는 막대한 양의 저서생물과 어류는 각종 해조류의 낙원을 이루고 있다. 이곳에 서식하는 조류(새종류)의 밀도는 세계에서 제일 높다. 실제로 비상하는 홍학, 갈매기 같은 여러 군락을 보게 되면, 하늘을 뒤덮듯이 막대한 수효를 보이고 있다. 멀리서 관찰하게 되면, 마치 막대한 양의 메뚜기 떼가 들판을 이동하는 것과 같은 인상이다.

방 다르겡 해역의 모래섬과 연안에서 대단히 풍부하게 많은 군락이 관찰된 종류는 다음과 같다. 홍학flamant rose은 4월에서 9월 사이에 알을 낳고 새끼를 친다. 대단히 많은 수효가 자생하고 있다. 큰가마우지grand cormoran는 9월에서 다음해 3월까지 둥지 속에서 알을 부화시킨다. 아프리카가마우지cormoran africain는 5월에서 10월 사이에 둥지를 짓고 새끼를 깐다. 흰펠리칸pelican blanc은 9월과 다음해 9월까지 알을 낳아 새끼를 친다. 흰 왜가리héron cendré는 4월과 다음해 1월까지 둥지를 짓고 새끼를 친다. 흰색넓적부리오리spatule blanche는 3월에서 11월 사이에 번식을 한다. 갈매기 종류goéland railleur는 4월과 7월 사이에 알을 낳고 번식을 한다. 백로 종류aigrette dimorphe는 4월에서 11월 사이에 둥지에서 알을 부화시킨다. 재색갈매기 종류mouette à tête grise는 5월과 7월 사이에 새끼를 깐다. 제비갈매기류(sterne류)는 다양하다. 전체적으로 수효가 많다. 우점종부터 몇 종을 열거하면, sterne royale, sterne caspienne, sterne hansel, sterne bridée, sterne pierregarin, sterne naine 등이 있다. 이들 대부분은 5월에서 7월 사이에 알을 낳아 새끼를 친다.

이곳의 생물학적 자연경관은 한마디로 인위적으로 방해 받지 않고, 태곳적부터 자연 그대로의 최적 상태의 생태계를 이루고 있다.

지금까지 지구상에는 개발과 개척이라는 명목으로 사람의 발자국이 들어가기만 하면 자연이 파괴되었고, 생태계의 생물상은 교란되어 왔다. 모리타니의 방 다르겡Banc d'Arguin 국립공원은 마치, 지구상에 마지막까지 남아 있는 자연의 극대치를 지닌 명소 중의 하나임에 틀림없다.

9) 모리타니의 해양연구소

(1) 국립해양수산대학 Ecole Nationale d'Enseignments Maritimes et des Pêches : ENEMP

이 대학의 기구는 이 나라의 규모로 본다면 상당히 방대한 편이다. 그러나 내실은 별로 없다. 수산을 위한 기관사 양성, 고급 선원의 양성을 비롯한 일반 선원의 양성이 주요 기능이다. 이 대학에 다니는 학생들은 그물짓는 법, 항해하는 법, 배를 운전하는 법 등을 배우는데 전력을 다한다. 실제로 이 나라에서는 이런 분야만이 절실히 요구되고 있다. 대부분의 학생은 완전 흑인으로 구성되어 있다. 학생들의 수준은 어업기술을 잘 익히고, 해결해 낼 수 있을지 의아한 느낌을 준다. 학교 내에는 도서실의 기능도 거의 없고, 실험실습 기자재도 거의 없는 실정이다. 심지어는 학교 요람은커녕, 학교에 대한 팸플릿조차도 없어 보인다. 다만 그들은 황금어장에 투여할 최소한의 인력을 확보하는 데만 전전긍긍한다. 그러나 이들은 이 나라의 최고 엘리트 집단인 것이다. 적어도 몇 년 내에 어선을 자체적으로 운영해 보겠다는 의지만은 대단해 보인다.

(2) 국립해양수산연구센터 Centre National de Recherches d'Océanographie et Pêches : CNROP

모리타니국의 국립해양연구센터로서 위세 등등하다. ENEMP가 이 나라의 해양 교육기관을 대표하고 있다면, CNROP는 이 나라의 해양연구를 대표하는 최고의 연구소로서 누아다부의 해안에 설립되어 있다. 그러나 실제로 연구원의 질도 대단히 낮지만, 실험실습의 기자재도 미약하기 그지없는 연구소이다. 1960년대에 소련이 이 나라에 진출하기 위하여 2층으로 된 조그만 수족관을 지어 주었으나, 바닷가임에도 불구하고 물고기 한 마리 있지 않다. 공허하기 짝이 없다. 이 연구소의 소장은 전형적인 모리타니의 검둥이인데, 대단히 배타적이어서 국제교류나 학문연구에 아무런 관심이 없어 보인다. 오로지 프랑스 식민지 시절에 연구된 자료가 고작이고, 물고기의 생산량을 통계 처리하여 발표하는 정도의 기능을 가지고 있다.

10) 검은 대륙의 황금알과 한국인의 고뇌

이것은 아프리카의 자원과 한국인의 비전에 관한 것으로서 40여 일 동안 그곳에 있으면서 여러 계층의 많은 교민들과 나눈 대화의 일부이다. 모리타니에 있는 한국인은 국력신장과 외국생활의 윤택함을 위하여 방 다르겡Banc d'Arguin 조사회, 해양생물조사회 같은 것에 관심을 두고 중지를 모을 필요가 있으며, 국가 차원에서는 수자원개발 조사, 철광석의 경제성 조사, 고속 도로건설, TV 특집 등과 같은 것에 대하여 고려할 필요가 있다고 교민들은 한결같이 주장한다. 특히 KBS 같은 TV의 특집이 마련되면, 그 곳의 교포들은 커다란 격려를 받을 것이고, 국력신장에 크게 공헌할 것이라는 의견이다. 실제로 지원단체가 있어서 추진할 수 있는 범위와 내용을 소개해 보면 다음과 같다.

다큐멘터리documentary 제작이 필요하다. 우리의 국토는 불과 10만 평방킬로미터에도 못 미친다. 그것도 약 70% 정도가 산악으로서, 약 3만 평방킬로미터 안에 대도시들과 강, 호수, 댐, 연못을 비롯한 각종 농경지가 있다. 그런데 인구는 약 4,800만 명에 달한다. 이 비좁은 국토를 벗어나 전 세계로 뻗어나가서 위세 등등하고 행복하게 살아나갈 수 있으면 좋다. 이것은 국력신장의 첩경이기도 하다. 이런 점에서 아프리카는 우리에게 황금알과 고뇌를 안겨주고 있다. 예로서, 다큐멘터리의 내용을 소개하면 다음과 같다.

(1) 스페인국 - 마드리드 Madrid

유럽에 진출한 한국인으로서 대성한 나라가 스페인이다. 안익태 씨가 생활한 집이 있는 곳은 마이요까섬으로서 스페인의 명승지인 동시에, 애국가를 잉태한 본거지로서 국내에 소개될 가치가 있다. 애국가는 우리 국민의 정신적인 요람이다. 또한 경제적으로 한국인이 유럽에서 가장 성공한 곳이 스페인이다. 한국인으로서 국제적으로 가장 큰 조선소를 운영하는 곳도 스페인이다. 다시 말해서, 스페인은 한국인으로서 정신적, 물질적으로 주요한 위상을 가진 곳이라고 할 수 있다. KBS 등에서 프랑스(파리), 영국, 독일, 스위스 등은 문화적인 관점에서 이미 잘 조명한 바 있으나, 스페인 - 마드리드는 집중적으로 취재하지 않았다고 한다.

(2) 카나리아 군도 (라스팔마스)

이들 섬은 스페인의 아프리카 진영이다. 7개의 섬으로 구성되어 있으며, 자연환경이 뛰어난 곳이다. 전 유럽인의 피한 휴식처로서 유명하며, 한국인에게는 대단히 주요한 대서양의 어업 전진기지로써 활용되어 왔다. 한때는 5,000명 이상의 교민들이 어업을 중심으로 각종 생업에 종사하였지만, 현재 대부분 철수하고 일부 교민들만 남아서 옛날의 번성기를 추억으로 남기고 있다. 라스팔마스는 상권 중심의 섬이지만, 테네리페섬은 자연환경이 대단히 좋다. 다른 섬들도 뛰어난 자연과 특성을 지니고 있다. 여기에도 한국인의 발자취에 고뇌가 서려 있다.

(3) 모로코국

천혜의 대서양 어장과 지중해의 어장을 지닌 수산자원국으로서 우리나라의 선장, 선원의 활동이 활발했던 나라이다. 지형적으로 스페인과 인접해 있음으로 이 두 나라 사이에는 깊은 이해관계가 긍정적 또는 부정적으로 얽혀 있다. 지중해, 대서양, 아트라스 산맥, 사하라 사막 등 다양한 자연이 복합적으로 어우러져 있다. 회교국으로서 모리타니와는 접경을 이루고 있으며, 경제적으로는 다소 발전된 나라이다.

(4) 모리타니국

사하라 사막으로부터 오는 가난과 불모와 질병의 저주 속에 생겨난 국토이며, 희망도, 비전도, 아무런 발전의 기대도 느껴지지 않는 절망의 구렁텅이 같은 나라이나. 그러니 사하라 사막이 있는 한, 반대한 양의 천혜적인 해양생물 자원이 번식할 것이어서, 마치 해양 동·식물의 천국 같은 느낌이다. 국위선양과 국익적 차원에서 우리는 이 나라의 해역에 마땅히 관심을 가져야 한다. 20여 년 이상 긴밀했지만, 소원해져 있는 양국관계이다. 세계 최고의 어장 환경과 세계 최대의 해조류 서식지이다. 물론 철새 도래지로서도 명성이 있다.

(5) 아이보리 코스트국과 가나국

적도 부근의 해안 국가를 이루고 있는 이들 나라는 사하라 사막의 자연경관과는 전혀 다르다. 아이보리 코스트국은 코끼리의 서식지로써 많은 양의 상아가 생산되었다고 하여 아이보리(상아) 코스트(해안)라는 국명이 붙여졌다. 바다 쪽은 지금도 상아 해안이라고 한다. 아이보리 코스트국은 프랑스의 식민지였으며, 프랑스 문화를 그대로 이식하고 있어서 아프리카에서 문화수준이 대단히 높은 나라이다. 가나국에서는 한국인이 뛰어난 기질과 저력으로 이 나라의 경제발전에 대들보 역할을 하고 있다. 아이보리 코스트국의 대사와 가나국의 뛰어난 한국 교포의 활동은 국제화의 한 모델이 될 것이다.

⑹ 남부 아프리카의 앙골라 공화국

앙골라는 우리나라의 마지막 수교국으로서 1993년 1월에 대사관이 설립되었다. 한국인이 이 나라의 명예 영사직분을 맡고 있을 만큼 이 나라의 경제에 크게 공헌하고 있다. 이 나라에는 철, 다이아몬드, 수정 등의 지하자원이 아프리카에서 두 번째로 많이 매장된 나라이다(나이지리아가 아프리카에서 제1위의 지하자원을 지닌 국가임). 앙골라에서 생산되는 커피는 세계에서 제일 맛이 좋다는 평판이 있다. 위도상으로는 남위 5° ~16° 사이에 있는 이 나라는 6, 7, 8월이 겨울이다. 내륙에는 준 사막을 이루고 있고, 언어는 포르투갈어를 쓴다. 500년 동안 포르투갈의 지배를 받았으므로, 역시 유럽문화의 사고방식이 통용되고 있다. 자원 면으로, 우리나라와 긴밀한 관계를 가지는 것이 바람직하다.

3. 모리타니의 수산업과 생활풍토

1) 모리타니의 수산업

모리타니 어장은 어족자원의 번식 면으로 보아 무진장의 황금어장이지만, 모리타니인의 수산 기술의 미개성과 부실로 많은 문제점이 야기되고 있다. 모리타니 정부는 연안에서 40마일 해역을 전관수역으로 관리해 왔다. 그러나 초라한 경비정 5척으로 700여km 되는 해안선을 60마일 정도 겨우 관리하고 있었다.

국립해양공원 방 다르겡 해역parc national du Banc d'Arguin은 연안에서 30마일 정도까지도 10m 이내의 수심으로 어선이 들어가서 어로활동을 못하기 때문에, 자연적으로 어족자원이 대량으로 번식하고 있다. 아프리카 황금어장의 핵심적인 역할을 하고 있는 것이다.

모리타니 해양국립공원 연안의 파도와 해암

이 나라의 수산업은 바다의 자연보호에 관심을 가지거나 어족자원을 관리하는 것과는 거리가 있으며, 오로지 잡는 일에만 전심전력을 다하고 있을 뿐이다. 그러나 어업의 후진성은 잡는 기술조차도 보유하고 있지 못하여 외국인, 특히 한국 어부들에게 맡기다시피 했다.

아프리카의 모리타니 어장은 남미의 아르헨티나 어장과 비교할 수 있을 만큼 지구상에 남아 있는 세계적인 어장인 것이다. 남미와 아프리카는 우리에게 거리상으로는 다 같이 멀다. 그러나 아프리카의 해안조건은 강풍이 없고, 해면이 비교적 잔잔하여 선원의 안전과 작업조건이 좋은 편이다.

모리타니국은 국력이 미약하고 국제적으로 힘이 없으며, 문화수준

모리타니 해양국립공원으로 해조류가 마치 메뚜기떼처럼 날고 있다

이 대단히 낮은 국가이다. 알라신을 숭상하는 국민으로서, 국민생활 분위기가 완전히 폐쇄되어 있다. 완전 사막국가로서 육상의 생물자원은 거의 없다. 이러한 불모성이 바다의 풍요로 연결되어 있다. 정치·경제적으로 거의 비중이 없는 왜소한 나라로 간과한다면, 한 – 모의 수산관계는 발전되지 않을 것이다.

모리타니인의 국민성을 고찰해 보는 것은 수산 진출에 도움이 된다. 모리타니 국민은 흑인종이다. 반면에 세계적인 어장을 가진 아르헨티나와 칠레의 국민은 유럽인의 후예이다. 이들 사이에는 사고방식의 차이는 물론, 자연환경의 차이, 과학기술 발전의 정도 차이, 문화적 차이, 종교적인 배경 등 근본적으로 다른 의식과 생활풍토를 가지고 있다. 여기에서 우리는 어느 인종에 더 적응하기 쉬운가를 평가할 필요가 있다. 상대방의 약점은 우리에게 유리한 이점이 된다. 남미에서는 입어권을 받기가 대단히 까다롭고, 이들은 이미 바다에 대한 인식이 우리나라의 수준보다도 앞서 있다. 기초과학도 발달되어 있다. 그러나 아프리카인은 아직도 대단히 미개하고, 생활수준이 낮다.

모리타니국에 기초과학의 자원으로 한국인과 현지인 사이의 소득격차에 따른 악감정 분위기를 무마시키면서, 이 나라에 필수불가결한 부문에 다소 지원을 하는 대신, 교민들은 이 나라의 어업기지를 확보하고, 교민의 수효를 늘리는 것은 바람직하다. 예로서, "수자원 개발 지원", "수산 기술의 지원", "사막의 녹화 지원", "기초과학의 지원" 등은 우선 학술적으로 진지하게 검토할 만하다.

이번에 저자를 통한 과학기술의 지원은 비록 강의의 형태여서 교수와 학생들에게 국한되었지만, 수산에 종사하는 모리타니인들의 배타감정을 완화시키는 데 크게 도움이 되었다. 또한 학문적으로 깊은 신뢰감을 준 것도 성과가 아닐 수 없다.

2) 한국과 모리타니의 수산관계

우리는 해양 민족으로서 전 세계의 해양으로 어족자원을 따라서 진출하는 것이 국력신장이며, 바람직한 현실정이다. 우리 민족이 외국에 나가서 시달리지 않고 편안히 살아갈 수 있고, 번성한다면 성공적이다. 모리타니에서 우리 선원들이 철수하는 것은, 마치 아프리카의 황금어장에서 철수하는 것이나 다름없다.

한국인 선박이 1971년에 모리타니 해역에서 조업을 시작하면서 한국인에게 모리타니의 진출은 사막의 모래에서 황금알을 주워 담듯이 달러 획득에 커다란 역할을 했다. 그러다가 1986년에 한국 선박은 완전히 철수했다.

그 대안으로 1980년대 초부터 선장과 선원의 인력 송출이 본격화되었다. 이들은 모리타니 해역을 주름잡으며, 어업활동을 했다. 모리타니 수산은 이 나라 경제의 70%나 되는 비중을 차지하고 있다. 결국 한국인이 이 나라의 경제를 좌지우지하는 셈이었다. 여기에 여러 가지 문제점과 어려움이 누적될 수밖에 없었다. 국가적 지원이 때때로 필요하였다.

20여 년 이상, 우리 선원들의 어업기술이 모리타니 해역에 축적되어 있다는 것은 강력한 국력의 한 종류이다. 모리타니국은 우리 선원들을 견지하기 위하여 임금이 저렴한 인도네시아인, 중국인, 소련인 등을 끌어 들이려고 애를 쓰고 대처해 왔다.

1987년 이후, 모리타니 선주들은 한국인의 면허 없는 기관장, 배를 타본 경험이 없는 선원들을 한국 대리점을 통하여 송출 받았다. 그 결과 각종 해상사고, 어획실적 부진 등의 불리한 상황을 맞고 있다. 이런 점에서 모리타니 선주협회의 불만은 고조되어 있다. 우리 정부는 정책적으로 검토하여 시정할 필요가 있다.

구체적으로 논하자면, 모리타니의 바다는 한국인 선장과 어부들의 뛰어난 활동무대였다. 1987년에만 해도 1,800여 명의 한국인이 활동했다. 그러나 89년 12월 31일부터 모리타니의 한국인 어부의 연속된 감축 선언은 400여 명으로 축소시켰다. 어획고는 1/3로 줄었으며 모리타니의 경제는 말이 아니게 되었다.

이런 분위기에 맞물려 있는 한국 선원들의 의견도 만만치 않다. 모리타니 해역에서 6~7년간 수산에 종사한 노련한 선장들, 즉 젊은 수산 엘리트들과의 대화는 그곳의 사정을 잘 대변하고 있다.

먼저 한국 선원들은 모리타니에 대하여 비전이라고는 없다. 다만 오늘 고기를 잡다가 내일 귀국하면 그만이라는 생각이 보편적이다. 어려움의 발단은 여기에서부터 시작되는 것 같다. 우리 사회에서는 극심한 노사분규도 있을 수 있다. 그러나 우리는 생각을 좀 크게 가져야 한다. 예를 들면, 지구는 하나이고 세상은 좁지만, 그래도 거기에는 국경이 있고, 민족이 다르고, 언어가 다르고, 풍습이 달라 엄격한 법과 규율이 나름대로 있다. 현지의 열악한 작업조건에 대하여 현명하게 대처할 줄 알고, 적응할 줄 알아야 한다.

그리고 선상생활에는 많은 고충이 있다. 어느 어선의 어로활동은 투망을 시간마다 하루 24회나 하고, 근무는 6시간마다 교대한다. 따라서 선장의 중압감은 머리가 빠지고, 항해사는 시력이 나빠진다. 이들은 돈을 좀 벌어도 바다 위에서 동떨어진 생활로 인하여 세상살이에는 바보가 된다. 더욱이 선원의 신분으로 결혼을 한다는 것은 대단히 어렵다. 바다 위에서의 고달픈 생활과 외로움에 대한 보상을 어떻게 받을 것인가?, "이게 어디 사람 사는 것입니까"라는 말은 가슴에 와 닿는 항변의 말이다. 그런데 현지에서는 급료가 체불되고, 어로 상여금이 지불 안 되는가 하면, 임금문제가 잘 풀려도 한국에서는 세금으로 과부담시키고 있다는 불만이 있다.

더구나 한국인 선원들은 대부분 동료들끼리 모여서 한국식으로 생활하고 있으며, 모리타니인과는 언어소통조차도 되지 않는다. 그러니 충돌이 잦고, 생활의 어려움은 수없이 많다. 어업기술이 뛰어난 우리 선원은 현지인을 무시하지 않을 수 없고, 의사 전달이 안 되니 이 나라의 법과 규정을 너무 모르고 자기주장만 하게 된다. 모리타니인은 88년 올림픽 이후 한국의 발전에 놀라고 있으면서도 못사는 한국인이 선원으로 자기 나라에 와서 돈만 벌어가는 것으로 생각하는데 문제가 있다.

하지만 모리타니는 우선 훌륭한 선장, 선원을 양성해야 경제가 부흥한다는 것을 잘 알고 있다. 그렇다면 그곳에서 어로활동을 하고 있는 한국인은 어장 상황을 잘 알고 있는 훌륭한 선장들이고 어부들이다. 나아가서는 수산업에 훌륭한 지식인들인 것이다. 따라서 모리타니인은 마땅히 배우려는 의욕을 가지고 부지런하고 성실한 태도로 어로기술을 습득해야 한다. 이것은 엄청난 노하우의 전달이다. 모리타니인들만으로는 어획설계가 안 되고, 어구의 활용이 안 된다. 따라서 단시일 내에 기술 전수가 불가능한 것이다. 오로지 정신개혁운동이 요망되며, 보다 좋은 기술을 얻기 위해서는 한국에 유학도 보내야 한다.

모리타니의 바다는 황금덩이를 주워 올리는 달러 박스dollar box와 같다. 어로활동에 있는 한국인은 급료는 물론, 10여 가지도 넘는 명목으로 수당을 받는다. 특히 총어획고의 7.4%를 할당받는 어로 상여금은 대단한 수입원이다. 한국 선장의 연 수입은 10만 달러가 넘어, 한국 돈으로는 연간 1억 원 정도를 벌 수 있다. 이것은 한국 경제에도 큰 도움이 되었다. 반면에, 현지인의 봉급은 10,000UM 정도이며, 때로는 6,000UM인 경우도 있다. 이것은 우리 돈으로 월 10만 원도 안 되는 월급이다. 막대기 빵 한 개가 150원에서 180원으로 올랐다고 민중의 폭동이 일어났다. 이 나라의 경제는 말이 아닌 것이다.

그래서 한국인이 모리타니국에 아쉽게 느끼는 점은 하나 둘이 아니다. 좋은 친구로서 충고를 한다면, 다음과 같은 것들이 있다.

첫째, 모리타니인은 세계에서 제일가는 한국인의 어로기술을 조속히 습득하여 한국인이 모리타니의 어장을 떠나도 대신할 수 있는 능력이 있어야 한다. 어로기술은 그냥 되는 것이 아니다. 어장을 형성하는 기능을 파악해야 하며, 조업을 하는 설계를 잘 세울 수 있어야 하고, 어로 활동 시에 임기응변적인 아이디어가 시시각각으로 필요하다. 이것은 바다에 대한 끊임없는 공부와 관심이 집중되어야만 비로소 이루어질 수 있다.

둘째, 모리타니국은 과학기술, 특히 수산정책에 큰 비중을 두어야 한다. 해양수산대학교가 활성화되어야 함은 물론, 엘리트 학생을 뽑아서 적어도 우리나라의 수산대학에 장기간 유학을 시켜 수산 기술을 전수받게 하는 것이 좋다.

셋째, 수산자원이 풍부한 이 나라의 실정을 고려할 때, 국민 개개인의 의식은 수산자원을 아낄 줄 알고, 바다를 사랑하는 마음이 우선되어야 나라가 부강할 수 있다. 국토가 사막의 불모지이지만, 바닷가의 도시에는 운하를 건설해서 바닷물을 끌어들여 생활환경을 개선하면 좋을 듯하다. 그리고 염생 식물로 녹화운동을 하게 되면, 황사 속에서의 무기력한 생활은 해소될 것 같다.

우리 한국인이 먼 타향 모리타니에서 생활하는데 느껴야 하는 고충은 많을 수밖에 없다. 끊임없는 노력과 엄격하게 절제되어야 하는 부분도 있다. 다음은 모리타니인이 한국인에게 원하는 바 이기도 하다.

첫째, 속담에 "로마에 가면 로마의 법을 따르라"고 하듯이, 한국인은 마땅히 모리타니에 있는 한, 이 나라의 국법을 준수해야 한다. 회교국으로 술과 여자에 대한 규율이 있다. 이것을 지켜 주었으면 좋겠다고 한다. 문화수준이 낮다고 무시하지 말고, 여러 가지 여건이 마음에 맞지 않는다고 무리한 요구만을 주장하는 것도 생각해 볼 문제이다. 특히 한국인과 모리타니인 사이에 선상 분쟁을 없애는데 적극적으로 노력할 필요가 있으며, 해상 검문검색에도 정당하게 대하여 주는 풍토가 요망된다.

둘째, 모리타니의 선주들은 한국 선원들에게 임금체불과 어로 상여금의 체불은 있을 수 없다. 신사적으로 잘 처리해 주어야 국제적 신뢰가 있다. 어로 활동 시에 부식을 비롯한 대우가 개선되어야 한다. 열악하거나, 불만족스러운 환경에서는 작업 능률이 저하된다는 것을 이해할 필요가 있다.

셋째, 모리타니국은 국가발전에 적합한 한국인을 유치하려는 노력이 요망된다. 필요하다면, 특별법을 제정해서라도 한·모의 합작 사업이 시도되어야 하고, 한국 기술진에게 배 수리 같은 용역을 의뢰하며, 무역량을 넓히는 것은 바람직하다고 한인들은 이야기하고 있다. 모리타니의 어선은 낡을 대로 낡아서 정상적인 조업이 어려운 배가 대부분이다.

3) 모리타니인의 생활풍토

모리타니 국민의 생활풍토는 커다랗게 2개의 배경에서 찾아볼 수 있다. 하나는 회교의 알라신을 기반으로 형성된 정신풍토이고, 다른 하나는 절대 불모지인 사하라 사막에서 살아나가는 자연과의 치열한 생존경쟁의 피가 그 사람들의 생활 속 일거수일투족에 배어 있는 자연풍토이다.

다시 말해서, 이 두 가지의 풍토는 찬란한 햇빛의 알라신과 황량한 모래벌판의 현실이다. 이것은 마치 사람의 육체와 정신을 분리할 수 없는 것과 마찬가지로 양면성을 지닌 동일체인 것이다. 무작위로 모리타니인의 국민성을 몇 가지 열거하면 다음과 같다.

⑴ 검은 사람들의 나라

모리타니 국민의 대부분은 흑인이다. 그들은 어려서부터 얼굴에 문신을 만들어 철두철미하게 종족 표시를 하고 있다. 종족의 수효는 대단히 많다. 특히 얼굴의 흉터가 종족 성을 강하게 나타내고 있다. 외국인은 문신의 식별이 어려워도, 자기들 사이에는 금방 식별한다고 한다.

이들 종족들 사이에는 피부가 검을수록 신분이 천하여 결혼에도 지장이 있다고 한다. 프랑스어가 유창하지만, 진짜 피부가 검은 어떤 호텔 종업원은 색깔 때문에 장가를 못가고 있다고 한탄의 말을 한다. 예로서, 말리인은 모리타니에서 호텔 종업원 또는 종으로서 받는 미화 월 100달러 정도의 급료는 큰돈이라고 한다. 몇 년 모아서 자기 나라에 돌아가면, 집도 사고, 또 종도 여러 명 두고 살 수 있다고 하니 참으로 가난한 나라이다.

일반적으로, 피부가 흰색에 가까워질수록 부유한데, 이들은 여러 명의 종을 두고 산다. 피부가 진 흑색에 가까울수록 생활수준이 낮다. 같은 흑인이라고 해도 인종차별이 심한 편이다.

(2) 비합리적인 교육

우선, 회교의 그늘 속에서 맹목적이고 비합리적인 교육은 이 나라를 근본적으로 뒤지게 만드는 결정적인 요인이 되고 있는 듯하다. 부모는 아이들에게 엄격하고 무섭게 매를 드는 습성이 있어서 혁대 같은 가죽 끈으로 매섭게 내려치는 것이 보통이다. 여기서부터 뒤틀린 인생관과 거짓이 형성되기 마련이다.

만일, 어떤 아이가 상습적으로 남의 집 마당의 토마토를 도둑질하여 먹는데 제3자에 의해서 부모에게 인도된다면, 아이는 절대로 안했다고 부정을 한다. 그것도 생명을 내걸고 알라신을 내세우며, 극구 부정을 하기 때문에 다스릴 수가 없고, 죄가 되지 않는다.

이것은 도둑질이나 거짓말에 대한 확실한 심증이 있어도, 증거가 없을 때에는 거짓말이 진실로 되어 통하는 것이다. 교육적으로 어려서부터 매섭게 매를 맞아 본 아이들이 끝까지 버티는 수단이며, 성장한 후에도 자연스럽게 인생살이에 접목되는 대목인 것이다.

정치, 경제, 사회 등의 어떤 분야에서도 결정적인 순간에는 우물우물 부정적으로 되며, 그 결과 사람들 사이에서는 배신이 합리화되는 것이다. 마치, 우리나라의 지연과 학연의 맥이 항상 결정적인 순간에 진실을 등지고 위선과 허위로 사회 분위기를 흐리게 하는 것과도 비슷하다.

(3) 인정과 우애가 있는 국민

일반적인 국민생활은 회교의 율법에 젖어 있는데, 메카를 향하여 하루 3번 간절한 배례를 하는 것은 변함없는 일과이다. 알라신을 믿는 자는 모두 형제이다. 알라신은 태양신이고, 태양신은 바로 작렬하는 사하라 사막의 뜨거운 햇빛이다. 어떻게 보면 물 한 방울 없는 여기에서 살아남을 수 있다는 것은 태양신의 구원 밖에는 없다고 생각하는 것 같다.

그리고 장유유서가 아주 잘 지켜지며, 예의가 있다. 사막을 여행하던 중에 노인 2명을 차에 동승시킨 적이 있다. 이들은 사막의 모래바람에 너무 파리하고 초췌했다. 그런데 사막 벌판에 있는 오아시스인 어느 집에서 쉬게 되었다. 집 주인이 이 두 노인에게 한 양푼 정도의 낙타 우유를 제공하는 것이다. 유심히 그 많은 양의 우유를 마시는 노인들을 관찰한 저자는 그 검고 쭈글쭈글한 노인의 피부가 금방 부풀어 오르는 것 같은 소생 감을 느끼게 했다.

이것뿐만 아니라, 먹는 것에 있어서 누구와도 사이좋게 나누어 먹는 풍습이 있다. 사막을 지나가던 중에 쉬는 곳에서 점심을 먹는 것을 보았다. 지나가던 사람들이 몰려들자 서슴없이 식품을 나누어 먹으면서 희희낙락하는 모습을 볼 수 있었다. 전혀 모르던 사람들끼리도 인정이 흐르는 형제들의 모습이다. 이와 같은 것은 사막에서 뿐만 아니라, 도시에서도 마찬가지라고 한다. 자기 집에 찾아와 유숙하는 사람을 내쫓는 법이 없다고 한다. 이들은 싸워도, 치고받고 하는 폭력이 없는 양순한 기질을 지니고 있다. 소위, 영악한 문화민족에게는 미개인이라고 할는지 모르지만 바람직한 인정 같기도 하다.

(4) 문화와 생활은 모래에 기반을 두고 있다

이 나라 국민의 의식주는 모래와 밀접한 관계가 있다. 바비큐를 해 먹어도 고기를 불에 굽는 것이 아니고, 불 밑에 있는 모래 속에 묻어서 익혀 먹는데, 고기에는 모래가 섞여서 바삭바삭 씹힌다.

의복에는 망토 비슷한 부부boubou복이 있다. 그리고 머리에는 터번을 두른다. 이 복장은 완전히 사막문화의 유산으로 대단히 커다란 활용성이 있다. 사막을 벗어나면 치렁치렁하고 구지레하지만, 이곳에서는 모래바람을 막는 좋은 역할을 한다. 그리고 추위와 더위를 잘 조화시킬 수 있게 통이 넉넉하고 풍성하다. 사막 속에서 밤을 맞게 되면, 푹 뒤집어쓰는 침구로도 쓰인다. 터번은 모자, 목도리, 마스크 등의 역할을 한다. 이 부부복을 입고 대소변도 모래위에 앉아서 하고, 왼손은 모래를 사용하여 밑을 닦는다. 따라서 왼손은 더럽고 죄스러운 손으로 되어 있다. 악수도 왼손으로 청하면, 커다란 결례가 된다. 남자는 무릎을 꿇고 소변을 보는데, 외국인은 메카에 대하여 절하는 것과 혼동할 수 있다.

(5) 문란한 성생활도 풍습이고 인정 같다

이 나라의 생활풍습으로 여자는 집에서 소일하며, 별로 일을 하지 않는다. 집에서 빈둥대면서 기름진 낙타우유 같은 것도 마시며, 군것질을 한다고 한다. 그래서 여자는 일반적으로 비대하고, 특이하게도 엉덩이가 무척이나 크다.

이혼은 아주 간단하여 여자가 짐을 싸 가지고 집을 나가면 그만이다. 그리고 아무나 하고 잠자리를 같이 한다. 결혼 시에 남자는 장인에게 약 2만 우기야(우리 돈으로 20만 원 정도)의 돈을 맡겨 두는데, 이혼하면 여자가 생활비로 쓴다.

회교권에서는 일부다처제로 부자는 여러 명의 여자를 데리고 살 수 있다. 또한 귀천(색깔)에 따라 결혼경비가 정해진다. 귀한 미인은 미화로 약 1만 달러 정도의 경비가 소요된다고 한다. 그런데 모리타니에서는 이혼 제도까지 있어서 성이 더욱 문란한 일부다처혼polygamy이 되고 있다. 여자는 풍습적으로 물건과 같아서 지참금으로 사고팔기도 한다. 따라서 AIDS가 만연되고 있다.

내가 만난 사람 중에도 그런 성향은 뚜렷하다. 50여 세 된 대학 교장이 18세의 큰 아이가 있는데, 30세 된 부인과 며칠 전에 아이를 낳았다고 한다. 그리고 부교장이라는 사람도 40여 세가 넘었는데, 이혼을 하고 17세의 미성년자를 부인이라고 데리고 산다.

한국인 산부인과 의사의 말에 따르면, 20세도 안된 여자가 아이를 갖고 싶다고 병원에 와서 남편을 한번 데리고 오라니 75세 된 노인을 데리고 오더란다. 그런데 하룻밤에도 몇 번씩 성교를 하는데 왜 아이가 안 생기냐고 해서 웃었다고 한다.

(6) 극한의 환경은 초인적인 데를 만들고 있다

신기루의 환상이 너무나 절실하게 와 닿는 완전 모래판의 세계는 경외스럽다. 작렬하는 태양열과 모래 바다 속에 사람의 세포 속의 물이 바삭바삭 타들어가는 소리가 들릴 정도로 물이 귀하다. 온 천지가 모래뿐인 평원에는 모래 언덕의 생성, 소멸이 바람에 의하여 아주 자연스럽고 절묘하게 이루어진다.

사막의 여행에는 길잡이guide가 절대적으로 필요하다. 동행한 노인 길잡이는 아무리 보아도 신통한 사람 같다. 그는 평생 사막 길만 다녀서인지 모래 언덕을 이리저리 잘 피하면서 랜드로버 자동차 바퀴가 절대 안전하도록 차를 인도하고 있었다. 그는 넓은 사막 길에 손가락으로 차를 몰고 가는데 극한 상황에 이르면 모래의 색깔을 보고, 모래의 냄새만 맡아도 길을 찾을 수 있고, 물을 찾아낼 수 있다고 한다. 마치, 초능력의 동방박사 같다고나 할까, 그래서인지 일거일동에 깊은 신뢰가 간다.

(7) 시간 개념이 없는 것은 당연하다

이 나라 사람들과는 시간 약속이 되지 않는다. 시간 개념이 없고, 그냥 언제든지 만나기만 하면 반갑고 좋은 것이다. 왜냐 하면, 다 같이 사막 길을 걸어와서 만나는 습관이 있기 때문이다. 사막 길이란 한 두 시긴, 히부 비틈 늪부 것이 아니고, 오로지 살아 올 수만 있어도 알라 신의 은총인 것이다. 이런 시간 개념의 부재 내지는 희박성은 모든 임을 희석시키고 만다. 따라서 되는 일도 없고, 안 되는 일도 없게 만들며, 미개국을 벗어나지 못하게 하는 결정적인 요인으로 작용한다. 대부분의 사람들은 매사에 의욕이 없어 보이고, 일을 할 만한 능력이 있어 보이지 않는다. 저자의 경험에 따르면, 주로 많이 접촉했던 부교장과의 약속은 대개 지각이었고, 제일 적은 오차가 30분 정도였다. 그러나 '미안하다excuse'는 말은 없다. 이것은 당연한 이들의 생활인 것이며, 사막 문화의 유산인 것이다.

(8) 부정부패는 단순성에 있는 듯하다

생활은 대단히 폐쇄적이고, 단순한 면이 있다. 예로서, 나의 적의 적은 나의 친구이다. 그리고 나의 친구의 적은 나의 적이다. 이것은 확실하게 잘 통하는 사고의 단순성이다. 1992년 1월 9일, 모리타니의 최남단 도시 로소Rosso의 한 호텔에서 일어난 일이다. 이 도시에는 호텔이 하나뿐인데 큰 편이다. 방에서는 금방 귀신이라도 나올 듯이 을씨년스럽다. 밤 11시 반이 넘어서 정말 구지레한 호텔 침대에 피곤한 몸을 눕혔다.

현 군사 권력의 대통령이 다시 출마한다는 이야기를 들은 바 있었다. 바로 이날 밤 12시를 기해서 대통령 선거운동이 시작된다고 하더니, 각 부락, 읍, 면의 반장, 통장, 면장 같은 장급의 인사들을 전원 차출, 집합시킨 것이다. 이들은 선거 조직위원들로서, 호텔방마다 빽빽하게 모여 앉아 밤새도록 아랍어로 떠들어 대는 소리가 마치 큰 잔치집의 마당 분위기 같았고, 호텔 복도에서는 플라스틱류의 신발짝 끄는 소리가 너무나 시끄럽기만 했다. 아마도 현 대통령의 지지 축제인 듯하다.

그 호텔에 투숙한 저자에게는 마치 머리채를 흔들어 젖히는 듯 연옥의 소리 같았다. 밤새도록 고문을 당한 듯 두통이 엄습하고 있었다. 바로 이것이야말로 미개국의 선거 부정과 부패의 원천인 것이구나 하는 생각이 들었다. 물론 이러한 것도 국민의 단순성을 행정력이 악용하는 사례가 아닐 수 없다.

4. 아프리카, 희망봉의 자연과 바다

아프리카 대륙의 최남단은 희망봉Cape of Good Hope으로 알려져 있으나, 위도상으로 가장 낮은 곳은 실제로 아굴라스 곶Cape Agulhas이다. 희망봉이 대서양쪽으로 최남단이라고 하면, 인도양쪽의 최남단은 아굴라스Agulhas이다.

해양학에서 아프리카의 최남단 해역을 아굴라스 뱅크Agulhas Bank라고 하며, 인도양의 북쪽으로부터 남쪽으로 흘러내리는 난류를 아굴라스 해류Agulhas Current라고 한다. 그리고 아프리카의 남단에서 대서양의 북쪽으로 흐르는 한류를 뱅글라 해류Benguela Current라고 한다. 인도양의 높은 수온의 해류가 아프리카 남단의 해역에 커다란 영향력을 가지고 있다.

아굴라스 곶Cape Agulhas에서부터 나미비아와 앙골라의 전 연안에서 용승현상upwelling이 발생되고 있으며, 갈조류의 해중림kelps forest이 형성되어 있다. 다시 말해서 해양생물이 대번식을 하고 있는 해역이다. 이 해역에는 수많은 종류의 어류가 자생하고 있는데 상어sharks, 가오리rays, 뱀장어eels, 정어리sardines, 멸치anchovies, 대구herrings, 색줄멸과 실버사이드silversides, 킹크립kingklip, 노란 씬뱅이sargassum fish, 바위대구rock cods, 핑키pinky, 도미sea breams 등이 자생하며, 대서양쪽으로는 도미류와 정어리류의 생산이 많다. 그리고 인도양쪽으로는 각종 열대 어류가 민식하고 있어서 양 대양의 생태계가 완연히 다름을 보여 주고 있다.

희망봉은 아프리카 대륙의 케이프타운반도에 위치하고 있다. 최남

아프리카 최남단 희망봉의 바다 경관

단으로 알려진 이곳은 여러 가지 특색을 지닌 지역으로 지상에서 가장 아름다운 자연 중의 하나이다. 인도양과 대서양이 만나는 독특한 해양환경을 이루고 있으며, 좋은 기후와 자연경관을 지니고 있다. 다시 말해서, 독특한 자연생태 환경을 이루고 있다.

인도양은 열대 해역의 영향으로 온도가 상승되어 있는 물 덩어리를 지니고 있으며, 북반구 쪽으로 막혀있는 관계로 해류가 심하지 않고 큰 파도가 없다.

반면에 대서양은 북반구와 남반구의 물 덩어리가 서로 유동하고 있어서 파도가 높고 수온이 낮고, 수심이 깊은 성격을 지니고 있다. 대서양은 8,244만km^{2}이고 인도양은 7,344만km^2 면적을 가지고 있

대서양과 인도양이 만나는 해역의 높은 파도 경관

다. 대서양이 인도양보다 900여 만km²가 크다. 대서양의 최대 수심
은 8,385m이고 인도양은 7,450m이다. 그러나 평균 수심은 대서양이
3,926m이고 인도양이 3,963m로서 오히려 약간 깊다.

이곳은 무엇보다도 거대한 두 개의 대양의 물 덩어리가 부딪치는
곳으로서 해양의 내적·외적 변화가 막대하게 나타나는 현장이다. 현상
학적으로 해면의 거센 파도, 솟구치는 비말, 내적으로 거대한 물 덩어
리의 대치와 섞임에 따른 수많은 해양학적 요인들의 변화를 내포하고
있다. 다른 한편으로 수시로 변화하는 기상적 요인은 이곳의 바람, 운
해, 햇빛과 더불어 지역적 특성을 드러내고 있다.

해양학적 변화로서 인도양의 해류와 대서양의 해류는 물 덩어리의 크
기와 힘의 크기에 비례하여 새로운 해양환경을 만들어 내고 있다. 우선
수문학적 제반 요인으로서 양대 물 덩어리의 수온, 염도, 밀도의 섞임
에 따른 수층대의 변화, 용존산소량과 용존 탄산가스량의 변화, 수소이
온농도와 각종 영양염류의 농도의 변화 및 미세조류의 양적 변화는 흥
미로운 연구과제가 아닐 수 없다. 양 대양이 이 지역의 주민들에게 보
이는 성격 중의 하나는 대서양쪽의 해변에서는 파도가 거칠고 수온이
낮아서 수영을 할 수 없으나, 인도양쪽의 해변은 파도가 세지 않고 물
의 온도가 높아서 수영을 할 수 있다는 점이다.

케이프타운의 인도양쪽에 위치하는 볼더스 비치는 아프리카의 펭
귄양식지이다. 삼십여 년 전에 20마리의 펭귄으로 시작하여 삼천여 마
리가 양식되고 있다. 해안의 바닷가에 물, 바위, 모래, 관목의 숲이 조
화된 몇 헥타르의 양식장에 펭귄이 집단을 이루고 있다. 펭귄이 인위적
으로 사육되므로 자연환경이 오염되고, 먹이와 배설물로 인한 냄새가
다소 심하다. 정책적으로 남아공에는 펭귄병원까지 설립하여 펭귄을
보호하고 있다.

희망봉 국립공원 안에는 희망봉Cape of Good Hope, 디아즈 비치

Dias Beach, 케이프 매클리어Cape Maclear, 전망대Global Atmosphere Watch Station, 케이프 포인트Cape Point 등이 해변을 이루고 있다. 케이프 포인트는 해발 500m 정도인데 이곳은 희망봉 구역의 가장 동쪽에 위치하는 가장 높은 곳으로 등대와 관측소가 있다. 이곳에서는 오대양 육대주의 대도시들의 방향과 거리km가 표시되어 있는 이정표가 잘 나타나 있다.

지형적인 고도로는 케이프 포인트Cape Point가 희망봉 쪽의 작은 바위봉우리보다 우뚝하게 솟아 있다. 그러나 지도상의 경도로 보면, 희망봉이 케이프 포인트보다 약간 남쪽에 위치하고 있다.

케이프 포인트에서 희망봉 쪽으로 2~3km의 해안 단구에 펼쳐지는 초원은 이곳의 자연, 풍광, 기후, 온도, 식생, 돌, 바위, 나무, 들꽃, 풀, 야생조류, 타조, 야생동물, 특히 바다의 자연경관을 관찰·조사하고, 자연을 조망할 수 있는 적소이다. 특히, 파도가 아주 높고 흰 포말의 부서짐이 높이 튀어 오르는 경관은 세계 어느 곳에서도 볼 수 없는 일품의 파도경관이다.

더욱 일품인 경관은 해면 위에 군락으로 표류하는 해조류 군락이다. 이 군락은 갈조류의 켈프kelps로서 바다 대나무sea bamboo인 에크로니아 맥시마*Ecklonia maxima*를 비롯하여 에크로니아 라디아타*Ecklonia radiata*가 주종을 이루고, 스플리트 팬 켈프splitfan kelp라고 하는 라미나리아 팔리다*Laminaria pallida*가 대 발생을 하고 있으며, 기포주머니를 가지고 있는 브래더 켈프bladder kelp라고 하는 마크로시스티스 안귀스티홀리아*Macrocystis angustifolia*가 번성하고 있다. 여러 종류의 모자반*Sargassum*류의 갈조류도 자생하고 있다. 이 밖에도 생체량이 많은 조류의 번식이 좋은 해역이다.

해조류의 군락은 마치 해수면 위에 나타난 작은 해암 또는 암초처럼 보이지만, 실제로는 해조류가 표류하고 있는 것이다. 파도와 함께 출렁이는 해조류군락의 율동은 경관 중에 명미라고 하겠다. 수온이 낮은 대서양의 수괴와 수온이 높은 인도양의 수괴가 부딪치면서 새로이 형성된 수문학적 특성으로 일어나는 생물학적 현상 중의 하나이기도 하다.

다른 한편으로 갈조류보다는 생체량이 적지만 풍부하게 자생하는 녹조류로는 파래*Ulva sp.*, 목덩굴*Caulerpa sp.*, 청각*Codium sp.*이 풍부하게 자라고 있고, 홍조류로는 해태*Porphyra sp.*, 노토제니아*Nothogenia sp.*, 우뭇가사리*Gelidium sp.*, 꼬시래기*Gracilaria sp.*, 프로코미움*Plocomium sp.*, 세라미움*Ceramium sp.*, 등 수 많은 종류가 자생하고 있다.

5. 케이프타운반도의 생물과 해양환경

케이프타운Cape Town은 위도상으로 남위 30도 정도에 위치하고 있다. 이곳은 지리적으로 남극과 비교적 가까운 지역으로서 남극대륙과 남극바다의 성격에 영향을 받는 곳이다.

이 반도는 해양학적 기후에 절대적인 영향을 받는 곳이다. 해양성 기후로 인하여 겨울에도 혹독한 추위가 거의 없다. 이러한 현상은 희망봉 국립공원에서 초본류의 겨울나기에서도 볼 수 있다. 겨울철이라고 해도 식생이 아주 독특하고 경관적으로 아름답다. 공원 안에 자생하는 생물의 종류는 영국 전 국토에 서식하고 있는 종류보다도 많다고 한다. 다시 말해서 생물의 다양성이 큰 지역이다. 이곳에 서식하는 활엽수는, 온후한 기후임에도 불구하고 겨울나기를 하기 때문에 낙엽이 지고 나목으로 변신한다. 그러나 초본류는 겨울임에도 불구하고 상당히 많은 종류가 활발하게 서식하고 있다.

이곳의 기후는 온대의 지중해성 기후와 비슷하다. 한 여름인 1월의 평균기온은 20.3℃이고, 한 겨울인 7월에는 평균기온이 11.6℃이다. 강우량은 연간 526mm이며, 5~8월 사이에 가장 많이 내린다. 이 일대의 강우량은 세계 평균 강우량의 삼분의 일 정도이다. 이것은 스텝기후대로서 생물의 서식에는 제약을 주는 강우량이다.

케이프타운의 최남단인 희망봉Cape of Good Hope에는 많은 종류의 식물이 자생하고, 바다의 해양경관이 최상을 이루고 있는 곳이다. 희망봉과 이웃하는 바로 남쪽 해는 디아즈 비치Dias Beach가 있고, 대서양쪽으로는 맥클리어 비치Maclear Beach가 있다. 디아즈 비치Dias Beach 쪽에는 패류가 오랜 세월 풍화되어 이루어진 하얀 모래사장으로 규모가 아주 작고, 그림같이 아름다운 해수욕을 이루고 있다.

이곳의 자연경관은 바람경관과 구름경관을 비롯한 생물경관이다. 돌, 바위, 나무, 풀 등의 자연 속에 사슴, 타조, 야생조류, 야생 동물의 자유로운 서식환경은 남아공뿐만 아니라, 지구상의 귀중한 자연 유산이 아닐 수 없다.

케이프타운의 지리는, 대서양 쪽으로는 씨 포인트Sea Point, 케이프타운Cape Town, 클리포톤 비치, 컴퍼스 베이, 호웃 베이 등 테이블 마운틴 근처의 해안들이고 인도양 쪽으로는 유젠 버그, 카크베이, 피시호크, 사이먼 타운, 볼더스 비치 등의 해안이 펼쳐진다.

희망봉 일대의 연안은 바위로 되어 있는데 암석 사이 사이에는 식물이 자생하고 있다. 한겨울에도 아름다운 야생화가 피고, 식물의 서식이 풍요롭게 이루어지고 있다.

호웃 베이의 인근 섬에서는 물개가 5~6,000마리 서식하고 있다. 그리고 이곳에서는 켈프kelp 위에 물개가 올라 앉아 있기도 하고, 켈프의 주변을 유영하는 경관도 볼 수 있다. 물개의 서식은 물고기의 양이 대단히 많은 해역임을 나타낸다. 물개의 충분한 먹이가 이 해역에 서식하고 있는 것이다.

케이프타운 해역에는 많은 양의 해양동물과 물고기가 공존하고 있는 해역이다. 저서 생물로는 새우와 랍스터가 양적으로 풍부하게 생산되고 있다. 그리고 케이프타운 지역에 자생하는 각종 식물은 키르스텐보쉬 국립식물원Kirstenbosch National Botanical Garden에서 찾아 볼 수 있다. 이 식물원은 이 지역의 수많은 식물을 모아서 잘 가꾸고 있는 식물원이다.

케이프타운에서 빼놓을 수 없는 자연경관은 테이블 마운틴이다. 이 산은 암벽으로 되어 있고 해발 1,200m에 이르는 비교적 높은 산임에도 불구하고 테이블처럼 넓은 평면 공간을 지니고 있어서 붙여진 이름이라고 한다. 이 공간에 수많은 식물들이 자생하고 있다. 늑이 특득인 지의류의 서식은 괄목할 만하다.

테이블 마운틴Table Mountain은 해변의 정경과 도시의 아름다움을 일견할 수 있는 곳이기도 하다. 이 산은 외양적으로 식탁처럼 평원을 이루고 있는데 사암으로 이루어져 있고 풍화된 돌과 모래 위에 다양한 식물이 자생하고 있다. 이 지역에서 기록된 식물의 종류는 1,470여 종이라고 한다. 이것은 커다란 다양성을 보이는 특기할만한 사항이다.

케이프타운에서 희망봉에 이르기까지 보여 지는 야생화의 면모를 보면 우선 자연보호 구역으로 잘 관리되어 있다. 모든 야생화가 "자연그대로"의 상태에서 자생하고 있다. 풍광의 특이성으로, 태양광선의 풍부함과 사통팔달의 해양성기류의 이동에 따른 바람, 풍부하지 않은 강우량, 풍화 작용에 따른 암석, 돌 등이 섞인 토양의 환경조건에서 폭 넓게 적응하여 자생하는 야생 식물은 원색적이고 화려한 꽃들을 피워내고 있다.

이곳에서 관찰되는 몇 개의 그룹Family으로는 백합과Liliaceae, 수선화과Amaryllidaceae, 붓꽃과Iridaceae, 천남성과Araceae, 야자과Arecaceae : Palmae, 난초과Orchidaceae, 프로테아과Proteaceae, 번행과

아프리카의 최남단, 케이프타운의 테이블마운틴에서 내려다보이는 인도양의 바다경관

Mesembryan-themaceae, 돌나무과Crassulaceae, 브르니아세Bruniaceae, 콩과(Fabaceae(Leguminosae)), 괭이밥과Oxalidaceae, 대극과Euphorbiaceae, 아욱과Malvaceae, 상록수과Penaeaceae, 국화과(Asteraceae(Compo sitae)) 등 많은 종류들로서 화려하고 다양한 야생화의 천국이라고 할 수 있다. 이 밖에도 바닷가 갯벌에는 홍수림이 자생하고 있는데, 마편초과Verbenaceae인 아비세니아 마리나*Avicennia marina*와 리조포라과Rhizophoraceae인 ***Bryguiera gymnorrhiza***가 관찰되고 있다.

특히 디아즈 비치는 아름다운 백사장과 파도경관을 직접 접하면서 수영도 할 수 있는 곳이다. 해안단구에서 모래사장을 연결하는 나무 계단도 자연스럽게 꾸며져 있어서, 완전한 해안자연 속에 조그만 인위적인 손길이 보여진다. 그러나 이곳을 해수욕장으로 이용하는 사람은 없어 보이며, 드물게 잠깐 스쳐가는 사람이 있을 뿐이다.

케이프타운 시내에는 해양수족관이 있다. 이곳은 규모가 작지만, 학습용으로 비교적 잘 꾸며져 있다. 학생들의 자연 학습 체험장으로 활용되고 있다. 간단히 실험도구, 현미경과 모니터를 설치해 놓고 성게 또는 미역 같은 저서 생물들의 생활환life cycle의 일부를 보여주고 직접 만져보게 함으로서, 어린 학생들에게 해양학을 쉽게 접할 수 있게 하고 있다. 물곤 이곳에는 물개의 쇼 장이나 펭귄의 서식환경도 설치해 놓고 있다. 그 밖에 민물고기의 코너도 있다. 그리고 해양박물관maritime museum도 설립되어 있으나, 전시되어 있는 것은 거의 없다.

케이프타운시의 유명한 국립대학으로는 스텔렌보쉬 대학교 University of Stellenbosch가 있다. 이곳은 18,000명의 학생이 수학하고 있다고 한다. 캠퍼스는 시내에서 떨어진 곳에 있으며, 아주 수수한 모습이다. 또한 케이프타운 대학교University of Capetown는 남아공에서 이름 있는 대학이며 해양과학 연구에 전력하는 대학으로 알려져 있다. 특히 남극에 대한 해양자원 연구센터를 설립하고 있는 대학교이며, 영국 등과 공동연구로 좋은 성과를 거두고 있다.

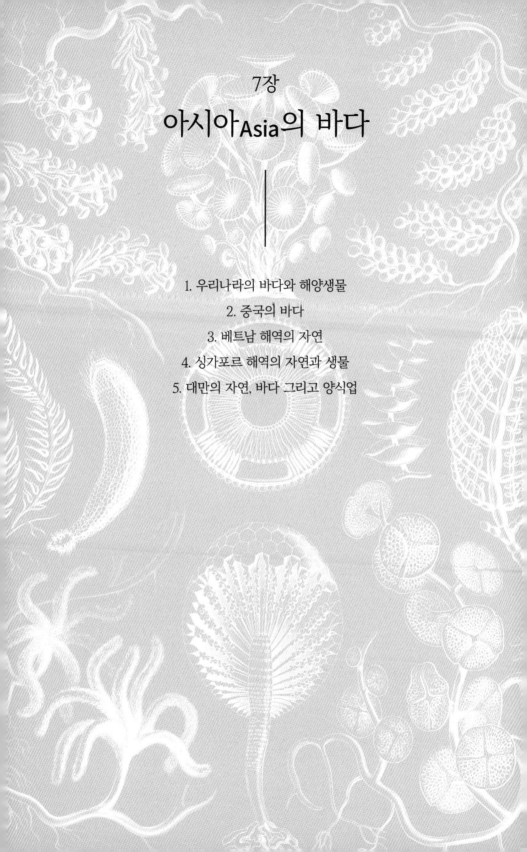

7장
아시아Asia의 바다

1. 우리나라의 바다와 해양생물

1) 동해의 심해 자연과 해양생물

동해안에는 경관이 아름다운 곳이 많아서 옛날부터 명성을 날렸는데, 대표적인 것은 관동팔경이다. 또한 동해남부 해안에는 감포의 문무대왕 수중릉과 감은사지 같은 귀중한 사적지가 있다.

동해는 우리나라가 실제로 일본 및 소련과 공유하는 내해이며 심해성과 광역성의 특징을 가지고 있다. 바다는 물 자체가 자원이다. 동해의 방대한 수량과 광활한 공간은 자원의 역학을 맡고 있다.

동해에는 대륙붕의 면적이 극히 적고 간만의 차가 크지 않다. 해역은 심해로서 생산성이 높은 어장으로서 해양자원의 개발에 커다란 기대를 지니고 있다. 해안선은 단조롭지만 전국토의 남북에 접하고 있어서, 그 길이가 크다. 해역의 면적은 남한면적의 10배가 넘는 약 100만 km^2 정도이다. 평균수심은 1,350m이고, 전체 수량은 무려 135만km^3에 이른다.

동해에서는 리만 한류와 쿠로시오 난류가 상충하고 용승현상 upwelling이 일어난다. 냉수성 어류와 난류성 어류가 풍부하게 어획되는 어장이기도 하다. 이곳에서 잡히는 어류는 비교적 다양하며 풍부하다. 한때는 세계 3대 어장을 이루던 곳의 발치이기도 하다. 이곳에서 생산되는 명태와 오징어는 우리국민의 식생활에 크게 자리 잡고 있는 어류이다. 멸치·새우·미역·다시마도 맛으로 일품이지만, 영덕의 대게는 더욱 일품으로 알려져 있다.

한류성 어족인 정어리는 한때 대단히 풍부하여 정어리기름의 생산은 물론, 심지어는 비료로 사용될 만큼 많이 잡혔다. 10여 년 전까지만 해도 양식 어류의 먹이로 충당될 만큼 잡혔으나, 이제는 거의 고갈되었다. 생태는 한류성으로 인하여, 북한 수역이 주 어장을 이루고 있는 실정이다. 또한 영덕의 대게는 남획으로 자원이 고갈되다시피 해서 자원 조성이 시급한 현실이다.

이 해역에서 생산되는 어류의 종류로는 도다리, 가자미, 돌가자미, 물가자미, 광어, 갑오징어, 오징어, 문어, 고등어, 꽁치, 낙지, 노가리, 도루묵, 대구, 명태, 멸치, 메기, 망상어, 미역치, 물곰, 방어, 복어, 볼락, 보리멸, 삼치, 열기, 우럭, 이면수, 바닷장어, 정어리, 전갱이, 쥐치, 청어, 참돔, 횟대고기, 흑돔, 학꽁치, 학치, 대게, 붉은 대게, 붉은 새우, 줄새우, 보리새우, 왕새우, 한치 등이 있으며, 패류 및 기타 해산동물로는 말조개, 멍게, 명주조개, 백합, 성게, 소라, 전복, 홍합, 해삼 등이 있다.

해조류로는 김, 다시마, 미역, 진저리(방언), 청각, 천초, 톳, 흑도박 등이 또한 양과 질을 자랑하고 있다.

최근 동해 중남부 연안의 양식은 획기적인 국면으로, 넙치양식이 많이 이루어지고 있다. 육상의 양식수조에서 양식이 시작된 것은 1980년대 말이었으며 그 후에는 해안의 축제식 양식장에서 많은 양이 생산되고 있다.

우렁쉥이의 해상 양식은 경주시, 포항시, 영덕군의 수역에서 많이 행하여지고 있다. 동해안에서 우렁쉥이의 양식은, 한때 대성황을 이루었으나, 이제 연작이나 천적의 번식으로 실패하는 경우도 늘고 있다.

2) 독도의 해중림海中林

독도는 거대巨大한 해중산海中山의 정상이 해면 위에 드러나 있는 것이다. 이 해중산은 2,000m 이상 되는 심해의 거산으로 원통형을 하고 있다. 이러한 산의 봉우리는 동도東島와 서도西島를 비롯한 31개의 작은 도서와 56개의 암초로 드러나 있다. 독도의 총면적은 0.186km²이며, 이 해역에서는 리만 한류와 쿠로시오 난류가 상충하고, 4km 정도의 해안선은 리아스식 연안이다.

동해의 중심 수역에 위치하고 있는 독도는 청정수역으로서 오징어와 명태의 보고寶庫인 동시에, 조업 어선의 피한 내지 휴식처로서, 해양 관광지로서 또는 하이드레이트 같은 해저 지하자원의 개발기지로서 금액으로 환산할 수 없을 만큼 커다란 가치를 지니고 있다. 실제 독도의 원근해 어장의 어획량은 국내 수산물의 공급을 좌우할 정도이다.

독도의 해조류는 녹조류, 갈조류, 홍조류 등 110여 종이 조사되었으나, 최근에 한·일 관계가 첨예화되면서 조사와 연구가 활발하게 진행되고 있어서 수효가 많이 추가될 것이다. 해조류의 분포는 얕은 곳의 파래류와 수심이 깊어지면서 갈조류인 미역, 다시마 등이 서식하는데, 대황과 감태가 독도의 바다 밑에서 막대한 양의 해중림海中林을 이루고 있다. 독도 자체가 천연기념물이듯 이들도 귀한 천연기념물인 것이다.

해중림海中林은 바닷물 속의 숲을 말한다. 일반적으로 숲이라고 하면 지상의 열대림, 침엽수림, 활엽수림 또는 소나무숲, 자작나무숲 등과 같이 울창한 수목의 밀림지대를 지칭한다. 해중림도 지상의 숲과 비견할 수 있으며, 더욱 방대한 해저 면적을 차지하고 있다. 이 숲은 보통 생체량이 커다란 갈조류에 의해서 형성되며 해역에 따라서 다양한 양태를 보인다. 다시 말해서 해양의 지역적 성격에 따라서 갈조류의 종류가 다양하게 나타나는 것이다.

독도 근해의 해중림은 세계적인 해양경관의 명미라고 할 만큼 대황과 감태의 대량번식이 화려하게 펼쳐진 해역이다. 대황과 감태는 이 해역에서 밀생을 하고 있어서 마치 원시 열대 우림을 방불케 하고 있다. 이들은 해류에 유연하게 흔들리고 있으며 각종 어패류에게 최상의 서식 환경을 제공하고 있다.

이런 해조류가 많이 서식한다는 것은 이들의 서식 환경이 대단히 적합하다는 것으로 우선 대황이나 감태가 부착할 수 있는 착근의 기반이 되는 돌이나 암석 등의 환경이 잘 이루어져 있다는 것이다. 다음으로는 북상하는 난류인 쿠로시오가 남하하는 리만 한류와 부딪쳐서 와류를 이루면서 각종 영양염류가 풍부하게 조달됨으로써 해조류가 폭발적인 증식을 하는 것이다. 이 해중림은 세계적으로 아름다운 해양경관으로 각광받기에 부족함이 없다.

이 해역에는 해조류만 서식하는 것이 아니고 생태계의 에너지 흐름 energy flow에 따라 각종 어·패류의 서식 환경이 양호하게 형성되고 있어서 이상적인 먹이 피라미드를 유지하고 있다. 다시 말해서 다양한 어류의 서식처로서 안정되어 있는 생태계이다. 그 뿐만 아니라 회유하는 어류의 산란 장소로도 좋은 어장을 이루고 있다.

이곳은 여러 종류의 저서 생물benthos의 생육이 양호하다. 해조류로서는 미역, 다시마, 해태, 천초, 모자반, 진저리 등의 서식이 좋으며, 식품으로서 뛰어난 맛을 지니고 있다. 또한 새우류를 비롯하여 해삼, 멍게, 성게, 전복, 소라, 고동, 홍합 등의 서식에도 좋은 환경을 지닌다. 이들은 오염이 없는 청정수역의 수산 자원으로 평가받고 있다.

독도 해역이 왜 황금어장인가 특히 대화퇴 어장이 왜 황금어장인가 하는 문제는 이 해역이 수심 200m 이내의 대륙붕을 이루고 있어서 각종 해양생물의 서식환경이 좋을 뿐만 아니라, 쿠로시오 난류가 제주도를 통과하여 600여km를 북상하면서 울릉도와 독도 사이의 해역을 북상할 때 리만 한류와 부딪치면서 거대한 소용돌이 해류를 발생시키기 때문이다. 이러한 상충 현상으로 발생된 와류는 일주일에 100여km를 선회하며, 온도는 5℃ 정도의 차이를 보이고 있다.

이 와류의 흐름 속에는 해수의 각종 영양염류가 농축 또는 침적되면서 식물성 플랑크톤의 번식에 기여하고, 해중림에게 영양염류를 원활하게 공급해 주는 것이다. 또한 심층 해수중에 있는 영양염류를 용승 upwelling시킴으로써 식물 플랑크톤과 해중림에게 풍부한 영양분을 끊임없이 조달하는 것이다. 위와 같은 여러 가지 해양환경적인 요인들이 독도 연안과 대화퇴어장을 황금어장으로 만들고 있는 것이다. 이곳은 마치 동해의 보물이라고 할 수 있겠다.

독도 어장에는 강원, 경북, 포항, 경주, 경남, 울산, 부산 등 7개 시·도의 어민들이 주로 조업을 하고 있으며, 울릉도 저동항에서는 성어기에 오징어 채낚기 어선을 비롯한 450여 척의 어선이 대화퇴 어장으로 출항한다. 독도 근해의 대표 해산물로는 오징어와 냉수성 어족인 명태가 있다. 이들은 맛도 일품이고 영양도 좋으며 어획량이 많아 우리국민의 정서에 자리 잡고 있는 주요 해산물이다. 또한 이 해역에서는 망상어, 돔류, 정어리, 고등어, 꽁치, 전갱이, 방어, 다랑어, 복어, 임연수 등의 다양한 어류가 어획되고 있다.

독도의 해양생태계의 경관은 제주도 해역에서처럼 또는 태평양의 하와이 해역이나 대서양의 우주홀 해역에서처럼 잠수정 관광으로 직접 관찰할 수 있다면 좋을 것이다. 이것은 재미있는 해양생물의 세계를 감상할 수 있는 좋은 관광자원이 될 것이다. 차제에 독도 연·근해의 생태적인 면모를 몇 가지 살펴보면 다음과 같다.

독도 해역에서 난태성 어류인 망상어가 치어를 낳으면서 목숨을 다하는 모성본능의 번식방법은 감동이 아닐 수 없는 수중생물의 세계이다. 그리고 자리돔은 체외수정을 하는데 번식을 위하여 천적인 불가사리, 해삼, 군소 등을 비롯한 각종 저서 생물을 멀리 밀어내며 청소하는 모습도 독특하다. 혹돔은 소라, 전복, 홍합 등의 패류를 이로 깨서 섭식하는 것도 인상적이다. 이 밖에도 독도 해역에는 돌돔, 범돔, 벵에돔, 줄도화돔, 파랑돔 등 돔류의 어종이 많이 서식하고 있다.

독도의 전경으로 동도와 서도가 나란히 보인다

독도 해역의 환상적인 괭이갈매기 경관

괭이 갈매기의 병아리는 꽁치가 부유하는 모자반 군락에 산란한 알을 먹이로 하여 성장한다. 어류마다 독특한 서식 방법이 있고 산란, 수정 등의 번식 방법이 다양하게 관찰된다. 물론 잠수정을 진수하는 경우, 자연 그대로의 생태계를 훼손하지 않도록 신경을 써야 한다. 참고로 세계적인 해중림에 대하여 소개하면 다음과 같다.

프랑스의 대서양 해안에서는 갈조류인 아스코필름Ascoplylum, 푸쿠스Fucus, 모자반Sargassum 등이 대량 번식하여 해중림을 이룬다. 이런 종류는 해류의 영향으로 해변에 많은 양이 집적된다. 옛날에는 해조류를 이용한 물리치료thalassioterapie의 한 방법으로 노인성 관절염 또는 신경통을 치료하는데 사용되었다. 이런 해조류의 집적현상은 남대서양의 막대한 해안선을 지닌 아르헨티나의 해변에서도 일어나고 있다.

영불해협에서도 해중림을 볼 수 있는데, 수심이 낮고 멕시코 만류의 따뜻한 영향을 받고 있어서 해중림이 왕성하게 서식하고 있다. 해조류로는 다시마Laminaria, 모자반Sargassum, 아스코필름Ascoplylum, 푸쿠스Fucus 등이 대량 서식한다. 또한 파래Ulva의 대량서식은 녹조현상까지 발생시키고 있다. 파래Ulva는 생활사 중에서 사멸기에 해변으로 밀려와서 다량 집적되는데 해변과 해수의 오염을 초래하고 있다.

또 다른 해중림海中林의 명미로는 아프리카의 희망봉 일대의 해역이다. 대서양 쪽으로 방대한 해역에 대형 갈조류kelp의 숲이 형성되어 있다. 이로 인하여 좋은 어장이 형성되고 있다. 또한 해중림의 특수한 예로는 사르가소Sargasso 바다가 있다. 이 바다에는 모자반Sargassum이 폭발적으로 증식을 하여 바다를 가득 메우고 있으므로 선박의 출입조차도 어렵게 만들고 있다.

독도는 일본과 영유권 분쟁에 휘말리면서 온 국민의 관심이 집중되고 있으나, 이미 삼국시대(서기 512년 지증왕 13년)부터 우리나라의 땅으로 편입된 국토이다.

옛날에는 육지에서 너무 멀리 떨어져 있어서 발길이 거의 미치지 못한 무명의 섬이었다. 그러나 이러한 특수한 악조건 속에서도 독도를 굳건하게 지켜온 사람들이 있었으니 바로 이사부異斯夫, 안용복安龍福, 홍순칠洪淳七, 최종덕崔鐘德 같은 선각자들이었다. 이들은 진정한 애국자들이었다. 이들이 없었다면 우리는 지금 독도 땅을 밟을 수 없었을지도 모른다.

일본은 2008년 2월부터 또 다시 끈질기게 "독도는 일본땅"이라는 홍보활동을 펼치고 있어서 적절한 대응이 불가피하다. 이러한 것은 노무현 정부 출범 때에도 있었지만 이명박 정부가 출범하고 있는 시점에 문제를 제기하는 것은 우호 선린을 표방하는 현 정부에 찬물을 끼얹는 것과 다름없다. 일본은 독도에 대하여 생떼를 쓰면 얻을 수 있는 것으로 착각하고 있는 듯하다.

세월이 흐를수록 독도에 대한 우리민족의 끊임없는 사랑은 활기차게 열기를 더해 가고 있다. 독도는 1904년 러일전쟁에서 승리한 일본은 독도의 중요성을 간파하고 1905년에 일본 땅으로 편입시켰다. 1905년 광무 9년에는 을사늑약이 체결됨으로써 독도뿐만 아니라 한반도 전체가 일본의 속국으로 전락된 것이다. 이 과정에서 결정적인 역할을 한 역적이 바로 을사오적乙巳五賊이다. 을사오적은 내부대신 이지용李址鎔, 군부대신 이근택李根澤, 외부대신 박제순朴齊純, 학부대신 이완용李完用, 농공상부대신 권중현權重顯이다. 이러한 치명적인 침략을 받아 오늘날까지도 대한민국이 지구상에서 유일한 분단국으로 아픔을 지니는 것이다. 독도에 대하여 현대판 고관대작의 을사오적은 없는지 성찰해 볼 만하다.

독도의 독특한 자연환경의 관리시스템을 개발함으로써 더 이상의 자연파괴를 막아야 하며, 수많은 관광객이 몰려들어 독도 본연의 자연이 훼손되지 않도록 해야 한다. 무분별하고 과도한 개발내지 과잉보호는 있는 그대로의 독도자연을 파괴하는 것이다. 현 시점에서 독도 수역에 대한 해양 동·식물의 생태 환경을 지속적으로 조사·연구하는 것은 국력을 기르는 기본이다. 또한 일본과의 독도 영유권 분쟁을 불식시키는 노력이 될 것이다.

3) 서해의 천해 자연과 생물

황해는 주로 중국과 공유되어 있는 얕은 바다이지만 제주도의 남단과 대만, 유구열도의 북부와 일본 규슈 섬의 서단으로 둘러 싸여 있는 바다로서 방대한 면적을 지닌다. 그러나 평균 수심은 188m에 불과하며 수량은 23만km³ 정도에 지나지 않는다.

황해에는 서한만이나 강화만 같은 커다란 만도 있으나, 해주만, 남양만, 아산만, 천수만 등과 같은 대소의 많은 만과 도서가 위치하고 있다. 남과 북이 대치하고 있는 현 상태에서 남한은 반도라기보다는 오히려 대륙과는 단절된 섬의 기능을 하고 있다.

서해에는 천해성 자연과 갯벌 자연이 있다. 서해는 전형적인 리아스식 해안을 이루며 다도해를 이루고 있다. 남북 군사분계선상 최북단에 위치하는 백령도는 자연의 아름다움과 군사요새로서 중요한 기능을 하고 있다.

서북쪽 연안에 위치하는 연평도, 강화도, 영종도, 덕적도 등으로부터 서남쪽의 홍도와 흑산도 등의 다도해 해상국립공원에 이르기까지 지역마다 독특한 자연과 해안문화를 이루고 있다. 서해안의 자연경관은 섬마다, 반도적 성격마다, 아름답지 않은 곳이 없다. 서해 바다의 연안에서 볼 수 있는 낙조 경관은 아름답다. 전북 고창군에 있는 선운산의 낙조 대에서 볼 수 있는 해수면과 갯벌 속으로 조금씩 사라지는 태양의 모습과 후광은 우리의 정서를 순화시켜주는 자연경관 중의 하나이다. 천해의 갯벌 해안에 비치는 태양빛은 부드럽고 은은한 여광의 맛을 느끼게 한다.

우리나라 서해안의 특색은 무엇보다도 '갯벌'이고, 이에 따른 다양한 해안 생물과 해양생산력이다. 서해안은 생산성이 높기 때문에 천해의 자연 생산지로 개발할 수 있는 잠재력을 지니고 있다. 서해의 또 하나의 특징은 아름다운 천해의 자연환경이다.

서해안의 저서 생태계에서 괄목할만한 것은 우선 많은 양의 갯지렁이가 서식하고 있어서, 먹이 피라미드의 저변을 이루고 있다는 점이다. 조개류의 서식도 왕성하다. 조개류 양식은 어민의 소득증대에 크게 도움이 되는 것이다. 서해안의 작은 새우, 즉 새우젓은 이 해역의 독특한 해산물이며, 새우 양식은 주목할 만하다. 또한 서해안의 대천, 광천뿐만 아니라 전 해역에서 생산되는 굴oyster, 또는 어리굴젓은 꽃게와 함께 미각자원 중의 하나이다.

우리나라 서해안의 성격을 해양생물학적, 자연보호적 또는 해양경관적 관점에서 고찰하여 보면 다음과 같다.

첫째, 서해안은 지형적으로 동고서저 현상으로 저지대를 이루고 있으며, 서울과 인천을 비롯한 대도시의 발달로 인구가 밀집되어 있어서 도시하수와 공장폐수가 많이 유입되는 해역이다.

둘째, 간만의 차이가 크고, 리아스식 해안을 이루고 있으며, 조력발전소를 설립할 수 있는 여건을 지닌 해역으로서 잠재력이 있다.

셋째, 광활하게 펼쳐지는 조간대의 평원에 방조제를 축조함으로써 방대한 육상 토지를 조성할 수 있다. 예로서 시화 방조제, 아산 방조제, 삽교 방조제 등은 지도의 모양을 바꾸는 대역사의 하나이다.

넷째, 우리나라의 서해안은 개펄 생태를 대표할 만큼 저서생물 benthos의 번식이 왕성한 서식처이며, 생산성이 높은 조간대를 지닌 수역이다.

다섯째, 많은 섬들과 함께 조석, 즉 밀물·썰물에 따라 해안의 자연경관이 다른 면모로 나타나고 있으며, 뛰어나게 아름다운 경치를 보여주고 있다.

여섯째, 서해안에 조성된 대천과 같은 대형 해수욕장은 많은 피서객을 유치하는 피서지로서의 기능을 하고 있다.

대부도와 제부도 해역의 일대에는 대단위 시화 방조제의 축조로 인하여, 국토개발사업과 자연보호 사이에 논점이 부각되지 않을 수 없다. 서해안의 도처에서 행하여지고 있는 이런 토목공사는 신중한 환경영향평가와 경제성이 고찰되어야 마땅하다. 대부도와 인접해 있는 제부도는 해안의 자연경관이 하루 두 번씩 물이 들고 남에 따라 변모한다. 썰물 시에 물이 빠져 개펄이 끝없이 펼쳐지면, 경기도 화성군 서신면의 해안에서 제부도까지 2.3km의 바다에는 자동차길이 열리고, 이곳을 찾는 사람들은 바지락이나 맛살, 낙지 같은 것을 찾으러 개펄에 들어가는 정취가 있는 섬이다. 끝없이 펼쳐지는 이곳의 갯벌에서 생산되는 해산물로는 바지락, 맛살, 낙지, 젓새우, 대합, 굴, 꽃게, 멸치 등이다.

백령도의 면적은 약 $47km^2$로서 우리나라의 섬 중에는 비교적 커다란 섬이며, 해안의 저층은 규조토, 진흙, 자갈, 돌로 되어 있으며, 다양한 해조류와 저서생물이 군집을 이루고 있다. 밀물과 썰물의 차이가 큼으로써 이들이 이루는 만조와 간조의 자연경관에는 차이가 많으며, 그 자체의 변화가 아름답다.

백령도를 대표할 수 있는 수산물은 까나리액젓이며, 회유성 어류자원은 우럭, 홍어, 멸치가 많이 잡히고 있다. 이 해역에 서식하고 있는 저서생물로서는 게, 새우, 해삼, 전복, 조개, 피조개, 굴, 미역, 해태 등이다.

조기는 우리나라에서 명태와 고등어와 함께 3대 어종으로 국민정서에 깊이 자리 잡고 있다. 우리나라에서 어획되는 조기는 동지나해에서 월동을 하고 북상하면서 흑산도 근해에서는 2월 상순에서 3월 말경까지 회유를 하며, 한달 후인 3월 상순에서 4월 하순까지는 위도 근해에서 많이 어획되며, 5월경에는 연평도 근해까지 올라와 얕은 바다의 간석지에서 산란을 하는 것이 생활사life cycle의 한 패턴이다. 조기의 주요 먹이는 새우류이며, 주로 수심 200m 정도의 모래진흙의 따뜻한 수온을 지닌 환경에서 서식한다.

4) 남해안의 바다

우리나라 남해는 다도해의 아름다움을 지니고 있다. 남해는 제주도를 비롯하여 최남단 도서인 마라도(북위 33°06′40″)가 있다. 남해는 크게 보아서 동해의 성격과 서해의 성격이 일부 겹쳐지는 천이 해역이라고 할 수 있다.

남해는 동해와 서해 사이에 위치하는 해역으로 일본과 접하는 다도해이다. 기후는 온화하고 한려수도의 빼어난 경관을 지니고 있다. 특히 한려해상국립공원과 다도해해상국립공원으로 지정된 해역은 명승지를 이루고 있어 세계적인 해상 관광명소로 발전될 수 있는 해역이다.

남해안의 조석은 간만의 차이가 거의 없는 동해와 간만의 차이가 아주 심한 서해에 비하면 중간 정도의 조석 차이를 보이고 있다. 일반적으로 파도가 심하지 않고 잔잔한 수면을 이루고 있으며, 조간대와 천해성 지형의 발달로 해조류와 어패류의 생육이 풍부하여 해양생물의 개발과 양식에 대단히 좋은 여건을 지니고 있다. 특히 광어, 우럭 등의 가두리 양식과 우렁쉥이, 해태, 굴, 미역 등의 양식이 활발하다.

남해안에는 진해만, 마산만, 송진만, 순천만, 여수만, 보성만, 강진만, 해남만 등의 유수한 만이 있으며, 가덕도, 거제도, 창선도, 남해도, 돌산도, 금오도, 거문도, 완도, 보길도, 진도 등의 커다란 도서를 비롯하여 수많은 작은 도서가 서로 얽혀 있다. 따라서 수산양식과 해양관광에 다대한 역할을 하고 있다. 남해안에 위치하는 커다란 반도로는 고성반도, 여수반도, 고흥반도, 해남반도, 화원반도 등이 있다.

자연 지리적으로 남해안의 중심 부위는 광양만 수역이라고 할 수 있다. 이곳은 남해안의 해양성격을 대표한다고 볼 수 있다. 광양만은 여수반도, 돌산도, 남해도로 둘러싸여 있는 내만으로서 여수반도 쪽의 여수수도로부터 밀물과 썰물의 영향을 받는 한편, 삼천포 쪽의 노량수도로부터는 남해대교의 수역을 통하여 밀물과 썰물의 영향을 받는다.

해양의 수문학적으로 재미나는 현상은 양쪽에서 밀려드는 해수는 서로 부딪치면서 교류도 하지만, 썰물 시 들어온 물이 빠질 때도 같은 수도를 경유하여 양쪽으로 갈라져서 되돌아 나가고 있다.

이곳은 지극히 수심이 낮은 천해로서, 생태학적으로 각종 어류의 산란·부화의 해역으로서, 해태양식의 요람지로서, 중요한 의미를 지니고 있었으나, 현재는 광양만을 중심으로 한 산업이 발단로 본래의 자연과는 많은 차이를 초래하고 있다.

남해안을 중심으로 한 유류오염oil pollution : black tide에 대한 실례와 그 영향에 대하여 살펴보기로 한다. 우선 유류오염이 해수에 미치는 영향은 해수의 용존산소량을 감소시킴으로써 어류의 호흡작용에 영향을 끼치며, 다음으로는 원유 자체가 해수표면에 얇은 탄화수소 필름hydrocarbon film을 형성함으로써 대기 속의 산소가 녹아들어 가거나, 해수속의 가스가 대기 속으로 나오는 작용을 차단한다. 다시 말해서, 바다의 가스대사를 방해함으로써 해양생태계를 파괴시킨다.

광양만 해역에서 발생한 실례를 보면, 1993년 9월 27일 제5 금동호가 선박 충돌 사고로 인하여 기름 탱크가 터짐으로서 1,100여 톤의 벙커C유가 유출되어 이 일대의 해역에 심각한 유류오염 사건을 기록한 바 있는데, 이 해역의 수산업과 해양생태계에 막대한 피해를 입혔다.

이러한 오염이 발생하게 되면, 우선 벙커 C유는 독성이 강한 방향족 탄화수소가 다량 함유되어 있음으로 해양생물에 치명적인 타격을 가하며, 그 다음으로는 해수면에 표출된 유류제거를 위하여 유화제를 살포하는데, 누출된 유류와 계면 활성제인 유화제는 서로 작용하여 수

표면상으로는 오염을 완화시키지만, 실질적으로는 이들의 화합물이 해양오염을 진행시키고 있는 것이다.

유류와 유화제의 반응에서는 기름이 미세하게 분해되면서 해수 속에 섞임으로써 용존산소량을 소모하기도 하고, 침전물을 발생시키기도 하는데, 원양성 어류pelagos에게는 우선 산소결핍증을 일으키게 하고, 침전물도 저서생물benthos에게 여러 가지 타격을 주어 해양생태계를 파괴시킨다.

다시 말하자면, 이런 과정에서 회유하던 원양성 어류는 용존산소의 부족 또는 오염 스트레스에 의한 타격으로 죽게 되며, 저서생물은 용존산소량의 결핍과 함께 유처리제의 침전물에 따른 피해를 면치 못하는 것이다. 만일 이런 유류오염 환경에서 살아남는다고 해도, 어류와 각종 해양생물은 활력을 잃고 비들비들하게 된다. 이러한 현상은 저인망으로 시료를 채취하거나 어획을 해보면 드러난다. 유류오염은 결과적으로 해양생태계를 철저히 사막화하는 사례가 아닐 수 없다.

이와 유사한 예로 1995년 7월 23일, 여수 해역을 강타한 A급 태풍 페이호에 의하여 전남 여천군 소리도 부근에서 원유 9만 8천5백 톤과 연료유 1천5백 톤(뱅커C유 : 1,400톤 : 벙커A유 : 100톤)을 싣고 좌초된 씨프린스호Sea Prince에서 유출된 유류오염도 소리도, 금오도, 욕지도, 돌산도를 비롯하여 남해안 일대의 해양환경을 악화시키는 데 부족함이 없었다.

씨프린스호에서는 벙커 C유 700여 톤이 유출됨으로서 제5 금동호의 해양오염에 뒤이어 많은 피해를 발생시켰다. 더욱 140톤의 유처리제를 효율적으로 사용하면 될 것을 적정량의 4배 이상인 556톤의 유처리제를 살포함으로써 해양환경을 악화시키는 결과를 초래하였다. 이와 같은 유류오염은 차후에 남해안과 동해안의 극심한 적조현상의 발단으로 이어지고 있다.

어떻든 유류의 해양유출은 해양생태계의 파괴와 어민들에게 양식어류의 폐사 및 어로작업에 막대한 영향을 끼친다. 유류가 연안에 밀려들게 되면, 해양경관과 해양생태계의 파괴가 심각하고, 유류가 모래사장의 모래 속으로 침참하여 파고드는 경우, 해수욕장의 폐쇄뿐만 아니라, 모래 속에 서식하는 생물에 피해를 주며, 기름의 분해 속도가 느려 피해가 장기화될 수밖에 없다.

남해는 주로 일본과 접하는 다도해로서 수심이 낮으며, 우리나라 도서 3,400여개의 대부분이 이곳에 위치하고 있다. 따라서 우리나라의 해안선은 대부분 남해와 황해가 차지하고 있는 셈이다. 또한 남해는 많은 도서와 반도적 지형을 지니는 것이 특색으로서 맹골군도, 진도 인근 해역, 보길도를 포함하는 소안군도, 거문도 해역, 외나로도 해역, 금오도 해역 등의 해양자연은 아름다운 해양환경을 이루고 있다. 거제도와 남해도를 중심으로 해서 한려해상국립공원이 있다. 이들은 아름다운 천해 자연이며, 아기자기한 해안경관이다.

남해에서 생산되는 어류와 해조류의 해산물로서는 방어, 쏘가리, 도미(감성돔), 우럭, 감숭어, 쥐치, 꽁치, 볼락, 숭어, 농어, 조기, 광어, 도다리, 가자미, 노래미, 바닷장어, 아귀, 문어, 낙지, 오징어, 멸치, 오도리 새우, 전복, 해삼, 해파리, 멍게, 게, 성게, 백합, 바지락, 피조개, 가리비, 개불 등이며, 이 고장 사투리로 깔다구, 뒤풀이, 곡매리(멸치 종류) 같은 어류도 있고, 해조류로는 김, 미역, 다시마, 파래, 그리고 이 고장 방언으로 몰(모자반)과 다시리가 있다.

2. 중국의 바다

1) 중국의 바다자연

중국은 방대한 국토와 해안선을 가지고 있다. 해안선으로 보면 북위 40°선 위쪽에 위치하는 진저우 시와 잉커우 시가 있는데 이들은 발해만(보하이 만)의 최북단에 자리 잡고 있다. 그리고 북한의 신의주와 중국의 단동시는 황해의 최북단에 위치하는 도시로서 북위 40°선에 인접한 해안 도시들이다.

중국대륙의 동북쪽에 위치하는 요동반도는 남쪽을 향하여 길게 뻗어 나와 있으며 동시에 황해를 양분하듯이 길게 돌출되어 있다. 그리고 산둥반도는 대단히 크며 황해를 절반 이상 동쪽으로 뻗어 나가면서 가로지르고 있다. 북쪽의 요동반도와 남쪽의 산둥반도가 발해와 발해만을 이루는 것이다. 발해만은 수심이 대단히 얕고 대하 황하강의 하구로 인하여 막대한 양의 토사와 퇴적물이 쌓이고 있으며 방대한 양의 담수가 해수의 염도를 희석시키는 기수역을 이루고 있다. 황하강의 수량은 발해만 전체에 수문학적, 지형학적, 해양생물학적으로 크게 영향을 미치고 있으며, 특히 해양미생물학적으로 의의가 있는 방대한 갯벌을 형성하고 있다.

다른 한편으로 중국의 대도시인 톈진天津과 베이징北京 지역의 공업단지로부터 많은 양의 공업용수로 인한 오염물질이 발해로 유입되고 있다. 따라서 발해만의 해수는 전반적으로 담수 오염은 물론, 산업 단지의 오염이 심각하다. 발해만의 해안선은 일반적으로 아주 단조롭다.

산둥반도의 남쪽 해안선에 위치하는 칭다오(청도)시는 비교적 수질이 좋고 자연경관이 양호하다. 중국 대륙의 부속도서로서 제일 큰 섬은 타이완(대만)이고 이 보다 약간 적은 섬은 하이난(해남도)이 있다. 타이완

섬은 북회귀선이 섬의 중앙을 지나간다. 이 섬은 북위 22°~25°에 위치하는 아열대성 해양기후를 지니고 있다. 다른 한편 해남도는 중국의 남부에 있는 섬으로서 북위 20°선 이남에 위치하는데 열대성 자연생태계를 지니고 있으며 전형적인 해양성기후를 나타내고 있다. 중국은 북단의 아한대 수역으로부터 열대 해역에 이르기까지 방대한 해양을 지니고 있는 것이다.

산둥반도에서 상하이(상해)까지는 삼각형의 2변에 해당되는 해안선으로 상당히 길고 단조롭다. 위도상으로는 상하이시의 상단에 위치하는 장강대하인 양쯔강의 하구는 지형상으로 복잡하고 수문학적으로 심한 변화를 연출하는 기수역을 이루고 있다. 해양학적 변화가 많은 곳이다. 우선 염분 농도의 변화가 다대할 수밖에 없어서, 우기의 양쯔강의 수량이 많을 경우 황해의 남서부역과 바로 인접해있는 북서 동중국 해역의 염도는 20‰도 되지 않으나 하구에서 멀어질수록 염도는 높아져서 동중국해의 남부 해역에서는 34‰ 정도로 다소 낮기는 하지만 비교적 정상적인 해수의 면모를 나타내고 있다. 수온을 보아도 동중국해의 북부 해역은 겨울철에 북서계절풍의 심한 영향으로 10℃ 정도로 떨어지지만, 남부 해역은 아열대 해역의 영향으로 20℃나 되어 수온의 차이가 크다. 이것은 양츠강의 막대한 담수량과 차가운 북서 계절풍의 영향 등으로 동중국해의 바다 성격, 특히 생물학적 성격을 나타내는 요인으로 작용한다.

상하이를 중심으로 해서 해안선은 기복이 심하고 아주 복잡하게 전개되고 있다. 항저우만은 바로 인근에 대도시 상하이시와 쑤저우(소주)시를 두고 있으며, 만의 내측에는 항저우(항주)시가 위치하고 있다. 항저우와 쑤저우는 동양의 베니스라고 할 만큼 물의 도시를 형성하고 있다. 따라서 이들 도시는 수상 교통망으로서 운하가 발달되어 있다.

황해와 동중국해를 양분하는 경계선은 양쯔강의 하구와 제주도를 직선으로 이어서 해역을 분할한다. 위도상으로 위쪽은 황해이고, 아래쪽은 동중국해, 또는 동지나해라고 한다. 그러나 중국에서는 동해(둥하이 東海)라고 한다. 면적은 124만km²에 이르는 태평양의 일부분으로 내해를 이루고 있다. 동중국해의 서쪽 해안선은 상하이에서 푸저우에 이르는 중국 본토의 해안으로 이루어져 있다. 다른 축은 우리나라의 최남단의 황해와 제주도, 일본의 규슈섬과 오키나와섬을 연결하는 사쓰난제도, 류큐제도와 쎈가쿠제도 및 타이완섬의 북부 해역으로 이루어져 있다. 이 모든 제도를 합쳐서 난세이 제도라고 하는데 동중국해와 태평양을 양분하는 해역의 섬들이다. 동중국해의 동쪽에 위치하는 난세이제도 안쪽으로 수심 1,000m가 넘는 해분海盆이 형성되어 있다. 가장 깊은 수심은 약 2,700여m이다. 그러나 중국대륙 쪽의 바다는 대륙붕으로 넓게 펼쳐져 있으며 수심은 60~200m 정도로 좋은 어장을 이루고 있다. 난세이제도는 규슈남단에서 타이완까지 1,300여km에 거쳐 수많은 섬들이 도열하여 태평양과 구획을 짓고 있으며 국제적인 영토권 분쟁, 군사 기지, 해양 자원의 개발 및 어업의 요충지 역할을 하고 있다.

겨울철에는 북서 계절풍이 강하게 불어 파도가 높게 일어나며 난세이제도에는 쿠로시오 해류의 일부가 북상하고, 중국 본토의 연안에는 하천수의 유입으로 인하여 발생하는 연안류가 남하한다. 중국 본토 쪽, 즉 상하이 쪽으로는 조차가 커서 수m에 이른다. 동중국해는 전체적으로 아열대성 기후의 영향 속에 있으며, 여름철 태풍 발생 지역에 근접하여 있으며 태풍이 통과하는 지역이어서 상습적인 태풍피해지역이다.

남중국해는 홍콩·마카오 해역을 북단으로 하여 해남도를 포함하는 베트남의 기다란 해안선과 캄보디아, 타이, 말레이시아, 싱가포르, 인도네시아, 브루나이, 필리핀 등의 육상으로 둘러 싸여 있는 태평양의 일부이며 내해를 이루고 있는 바다이다. 다시 말해서 중국대륙과 인도

차이나반도, 보르네오, 필리핀으로 둘러싸인 바다가 남중국해, 또는 남지나해라고 하며, 중국에서는 그냥 남해라고 한다. 남중국해는 동중국해보다 3배 가까이 되는 면적을 가지고 있으며 복잡한 해안선과 많은 섬들이 산재되어 있는 해역이다. 이곳의 해안선은 리아스식 해안을 이루는 곳도 있고 섬들로 아기자기하게 둘러싸여 있다.

이 바다의 북쪽으로는 타이완해협을 통하여 동중국해와 연결되어 있으며, 태평양에 속한 부속바다로서 필리핀 쪽으로는 수심이 4,000~5,000m 이상 되는 심해를 이루고 있다. 남중국해는 남북이 2,900여km이며 동서가 950여km로서 면적은 340만km²에 이르는 바■|●|다.

2) 하이난섬(해남도海南島)의 바다와 자연

중국의 하이난섬은 중국 대륙의 최남단에 위치하고 있으며 크기는 35,600km²로서 타이완섬보다 약간 작기는 하지만 거의 비슷한 면적을 가지고 있다. 아열대에 위치한 이 섬은 연 평균 기온이 23~25℃ 정도이며 위도상으로 대략 북위 18°~20° 사이에 위치하고 있다. 이 섬에서 가장 큰 도시는 북단에 위치하는 하이코우시海口市이며, 최남단에 있는 큰 도시로는 산야시市가 있다. 하이코우시는 광동성廣東省과 경주해협琼州海峡을 사이에 두고 지근의 거리에 있다. 우리나라 경상남북도 크기의 이 섬에는 700여 만 명이 살고 있다.

해남도를 비롯하여 동사군도, 서사군도, 중사군도, 남사군도 등의 방대한 인근 해역에 분포되어 있는 수많은 작은 섬들을 모두 묶어서 해남성海南省이라고 한다. 그리고 해남성의 해역을 남해南海 또는 남중국해라고 한다. 남해는 실제로 태평양의 일부분이다. 해남도의 동쪽으로는 조금 떨어져 있지만 다도해의 국가인 필리핀과 이웃하고 있고, 서쪽으로는 베트남 연안과 이웃하고 있다.

해남도는 기후적으로, 위도상으로 하와이와 비슷하여 동양의 하와이라는 별칭을 가지고 있으며 관광단지로 개발되어 수많은 관광객을 유치하고 있다. 내륙의 울창한 숲과 열대 식물원 및 65℃의 훌륭한 온천단지도 있고, 다채로운 해양 스포츠와 골프 관광이 주종을 이룬다.

산야시의 해변에서 관찰된 바다의 성격은 해수의 온도가 더운 여름철로 이동하고 있는 봄철(5월 20일경)이었지만 이미 27℃나 되는 따뜻한 열대성 수온이다. 해안으로부터 5~6km 정도 떨어진 해수면의 수색은 녹색으로 상당히 맑고 깨끗하며, 5~6km 이상 더 멀리 떨어져 있는 바닷물은 원양성인 청색을 나타내고 있다. 해안 수역에서 감지되는 미세조류microflora의 번식은 상당히 좋아서 소규모의 물꽃water bloom을 이루고 있다.

중국, 해남도의 남단에 위치한 해안경관

해변의 모래사장은 패류 주로 백합조개류와 굴 껍데기의 잔해로 이루어져 있고, 해변에 노출되는 해조류macroalgae : 海藻類는 빈약하다. 이것은 해변에 가까운 해역에는 해조류 군락이 없다는 증거이다. 강한 해류에 의해서 바다 저층의 모래사장이 생성, 소멸을 거듭함으로써 해조류 포자의 착근이 어려운 해황으로 사료된다. 다시 말해서 파도가 세차게 일고, 해류의 움직임도 적지 않아 보인다.

이곳에서 관찰되는 어류로는 참치, 삼치, 갈치, 방어, 바닷장어, 도미류, 망상어류, 상어류, 쥐치류, 병어류, 메기류, 곰치류 등이 수산 시장에서 관찰되며, 새우류, 굴, 오징어, 꼴뚜기, 꽃게류, 바다 가재류 등도 양적으로 많이 관찰된다. 패류보는 백화조개, 별조개, 바지락, 꼬막, 새조개, 코끼리 조개 등이 있다. 이 밖에도 수족관에서 보여지는 어류 중에는 화려한 색깔과 특이한 형태를 지니는 종류가 많은데, 산호초에서 서식하는 어종으로 사료된다. 즉, 이곳의 바다는 산호초 생태계를 이루고 있다.

이곳의 해안에서도 수산 양식을 하고 있다. 그러나 시설이 미비하고 왕성하지 못하다. 중국의 수산 양식에서는 새우양식, 진주양식, 패류양식, 고급어류 양식 등을 국가적으로 진흥시키고 있다. 그러나 생산량이 많은 새우 양식의 경우 연작에 따른 질병으로 손실이 막대함으로, 이제는 질병 퇴치와 예방에 총력을 다하여 대비하는 모습이다.

산야시에는 중국의 소득수준에 비해 입장료가 매우 비싼 열대 해양 동물원이 있고, 여기에는 수족관, 해양동물관, 악어관, 조류관 등이 있지만 우리나라로 보면 1950~1960년대의 어느 군 단위에서 하고 있는 엉성한 시설 정도이고 허술한 관리 상태에 있다. 관광사업(2004년)의 현대화와는 대조적으로 해양과학의 낙후된 일면을 드러내고 있다.

해남도에는 강우량이 풍부하고, 일조량이 풍부하여 초목이 무성하게 자란다. 그리고 강물이나 호수에서는 미세조류microflora가 폭발적으

중국, 해남도에 있는 진주양식장

해남도의 진주양식장에서 건져 올려지는 진주패각

로 번식하여 수색을 완전히 녹색으로 물들여 놓는 자연 환경을 하고 있다. 다시 말해서 하천河川은 전형적인 부영양화 속에 있다. 실제로 강물을 보면, 연일 작렬하는 태양광선의 영향으로 수온은 거의 기온과 비슷한 정도까지 상승하여 있고, 주위 경관은 숲으로 채워져 녹색 일변도로서 광합성 환경에 압도되고 있다. 그리고 아주 탁한 강물에서도 주민들은 직접 빨래를 하고, 각종 오염 물질의 방치로 인하여 수질 오염이 아주 심각함을 알 수 있다.

해남도의 식물경관은 사철 녹색을 이루고 생산성이 왕성하다. 산과 들에서 보여지는 식생은 활엽수보다는 침엽수에 가까운 야자수가 우세하다. 그리고 이 섬의 조경수는 야사수이다. 섬의 독특한 기후와 토양은 활엽수림보다는 야자수림을 이루도록 하고 있으며 거목거수는 아주 드물게 보여 지고 있다. 이것은 어떤 환경요인, 예로서 병충해, 벌목, 산불 같은 어떤 요인에 따른 결과로 보여진다.

이 섬에서 보여 지는 동물 또는 가축은 우리나라의 것과 형태적으로 상당히 다르다. 방목되는 소를 보면, 몸체가 작고 폭식으로 인하여 배 부분이 유난히 부풀어져 있어 마치 풍선 같다. 열대의 열기로 소의 털을 깎아 주는데 피부 색깔이 흑색이 많이 섞여있는 회색이다. 뿔은 상당히 길고 날카롭게 자라지만 전면으로 향한 것이 아니고 뒤편으로 향하고 있어서 공격용으로는 합당해 보이지 않는다. 코를 끼우지 않은 방임 상태의 무리는 때로 도로에 나와 교통에 지장을 준다. 어떻든 우리나라의 소와 형태적으로 달라 보인다.

3) 중국 대륙의 저지대 : 상해, 소주, 항저우의 수계水系자연

상해시는 강소성과 절강성 사이에 위치하며 외해open sea에 직접 면하고 있을 뿐만 아니라, 상단으로는 세계적인 대하大河 양자강의 하구 역에 위치하며, 하단으로는 전단강 하구에 위치하는 항저우만으로 둘러싸여 있다. 다시 말해서 상해시는 황해의 한쪽 하단에 위치하고 있으며, 태평양과 직결되어 있고, 반도적 성격을 지닌 해안 도시여서, 해양의 영향을 깊숙이 받고 있다.

양자강(6,380km)의 길이는 나일강(6,690km)과 아마존강(6,516km) 다음으로 길며, 유역 면적은 약 181만km²로서 세계적으로 11위이다. 양자강과 황하강은 중국 대륙을 서쪽에서 동쪽으로 관통하며 평행하게 흐르는 중국 대륙의 2대 강이다.

상해시와 인접해 있는 소주시와 항저우시는 중국의 대표적인 저지대로서 운하가 발달되어 있다. 이곳은 양자강 하구역의 성격을 지니고 있을 뿐 아니라 기후가 아열대성이고 강우량이 많아서 수목이 무성하다. 다시 말해서 물 천지의 지대여서 운하가 발달되어 있고, 풍부한 광합성 작용으로 생물 생산량이 수륙水陸을 불문하고 왕성한 곳이다. 따라서 이 지역에는 수많은 묘목장이 펼쳐지고 있으며 중국을 녹화하는 데 크게 기여하고 있다. 소주는 동양의 베니스라는 별칭을 가지고 있을 정도로 운하가 많다.

항저우만은 중국에서 외해open sea와 직접 접하는 만으로서 가장 큰 만이다. 이 만은 상해시, 절강성, 소주시로 둘러싸여 있는 만이며, 동시에 전단강의 하구이다. 이곳은 해양학적으로 아주 독특한 성격을 지니고 있다.

항저우에서는 연중 150일 정도 비가 내리는 고온다습한 기후를 가지고 있으며, 지형상으로는 평원을 이루고 있고, 차茶의 산지로서 유명하다. 농업은 3모작을 하는데 처음에는 유채재배로 시작을 한다. 구릉이 발달되어 있으나 해발 200~300m에 불과하며 중국의 5대강 중의 하나인 전단강이 흐르는데 그 길이는 405km이고 저장성에서는 제일 큰 강이다.

8월 15일 경에는 달의 월력으로 인하여 하구의 넓은 곳에서 바닷물이 3~4m의 높이로 밀려들지만, 강의 좁은 입구에서는 수위가 7~8m이나 때로는 16~18m까지 높아지는 현상으로 이 지역을 범람시키는 특성이 있다. 연중행사로 범람의 피해를 입을 수밖에 없는 이곳 사람들은 종교의 힘을 빌려서 이를 방비하려고 육화탑, 즉 천, 지, 동, 서, 남, 북인 여섯 가지 방향이 화합함으로써 심각한 자연재해를 막으려고 하였다. 인간의 복지를 위한 기원인 것이다.

항저우에는 운하가 발달되어 있고 바다와 인접해 있지만 식수원을 조달하기 위해서 전단강의 물을 서호로 유치하고 이것을 식수원으로 사용한다. 서호는 중국의 10대 관광지 중의 하나이며 수질 환경이 대단히 잘 정비되어 있는 호수이다. 서호의 수면은 5.66km^{2}이고, 호수 내의 두 개의 섬 면적까지 합치면 6.03km^{2}이다. 둘레는 약 15km이고 호수의 남북의 길이는 3.3km, 동서의 길이는 2.8km이다. 보통 수심은 1.8m이고 최대 수심은 2.8m이다. 호수의 밑바닥은 2m 정도의 개흙이 쌓여있고, 주위 환경은 수목으로 조경이 되어 있는데 복숭아나무가 많다.

항저우시가 서호를 보호하기 위하여 노력하는 것은 대단히 돋보인다. 그 시책의 일환으로 이 호수 주변의 식당은 철수시켰고 항주시의 건물도 고층으로 짓지 못하도록 법을 만들었다. 서호에 다니는 유람선은 오염을 방지하기 위해서 배터리를 사용하고 있으며, 배에는 화장실이 없다.

이 호수에서는 낚시금지, 수영금지, 빨래금지가 철저하다. 항저우시의 모든 용수는 서호에서 나오는 물이고 지하수는 바닷물이 새어 들어가서 사용하지 못하고 있다. 이 호수에는 어류가 많이 서식하고 있는데 특히 초어가 많다. 이 호수에서는 36종류의 어류가 서식하고 있으며 담수산 진주양식도 많이 하고 있다. 연꽃도 156종류나 자생하고 있다. 물은 대단히 탁하게 보이지만 호수의 물이 썩지 않도록 적정 시간 내에 전체의 호수물이 교체되고 있다.

4) 발해와 황화항의 자연

발해는 수심이 얕은 천해로서 중국의 동북쪽에 위치하는 요령성, 하북성, 천진시, 산동성으로 둘러싸여 있는 내해로서 발해만과 요동만으로 이루어져 있다. 이 바다는 우리나라의 황해와 직결되어 있으며, 수역의 면적상으로는 북위 38° 이상에서는 황해의 면적과 거의 비슷하다. 발해에는 세계적인 대하大河 황하강의 하구가 위치하고 있어서 토사의 유입과 담수의 방대한 유입으로 인하여 바다의 성격에 막대한 영향을 끼치고 있다.

발해의 중심도시로는 천진시市가 위치하고 있다. 이곳 해안에는 해양리조트 시설과 제방이 잘 구축되어 있다. 간만의 차이가 상당하며 굴, 조개류의 서식이 우세해 보이지만 해안을 정비한 관계로 갯벌 자연은 보이지 않는다.

천진시에서 남쪽으로 100여km 떨어져 있는 황화항은 허베이성과 산둥성 경계에 위치하는 조그만 항구이다. 이곳은 황하강의 강물이 직접 바다로 유입되는 하구河口는 아니지만, 아주 가까운 인근해안으로서 황하강의 지대한 영향 속에 있는 하구역이다.

황화항 일대의 해안은 완전히 방대한 갯벌자연이다. 육상으로는 넓은 면적에 펼쳐지는 염전이 있고, 바다 쪽으로는 지평선 멀리까지 펼쳐지는 갯벌의 평원이다. 장구한 세월을 두고 황하강의 상, 중류로부터 운반되는 황토에 의해서 막대한 양의 토사가 퇴적되어 있는 해안으로

중국 천진 해안에서 보여지는 패류 종류

서, 지사학적 생물학적 의의를 지니고 있는 해역이라 하겠다.

이곳의 갯벌은 검은 색이 밴 회색의 점토성 진흙으로서 일반적인 해양경관과는 매우 다르며, 진창을 이루고 있어서 색채상으로 볼썽사납다. 특히 해암이나 돌이 거의 없다. 그러나 간혹 보이는 작은 돌에는 굴 껍질이 많이 붙어 있어서 굴의 서식이 양호한 환경이며, 갯벌에는 수많은 작은 구멍들이 표출되어 있는데 작은 게 종류의 서식이 왕성함을 보이고 있다.

특히 이곳은 장강대하로부터 오랜 세월 담수 생물이 밀려와서 침적된 지층을 이루고 있어서 해양미생물의 독특한 서식처로 사료된다. 해양미생물자원의 보고라 하겠다. 이러한 해양환경은 우리나라 서해안의 갯벌 자연과도 대동소이하며, 천해의 미생물 생태계의 전형을 이루고 있다.

황화항은 갯벌 속에 수로를 길게 내고, 작은 경비정과 작은 어선이 왕래를 하는 정도의 항구이다. 해안 마을은 조성되어 있지 않지만 바다 오염이 심하다. 인분, 비닐, 생활 쓰레기 등이 무방비적으로 버려져 있고, 심한 악취를 내고 있다.

여기서 참고적으로 황하강에 대하여 소개하면, 황하강은 길이가 5,460km로서, 나일강, 아마존강, 양자강, 미시시피강 다음으로 세계적으로 5위의 강이지만 유역 면적이 약 75만km²로서 세계적으로는 20위에 불과하다. 이 강의 특징은 하구역으로 막대한 황토를 운반하여 황색을 이루고 있다고 해서 황하강이고, 다른 한편으로는 유입되는 황색의 물이 하구 역은 물론 바다 전체의 색깔을 황색으로 물들인다고 하여 황해라고 부르게 되었다. 따라서 황하강은 황해의 성격을 지배할 만큼 커다란 영향을 지니고 있다.

5) 태고太古의 바다 : 장가계와 황산의 자연

(1) 장가계의 자연

장가계는 중국 내륙에 위치하는 국가 산림공원으로 자연 지리적으로 절경을 이루는 산악의 하나이다. 장가계는 유네스코가 1992년에 세계자연 유산으로 지정한 자연경관지역이다. 장가계의 전역은 9,563km²이며, 아름답고 신비한 중심 부분인 무능원만은 264km²이다. 산봉우리는 모두 3,103개이고, 1,000m 이상인 봉우리는 2,000여 개이며, 제일 높은 최고봉의 높이는 1,334m이다. 이들은 모두 암석으로 된 돌산이며, 산림 점유율은 27.7%이다. 다시 말해서 장가계는 바다와는 거리상으로 멀리 떨어져 있어서 바다 냄새라고는 전혀 없는 산악지대이다.

그런데 이곳은 대략 3억 8,000만 년 전에 바다가 융기하여 생성된 지대로서 산의 토양에는 칼슘과 석영이 많으며, 그 당시에 바다에서 서식하던 해양생물의 화석으로부터 바다 속의 자연이었음을 확인하고 있다. 유구한 세월의 흐름과 지사학적 역사가 얼마나 절묘하게 자연을 변모시켰는가를 보여주는 곳이다.

따라서 이곳의 기암절벽의 바윗돌은 태고의 해양 산악이었고, 해양생물이 서식하던 해양환경이었다. 그러했던 자연이 현재 육상의 자연으로 적나라하게 나타나 있다. 바로 그 자연이 대단히 아름답고 심오하고 절묘하다는 것에 감탄과 놀라움을 금할 수 없다. 현대 과학이라고 해도 이러한 시, 공간적인 변천에 대해서 자세하게 해명하기에는 불가능한 것이다.

장가계는 국가 산림 공원으로 지정되어 관리되고 있으며 이곳의 기후적인 성격을 보면 연중 강우량은 1,200~1,600mm이며, 비가 내리는 날은 140일 정도로 많다. 연평균 기온은 12.8℃이며, 겨울의 최저 온도는 1℃ 정도이고, 여름의 최고온도는 40℃ 미만이다. 위도상으로는 대략 북위 29°, 동경 110°로서 준 아열대 지역에 속한다. 따라서 초목이 사철 푸르다.

장가계의 일대에서 보이는 식생은 우선 경관적으로 대나무류의 서식이 무성하고, 소나무류도 몇 종 관찰되며, 삼나무cyprus류가 비교적 우점종이다. 그리고 활엽수로서는 동백나무류와 장수樟樹가 상당히 많으며, 고사리류는 나무의 저층에 다량으로 자생하고 있다. 초본류로는 쑥, 질경이, 억새, 갈대, 부들 등의 종류들이 자생하고 있다. 장가계 공원에는 2,000여 종류의 식물이 자생하며 30여 종의 진귀한 야생 동물이 서식하고 있어서 생물학적으로 중요한 의의를 지니고 있다.

자연경관으로 보면 이곳의 산세는 아주 기기절묘하다. 높이가 수백 미터씩 또는 1,000m 정도씩 되는 기암절벽의 바위봉우리들이 높은 굴

뚝을 세운 듯이 수없이 진열되어 있는데 마치 창조주가 조각품을 만들어 놓은 듯이 절경을 이루고 있다. 이 바위봉우리들은 장구한 세월이 흐르면서 풍화작용으로 인하여 흙이 조금씩 만들어졌고 그 흙 속에 소나무 씨가 싹이 터서 바위 틈새에서 낙락장송이 되기도 하고, 바위 자체가 옹색한 화분이 되어 그 속에서 자란 소나무 분재는 천고의 세월을 견디면서 아름다운 자태를 드러내 보이고 있다. 무엇보다도 소나무 군락이 형성되어 식생경관이 바위와 함께 절경을 이루고 있다.

(2) 황산의 자연

황산黃山은 장가계의 지사학적 변천과정과 마찬가지로 수억 년 전의 바다 속이 현재는 산악으로 드러나 있어서 신비한 지구 역사를 연출시키고 있다. 지금은 기암괴석의 돌산이지만 태곳적에는 바다 속의 비경이었다. 해산 어패류의 화석이 발견되고 있다. 옛 바다의 자연경관이 지구 역사를 통하여 수륙水陸의 절묘한 대비의 조화 속에 관광 지역으로 명성을 날리고 있다.

황산은 상해에서 400여km 내륙에 위치하는 산악으로서 해발 2,000여m 가까운 고산의 절묘한 바위들의 고향이 바다 속이었고, 옛날의 해양성격을 지금도 지니고 있다는 것은 시, 공간적으로 놀라운 지구의 변천사가 아닐 수 없다.

이곳의 기상을 살펴보면, 일년에 210일 정도 비가 내리는 다습한 지역이다. 그리고 연평균 기온은 8℃이며, 겨울의 가장 추운 달인 1월의 평균 기온은 -3.1℃이며, 여름의 가장 더운 달인 7월의 평균기온은 17.7℃이다. 산 정상과 산 아래의 기온차이는 상당히 큰 편이며, 위도상으로 아열대 지역의 상부지역에 해당된다.

황산에서는 3모작을 하는데 이른 봄철에는 처음으로 유채를 경작하고 다음으로는 벼농사를 하며, 마지막으로 3모작의 벼 그루터기에서

쌀을 생산한다. 이 쌀은 소위 안남미같이 푸석푸석하고 끈기가 없다. 다른 한편 해발 800m 이상의 고지에서 모봉차毛峰茶를 생산하느라고 주민들은 전력을 다하고 있다. 모봉차는 항저우의 용정차와 소주의 병난춘차(녹차)와 함께 중국의 3대 명차로 꼽히고 있다.

황산은 유네스코에 의한 문화와 자연의 유산으로 지정된 산이며, 세계 지질공원으로 지정된 산이다. 72개의 산봉우리가 있는데, 높은 봉우리가 36개이고, 낮은 것이 36개이다. 제일 높은 봉우리는 천도봉天都峰인데 1,864m이고, 저자가 올라간 곳은 광명정光明頂으로 높이가 1,840m이다.

황산의 자연 성격을 보면, 우선 지질적으로 40℃나 되는 고온의 온천이 나오고 있으며, 물의 색깔이 푸른색을 띠고 있다. 다시 말해서 이곳은 지질적으로 화산대의 성격을 지니고 있다. 이곳에는 기암괴석의 전시장이라고 할 만큼 아름다운 바윗돌이 많다.

기상적으로는 비, 구름, 바람, 강풍의 변화무쌍한 조화가 무궁무진한 산으로서 운해가 절경을 이루고 있다. 또한 이들의 운해자연 속을 순간적으로 잠시 비치는 찬란한 햇빛은 오리무중의 신비감을 느끼게 한다. 운해는 다시 기암괴석의 절벽과 어울리고, 소나무 숲과 어울리며 노송老松과 어울림으로서 시야에 연출되는 전망마다, 다시 말해서 산봉우리마다, 절벽마다, 소나무마다, 절경을 그린 동양화로 펼쳐 지고 있다. 겨울에는 눈이 내려서 눈꽃을 이루는 때가 대단히 아름다워서 설경의 명성을 얻고 있다. 그런데 이 산은 10만 여개의 돌계단을 축조하여 관광객을 유치함으로써 또 다른 인위적 특색을 지닌 자연경관을 이루고 있다.

황산의 생물 경관으로는 소나무의 생장이 아주 좋고 우점종을 이루고 있다. 바위산으로서 풍화작용 자체가 자연경관이며, 이러한 자연의 변천과정에서 소나무가 군락을 이루고 있다. 이곳의 소나무는 대부분

적송*Pinus densiflora*으로서 공해가 없는 산해山海속에서 수려하게 자라난 것들이다. 이밖에도 학문적으로 여러 종의 소나무가 서식하고 있다. 뿐만 아니라 대단히 아름답고 기이한 거송거목巨松巨木으로서 예로 흑호송黑虎松 같은 것이 즐비하다. 또한 이 산의 소나무 군락은 자연 문화유산으로 인정받은 좋은 경관이다.

3. 베트남 해역의 자연

하롱베이 국립공원Halong Bay National Park은 1962년 베트남 전쟁 중에 도만카Do Manh Kha 씨의 노력으로 지정되었고 1994년에 그 아름다운 절경으로 유네스코가 세계 문화유산으로 지정하였다. 전설에 따르면 하롱Halong, 下龍은 한 무리의 용이 하늘에서 바다로 내려와서 외세의 침략으로부터 나라를 구하고 백성을 구했으며, 침략자들과 싸우기 위해서 내뱉은 보석들이 이렇게 아름다운 섬들이 되었다는 것이다.

베트남 해역은 인도차이나반도의 동남쪽 해안을 점유하고 있다. 이것만으로 베트남은 주로 중국, 대만, 필리핀으로 둘러싸인 남중국해의 북서편에 북위 6°~22° 사이에 위치하는 방대한 해안선과 해역을 지니는 해양국가라고 할 수 있다. 하롱베이는 통킨만 북서편에 위치하고 있다. 통킨만은 중국의 최남단 반도와 해남도로 쌓여 있는 커다란 만이다.

하롱베이는 베트남의 수도 하노이에서 180km 떨어져 있는 해양 풍치지구이다. 베트남의 해안선은 남북으로 2,000여km 늘어진 S자형으로 쭉 뻗어 있어서 단조로워 보이지만 남중국해와 보르네오해와 접하고 있고 나아가서는 시암만의 만구 부분을 점유하고 있다. 이와 같이 열대와 아열대에 있는 위도상 차이가 큰 해역이어서 생물학적 종의 다

안개 속에 하롱베이만에 겹겹이 보여지는 작은 섬들

베트남 하롱베이만에서 보여지는 어느 섬의 자태

베트남, 하롱베이 해역의 어부

양성도 크지 않을 수 없다.

　하롱베이는 베트남의 해양환경 자원의 명미이다. 유네스코가 지정한 해양자연 풍치지역으로서 3천여 개의 섬이 약 1,554km^{2}의 면적에 첩첩이 들어있고, 그들 중에는 기암괴석으로 해면에 나타나고 있어서, 해상에 수석을 전시해 놓은 듯 환상적인 경치를 이루는 해역이다. 이 섬들은 석회석으로 되어 있으며 다도해의 절경을 이루고 있는데, 이 해역의 평균 수심은 20m 정도이다. 바닷물은 투명하고 옥색내지 에메랄드 색깔을 하고 있다.

　하롱베이의 섬들은 자연 그대로 보전되고 있으나 잘 개발되어 전망대를 갖추고 있는 섬이 있다. 이것은 호치민과 친분이 있고 베트남 발전에 기여한 러시아인에게 양여해준 섬이라고 한다. 이 섬은 인공 모래사장과 해수욕장의 좋은 시설을 갖추고 있다. 이 해역은 22~25℃ 정도의 따뜻한 수온을 지니고 있어서 해상 레저스포츠에 아주 적격인 곳이

하롱베이에서 사용되는 어구들

기도 하다.

식물성 플랑크톤의 대 발생이 진행되고 있어서 수색은 탁하면서도 청록색blue·green의 물꽃water bloom을 이루고 있다.

이 해역에서 어획되는 해산물로는 다금바리, 도미류, 한치류를 비롯한 바다가재류, 새우류인 갑각류, 대합을 비롯한 조개류 그 밖에 대소의 다양한 어류가 생산되고 있다. 다른 한편으로 이곳은 수심이 아주 낮아서 어류의 자연양식장으로도 활용될 수 있는 해양환경을 지니고 있다.

하롱베이의 항구시설은 아주 원시적으로 20~30톤 정도 되는 목선이 항구에 무질서하게 가득 채워져 있다. 승·하선이 번거롭고 시설이 열악하기 짝이 없다. 이들 목선은 모두 건조된지 오래된 낡은 것들이지만 관광객을 위한 쿠르즈선이며 동력을 장착하여 40~50여 명을 탑승시킬 수 있는 선박이 주류를 이루고 있다.

4. 싱가포르 해역의 자연과 생물

1) 싱가포르의 바다 자연

싱가포르해협Singapore strait은 좁은 의미로는 싱가포르섬과 리아우 제도 사이에 위치하는 길이가 80km이고, 폭이 16km 정도의 해협이다. 그러나 크게 보자면 남지나해와 말레카해협을 잇고, 아시아 대륙의 남동부와 호주대륙사이, 다시 말해서 인도양과 태평양을 연결하는 항로의 요충지이다. 이 해역은 세계 최대의 도서군을 이루는 다도해의 자연을 이루고 있으며, 암초가 너무 많아 항해에 특별한 주의가 요망되는 해역이다.

싱가포르 해역은 열대성 기온으로 인하여 해수의 온도가 높다. 생물학적으로는 다양한 종류의 산호초corol reef가 서식하는 환경이다. 이곳 열대 해역에서는 따뜻한 수온, 풍부한 태양광선과 영양염류로 인하여 식물 플랑크톤의 번식이 왕성하다. 따라서 제1차 생산량이 많음은 물론, 제2차 내지 제3차 해양 생산력marine productivity도 우수한 해역이다.

싱가포르 해역은 우리나라의 남해안처럼 천해역을 이루고 있다. 싱가포르국은 말레이시아 반도의 맨 끝에 붙어 있는 섬이다. 싱가포르 해역에는 선박의 출입이 대단히 많아서 동서 해상교통의 요지이며, 자유무역항으로서 번창한 도시국가이다.

항구에는 선박이 만원이며, 항구 밖의 외해에는 수많은 대형 화물선이 즐비하게 정박하고 있다. 해수의 색깔은 탁하고 투명하지 않으며, 짙은 청색을 나타내고 있다. 이것은 해양오염의 심각성을 나타내는 것이기도 하다. 선박의 왕래로부터 인출되는 선박쓰레기, 즉 스티로폼류, 종이 상자류, 비닐류, 나무 조각류 등의 오염원이 해면에 산재되어 있음을 볼 수 있다.

싱가포르 시내에는 어느 곳이든 휴지 하나 없이 깨끗하나 이것은 엄격한 법의 통제 효과로써 휴지를 버리고 오염행위를 하면 벌금이 많고, 가혹한 벌칙이 가해지기 때문이다. 그러나 바다는 이러한 법의 집행이 어려워서인지 육상과는 대조적으로 보인다.

2) 싱가포르의 바다 문화

싱가포르Singapore라는 말은 "사자의 도시city of lions"라는 말이다. 싱가포르 적도 바로 북쪽에 위치하는 인구는 310여 만, 면적은 581km² 에 불과한 아주 작은 섬나라인 동시에 도시국가이다. 싱가포르는 1965년 8월에 조흐르해협straits of Johor을 말레이시아와 사이에 두고 독립한 나라이다. 조흐르해협은 양안의 거리가 불과 1km 정도의 좁은 수로이며, 양안의 경관은 열대 지역의 수목으로 울창하다. 물론 이 해협에도 수많은 선박의 왕래로 수질이 탁하다.

이렇게 작은 나라이지만, 싱가포르 식물원botanical garden은 면적이 무려 328km²나 되고, 산의 높이는 127~254m에 불과하다. 싱가포르 식물원은 열대지방 식물원으로서 명성이 있으며, 특히 난초과 식물이 많으며, 야자류, 무화과, 대나무과의 식물을 많이 소장하고 있다. 식물 표본은 15,000여 점을 소장하고 있다. 특히 국립 난초과 정원national orchid garden에서는 700여 종 이상의 난초와 2,100여 종류 이상의 잡종 난초가 서식하고 있다.

기후는 봄, 여름, 가을, 겨울이 분명하지 않으며, 건기와 우기로 나뉘어지지만 그 구별이 분명치 않은 해양성 열대지방이다. 여름의 최고 평균 기온은 31℃이고, 겨울의 최저 평균 기온은 24℃ 정도이다. 연평

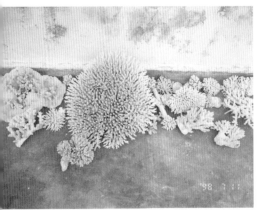

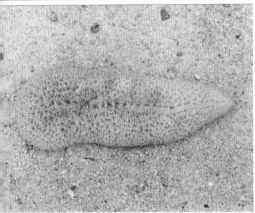

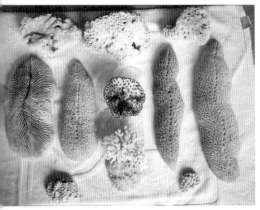

싱가포르 해역에 자생하는 산호초 종류

균 강우량은 2,500mm 정도로 열대우림 지역을 이룬다. 싱가포르 본섬을 비롯하여 40여 개의 부속도서에서는 수목이 울창하게 자라고 있다.

싱가포르는 해양학과 해양문화가 발달되어 있다. 센토사섬Sentosa Island은 본섬과 500여m 거리에 있으며 케이블카cable car로 연결되고 있다. 이 섬의 명물 중의 하나는 해양 수족관underwater world으로서 아주 훌륭하게 건설되어 운영되고 있다.

이 수족관에는 각종 어류, 특히 상어류, 심해어류 및 열대어류 등 6,000여 개체, 약 350여 종류가 전시되고 있다. 해저 5m 깊이에 투명 아크릴의 대형 수족관을 터널로 만들어 그 속을 지나면서 해양생태계를 느끼도록 하고 있다. 관람객은 에스컬레이터를 타고 83m 길이의 터널을 지나면서 관람을 한다. 또한 수족관의 일부 전시장은 거울로 설비되어 있어서 전시효과를 다양화하고 있다. 관광터널의 수족관 천정에는 회유하는 대·소의 각종어류를 관찰할 수 있음으로써 해양생물의 생태학적 성격을 시각적으로 드러내 주고 있다.

해양문화 중의 다른 하나로는 머라이언 쇼Merlion show로서 센토사 섬의 명물인 동시에 싱가포르의 상징적인 쇼이다. 이것은 자연 환경, 물빛, 불빛 등이 어우러진 밤의 바닷가 물꽃 놀이라고 할 수 있다. 물이 물리적으로 여러 가지 형태를 나타내는데, 분수의 물줄기가 밤의 어둠, 주위 환경의 조명, 빛과 분수 물줄기의 파동, 각종 주제 음악의 음률적 조화와 어울려서 대단히 독특하고 환상적인 분위기를 창출하고 있다. 물과 빛의 음악이 일대의 수족을 배경으로 이루어지는 기연기하여 성격과 예술이 접목되어 경이로운 면을 보이고 있다.

싱가포르 대학교의 생물 과학관에는 산호 연구 센터가 시각적으로 잘 드러나 보인다. 산호 연구에 수십 년의 세월을 보내고 있는 Chon Loke Ming 교수는 좋은 연구 분위기의 연구실과 실험실을 운영하고 있다. 이 교수는 산호초의 연구, 즉 산호의 분류·생태의 연구에 심혈을 기울이고 있다. 그의 연구결과는 분류학적 도판으로 제작되어 전시되고 있다. 또한 생물학과의 열대어 연구실, 담수어 연구실, 제1차 생산 연구실 등이 활발하게 연구 활동을 하고 있다. 생물학과에는 석사·박사 과정에서 연구하는 생물학과의 대학원 학생 수효가 150여 명이나 되고, 교수의 수효는 40여 명이나 된다. 그리고 대학 부설 자연사 박물관에 적지 않은 자료가 수집되어 있다.

싱가포르 대학교는 전자공학을 집중적으로 육성하고 있고, 금융 산업과 관광 사업을 국제적인 수준으로 발전시키는데 주력하고 있다. 그 결과 이곳을 찾는 관광객의 수효도 1년에 일천만 명이 넘는다고 한다.

싱가포르에는 2개의 대학교가 있는데, 싱가포르 국립대학교의 부지는 약 600헥타르로 180만 평 정도라고 한다. 광활한 부지에 인문·사회·과학·공학 등 여러 분야의 학문을 종합적으로 교육하며, 연구하고 있다. 특히 전자공학 분야와 컴퓨터 공학 분야의 학문은 국가적 차원에서 집중 육성하여 대단히 발달되어 있다.

이 대학교에는 2만여 명의 학생이 공부하고 있으며, 교수도 2,000여 명이라고 한다. 대학 전체의 연구 분위기가 우수하며, 교수의 대우도 아주 좋다. 월급이 5만~8만 불 정도이다. 인구가 300만 정도의 작은 나라이지만, 하나의 대학 캠퍼스가 방대한 교지를 소유하고 있으며, 교내의 이동에도 자동차가 필수적이다. 캠퍼스의 조경도 역시 열대성 초목으로 꾸며져 나름대로 아름답다.

대학 사회가 이런 특권을 누리고 있지만, 실제로 싱가포르는 대단히 작은 나라로서 이와 같이 높은 국민 수준을 유지하기 위해서는 각계각층의 모든 국민이 철저한 준법정신 하에 열심히 일하고 있다. 협소한 국토는 집과, 콘도미움을 가장 비싸게 만들고 있고, 자동차의 소유도 비싼 대가를 치르고 있다.

3) 노맨섬의 자연

인도네시아의 노맨섬은 바탐섬Batam Island에 아주 근접해 있는 작은 부속도서로서 명칭상으로는 무인도이지만, 실제로는 3~4가구가 이주해서 정착하고 있다. 노맨섬의 자연과 바탐섬의 자연은 거의 동일하거나 대동소이하다고 할 수 있다.

바탐섬은 싱가포르의 본섬 정도의 크기로서 인구는 5만 정도 살고 있다. 바탐섬은 싱가포르섬에서 25km 거리에 있으며, 배로 45분 정도 소요된다. 인도네시아는 대단히 많은 대·소의 섬으로 이루어진 도서국가로서, 약 25,000여 개의 섬으로 구성되어 있다고 한다.

노맨섬의 해역은 싱가포르 수역과 크게 다를 바 없지만, 인구가 적고 개발이 되어 있지 않아 해양오염이 적으며, 자연경관이 크게 훼손되어 있지 않은 편이다. 해수는 상당히 투명하여 청정수역을 이루고 있다. 바탐섬과 노맨섬의 거리는 불과 1~2km 거리이며, 얕은 수역으로서 수상스키, 윈드서핑, 낚시, 보트 놀이 등 각종 레저 스포츠가 활발하게 이루어지고 있는 수역이다.

노맨섬의 자연은 열대우림 지역의 성격으로부터 바다의 성격과 육상의 자연경관이 잘 조화되어 있다. 상하常夏의 초목은 풍부한 강우량으로 인하여 풍성한 식생경관을 표출하고 있다. 그리고 해변의 바닷물이 들고 나는 간조대에서는 홍수림이 자생하여 이곳의 독특한 자연경관을 이루고 있다.

해수에는 오염원이 비교적 적으며, 수온은 30℃ 전후이고, 천해의 풍부한 영양염류의 공급은 식물 플랑크톤의 번식을 아주 좋게 하고 있다. 수색은 비교적 탁하지만, 진한 청록색을 나타내고 있다. 그러나 해조류의 식생은 대단히 단조롭고 외관상으로 모자반류Sargassum의 서식이 왕성하여 모래사장에 다량으로 집적되어 있는 것을 관찰할 수 있다.

이 해역에는 물론 산호초가 왕성하게 서식하고 있으며 필리핀, 괌, 하와이, 파나마 등 열대 해역의 산호초 환경권에 속하고 있다. 또한 모래사장은 산호초의 잔해로 이루어져 있다. 어류로는 도미류와 농어류가 많이 서식하고 있으며, 저서 생물로는 게류crabs의 서식을 쉽게 관찰할 수 있다.

5. 대만의 자연, 바다 그리고 양식업

1) 대만의 자연

대만은 우리나라의 경상남북도 정도의 면적을 가지며(35,961km²), 북회귀선(23°)이 섬의 남쪽중앙부분을 지나고 있어서 일반적으로 아열대성 기후를 나타내고 있으나, 남부지역은 열대성의 성격을 나타내고 있다. 대만의 대도시는 섬의 연안을 따라서 발달되어 있는데, 이것은 산악으로 이루어진 내륙에 교통망이 형성되지 못하고, 열대성 폭서가 없는 온후한 해양성 기후에 따른 것이다.

타이완섬은 지형적으로 동고서저東高西低 현상을 나타내는데, 서쪽으로는 평원을 이루고, 동쪽으로는 고산高山이 해안선에 바짝 달라붙어 있어서 해안은 급경사를 이루고 있다. 따라서 동부의 해안도로는 절벽의 산에 꼬불꼬불하게 또는 터널식으로 일차선 정도의 도로가 있을 뿐이다.

타이완 면적의 70%는 산악이어서, 마치 섬 자체가 거대한 산맥으로 이루어져 있는 셈이다. 옥산은 무려 3,997m나 되는 고산高山이며 동서東西를 잇는 교통망이 극히 적어서 거의 두절되어 있다시피 하다.

타이완섬의 생물자원은 대단히 풍부하다. 위도상으로 열대·아열대 지방의 풍요로운 생물상을 나타내고 있을 뿐 아니라, 해양성의 온화한 기후에 따른 온대성 생물 또한 고산高山의 한랭한 지역에서 자생하는 고산성 동·식물에 이르기까지 기후적인 다양성, 산악의 고저에 따른 다양성, 위도적인 다양성으로 광범위한 동·식물의 종種이 분포되어 있는 것이다.

특히 열대·아열대성의 풍부한 태양광선은 연중年中 식물의 왕성한 생장을 유도한다. 농작물은 3모작이 가능하고, 또한 다양한 종류의 열대 과일의 생산도 풍요롭다. 바나나, 리치, 야자, 구아버, 망과, 파인애플, 포도 등은 괄목할 만하다.

리치(예枝 : *Litchi chinensis*)는 아열대 과일로서 남북회귀선 부근에서 생산된다. 풍부한 단백질과 비타민을 함유하고 있으며, 맛이 좋다. 망고mango 芒果 : *Mangifera indica*는 이 나라에서 대단히 풍부하게 생산되며, 풍미가 독특하고 과육과 과즙이 많다.

대만의 대도시는 타이완섬의 북쪽으로부터 기륭시, 대북시Taipei, 대중시, 대남시, 고웅시 등인데 서부에 위치한다. 섬의 동남부에 있는 대동시Taitung는 인구 10만 정도이며, 완전한 열대지역으로 생물경관이 아름답게 보여지는 도시이다.

화련은 동북부에 위치하는 관광도시이다. 여기에는 타로코Taroco라는 국립공원이 있다. 자연환경으로는 대리석으로 산악山岳을 이루고 있으며, 산이 높고 골이 깊어서 자연경관은 아름다운 절경을 이룬다.

대만의 해안에서 이루어진 홍수림의 숲

대만에 자생하는 홍수림과 뗏목 같은 배의 모습

　　타이완 산맥은 비교적 많은 하천을 주로 동서방향으로 이루게 하고
있다. 그러나 하천의 길이나 수량水量에 있어서 대하大河를 이루고 있지
않다. 짧은 강에는 소량小量의 하천수河川水가 흐르거나, 건기에는 하상
이 말라 있는 하천도 적지 않다. 하구河口지역은 광활한 평야로 이루어
져 있으며, 여기에는 수산양식이 대단히 왕성하게 이루어지고 있다. 특
별히 눈에 띄는 것은 다리의 길이가 길고 육중하게 건설되어 있다는 점
이다.

　　대북시의 북단에 위치하는 3대 하천 중의 담수하淡水河, Tanshui river
는 총길이가 159km인데, 하구河口에 홍수림紅樹林을 지니고 있어서 약
55ha를 자연보호구역으로 지정하고 있다. 이러한 홍수림의 하구역河口

域은 이 나라의 서부의 하구지역에서 여러 군데서 찾아볼 수 있으며, 타이중시台中市의 인근에서도 볼 수 있다. 이들은 자연보호의 측면에서 소중하게 보호되고 있으며, 자연 학습원으로 지정되어 있다. 이곳에는 다양한 새鳥 종류가 서식하고 있다. 어린 학생들에게 새소리와 함께 벌레소리를 듣기 위한 학습원으로도 활용되고 있다.

2) 수산양식의 보편화

대만의 어촌에는 수산양식이 잘 보급되어 있다. 이 분야의 연구나 실제적인 수확은 놀라울 정도이다. 섬의 서부지역에 펼쳐지는 수륙의 평원은 꽤 광활하다. 바다와 육지의 사방에 펼쳐지는 수평선은 바로 수산양식장으로 활용되는 옥토다. 특히 하구를 낀 평야에는 새우, 전복, 게 등의 양식이 왕성하다.

다른 예로는, 오리의 양식도 연못단지에서 하는데, 대량 생산되고 있다. 경제성이 있는 녹조류綠藻類와 홍조류紅藻類의 양식도 마찬가지로 잘 이루어지고 있다. 이것뿐만 아니라, 하구 도처의 넓은 조간대 평야에는 대형의 굴 양식단지가 펼쳐져 있다.

대만의 섬에는 바다와 접하고 있는 곳은 바다양식과 어업으로, 바닷물이 닿지 않는 곳은 지하수를 끌어내서 하는 내수면 양식으로, 소득이 될 수 있는 곳이면 어느 곳이든지, 수산水産에 전력투구하는 모습이다.

태평양과 동지나해를 접하고 있는 이 나라의 어업은 대단히 왕성하여, 질적으로는 어류의 종류가 다양하며, 양적으로는 경제에 크게 기여하고 있다. 잡어는 양질의 수산용 어분을 생산하여 외국으로 수출하고 있다.

이 나라에서는 미세조류microalgae의 양식도 대단히 발달되어 있다. 특히 클로렐라*Cholrella*의 양식을 비롯하여 녹조류와 남조류blue green algae의 대량 생산mass production이 이루어지며, 알맞은 공정을 통하여 정제된 영양식품으로 개발되고 있다.

타이완의 고웅시는 바다를 낀 공업단지를 가지고 있어서 오염문제가 제기되고 있지만, 이 도시의 바로 남쪽에 있는 퉁깡Tung Kang시의 국립수산연구소는 그 규모나 시설, 연구 인력과 업적이 좋은 연구기관이다. 특히 국가 차원에서 수산양식을 선도하는 전문 연구기관이다. 이 연구소는 5~6ha 정도의 바닷가 부지에 연구기능을 수행하는 건물과 넓은 면적의 양식장으로 되어 있다. 연구소의 정원은 커다란 야자수의 숲으로 조경되어 있어서 열대성 기후의 특성을 드러내고 있다.

이 연구소에는 연구원 개개인의 연구 실험실, 어류 표본실, 수족관, 자료 전시실, 도서실, 식당, 연구원 숙소guest house 등의 시설을 갖추고 있다. 5층 건물의 비교적 넓은 면적 속에 연구 활동이 원활하게 이루어지고 있다. 숙소는 위층에 있는데, 좋은 호텔만큼이나 시설이 되어 있다. 연구소 옥상의 밤은 상당히 정취가 있다. 저자는 일정(1990년)을 마친 늦은 밤에서야 사방이 탁 트인 옥상에서 시원한 바닷바람을 쏘일 수 있었다. 퉁깡만 항구의 연안 불빛은 정말 아름다움을 선사하는 불야성처럼 보였다. 남쪽 나라의 전경을 만끽할 수 있었다.

이 연구소 안에서 운영하는 양식장도 상당히 크다. 새우, 틸라피아, 참치 미끼용으로 쓰이는 밀크 피쉬milk fish(대만 특산어종)가 양식되고 있고, 여러 종류의 열대성 어류가 일시 축양되고 있다. 특히 건물의 옥상에서 내려다보이는 수조와 조경, 산소 공급용 물 풍차의 하얀 물방울은 좋은 경관을 이루고 있다. 이 지역의 하구자연과 양식현상을 일일이 돌아보고 나니 '참으로 굉장하다'는 표현이 적당하다.

우리나라의 수산양식과 비교하여 몇 가지 열거하면 다음과 같다.

첫 번째, 대만의 수산양식의 역사는 우리의 것보다 역사가 길고 전통이 있다.

두 번째, 이 나라에서는 수산양식을 마치, 우리나라의 벼농사처럼 수행하고 있다. 이에 따른 관계시설과 수로가 발달되어 있다.

세 번째, 그들은 있는 그대로의 자연 환경을 최대한으로 적당하게 잘 활용함으로써 인위적인 투자를 극소화하는 반면에, 우리의 경우에는 엄청난 시설투자를 하고 있다.

네 번째, 그들은 그냥 논밭을 쉽게 개조하여 1m 이내의 수심속의 자연수조 또는 연못에서 양식을 하고 있으나, 우리의 경우에는 양식장이나 수조가 시멘트 풀장이나 에프알피FRP 수조를 쓰고 있어서 양식면적이 극히 적은 편이다.

다섯 번째, 양식 어류에게 산소공급을 위하여 부표위에 간단한 물풍차를 돌림으로써 산소도 제공하고, 물의 순환도 유도하고 있다.

여섯 번째, 양식장의 경영방법 면에서, 대만에서는 조방적 대단위 양식형태를 취하는 반면에, 우리의 경우는 집약적 밀집 양식으로써 소규모 공간을 활용한다.

일곱 번째, 대만에서는 새우 양식의 생산량이 10만 톤이나 되며, 게 종류, 전복 등의 양식이 특히 많다. 새우 양식에는 연작으로 질병이 돌아 상당한 피해를 보고 있다.

여덟 번째, 하구지역의 양식장 수질은 염도가 15‰ 정도로 담수와 해수를 섞어서 양식하고 있다. 수온은 미세조류microalgae가 연중 대량 번식할 만큼 높다. 물의 색깔은 진한 청록색을 띠고 있으며, 외견상으로 스프처럼 걸쭉하다.

아홉 번째, 양식장의 수질 환경상으로 어병 발생에 필요충분조건이 갖추어져 있어서 심각한 소득 저해를 받고 있다. 박테리아bacteria의 대발생에 따른 어병도 있고, 바이러스virus의 발생으로 인한 어병도 있으

며, 쌍편모조류dinoflagellates의 대발생과 함께 이들이 내놓는 독소toxin
에 의해서 양식 어류가 전멸하는 경우도 있다.

열 번째, 대단위 전복 양식장의 경우, 수조의 설비는 시멘트 수조의
칸막이로 되어 있다. 대개의 경우 수조는 계단식으로 수면의 높이가 다
르게 설계되어 있다. 먹이는 양식장에서 길러낸 홍조류를 쓰고 있으며,
다른 한편으로는 염장된 미역을 섞어서 먹이고 있다.

3) 대만인의 생활풍토

(1) 대만의 여성과 중국요리

일반적으로 중국에는 미인이 많다고 한다. 실제로 거리에서, 시장
에서 스치고 지나는 사람들에게서 느끼는 인상적인 점은 이 나라 여성
의 활달한 모습들이다. 우선 새까만 눈매가 반짝거리고, 체격이 서양의
여성처럼 미끈하다. 호텔의 식당에서 저녁식사를 하는데도 분위기는
상당히 부드럽다. 특히 여자 가수들은 무대에서 반주에 맞추어 연속적
으로 노래를 불러 준다. 그들은 양쪽 허리까지 터놓은 치마를 입거나,
대담하게 노출된 옷차림으로 또는 매혹적인 야회복 차림으로 가요를
가슴에 와 닿도록 불러댄다. 이국생활의 마음을 흐트러뜨릴 수 있는 분
위기이다. 식당의 무대 앞좌석에서 비프스테이크를 먹는 둥 마는 둥 시
간을 보내다가, 강연 준비로 아쉽게 일어나 카운터로 나오니 노래를 마
친 가수는 미소를 띠며, 우아하게 손을 흔들어 준다.

대만은 여권이 세고, 여성의 지위와 사회 참여가 대단히 활발하다
고 한다. 공항의 검사원, 주유소에서 급유하는 사람, 고속도로의 톨게
이트 직원, 사무원, 교수 등 여성의 활동을 도처에서 쉽게 찾아볼 수 있
다. 유학생의 말에 의하면, 여자가 남자를 데리고 사는 사회라고 한다.

흔히 남자는 집에서 식사도 준비하고, 아이들의 기저귀도 빨고, 집안 살림을 한다. 남자가 아이까지 낳아줄 수 있다면 여성 천국이 될 듯하다고 한다. 그런데 다른 측면에서 보면, 여자들은 도로공사, 다리를 놓는 토목공사 또는 상여를 메는 상두군에 이르기까지 사회적으로 궂은 일도 맡아서 처리한다. 여권女權이 강한 만큼, 사회 참여도가 높은 만큼, 책임도 의무도 그만큼 많다는 것을 느끼게 한다.

일반적으로 대만의 여성은 사회적으로 직업을 확보하여, 경제적으로 자립하고 인생을 즐기며 산다. 대북시에서는 세계적으로 이혼율이 높다고 한다. 그런가 하면, 살아보지 않고 결혼을 하는 것은 인생에 있어서 모험이라고 한다. 젊은이들은 많은 경우 동거를 하며 인생을 즐기지만, 쉽게 결혼은 하지 않는다. 동양적이라기보다는 서구적 의식에 가깝다.

중국에는 음식문화가 발달되어 있다. 일반적으로, 음식은 기름지고 고급이어서 맛과 품위, 그 다양성은 세계적으로 유명하다. 광활한 중국의 지역에 따라 요리의 이름이 정하여지고, 특색이 공인되어 있다. 사실 인류가 살아가는데 제일 중요한 것은 먹는 것이고, 다음에는 인생을 즐기는 것 아닌가? 그 하나는 오랜 세월 동안 발달되어 세계적인 요리로 명성을 얻었고, 다른 하나는 오묘한 절세의 방중술로 발달되었다면, 이 나라의 문화는 역시 우수하게 발달된 것이 아닌가 생각된다.

타이완 중부의 요리는 주로 상해요리가 많다. 특색은 스프에 단맛과 짠맛을 함께 낸다. 이 요리는 절강요리와 함께 유명한 해물요리로서 명성을 지니고 있다. 섬의 서부 요리는 사천四川요리와 호남湖南요리가 주류인데, 기름기가 많고, 초, 후추, 참기름, 향료를 써서 풍미에 역점을 둔다. 섬의 남부에는 광동廣東요리와 복건福建요리가 주류라고 한다.

복건요리는 주로 해산물로 만드는데 맛이 담백하지만, 색채가 아름답고 모양이 정교하다. 특히 복건요리 중에는 바다제비집의 스프와 상어지느러미의 스프가 유명하다. 광동 요리는 단맛을 내는데 조미에 우수하다고 한다. 그런데 우리에게 친숙한 북경요리는 타이완 사람들에게는 비교적 인기가 적고, 맛이 없다는 말도 있다. 저자는 보름 정도 체류했지만, 지역에 따라 요리의 다양성이 크고, 질이 우수하다는 것을 알 수 있었다.

(2) 고궁박물관과 야시장

고궁박물관은 고도로 발달되어 있는 중국인의 유산이다. 이곳에 전시된 작품은 그 시대의 제작자가 임금에게 상납한 최고급의 것이지만, 그 제작과정은 작가의 뛰어난 예술성에 오랜 세월 동안 심혈을 기울여 인생의 멋과 한을 정교하게 표현하고 있다. 어떤 것은 지극히 섬세하고, 어떤 것은 웅장하기 이를 데 없어서 마치 인생의 극대치를 만나는 것 같다. 오늘날 여기에 전시되고 있는 예술품은 시공간을 뛰어 넘은 불후의 걸작이 아닐 수 없다. 한마디로 이곳의 예술품들은 철저한 장인 기질의 심도가 깊은 것이다. 박물관 자체가 웅장하거나 화려해서가 아니고, 한민족漢民族 문화예술의 총 집산이라고 할 수 있을 만큼 대단한 심도와 다양성을 지니고 있다.

대북 시내의 야시장은 또 다른 국면을 보여주고 있다. 인간은 언제, 어디서, 무엇을 하며 살아가든지 아름다움과 정결함만 또는 선하고 착함만 있는 것도 아닌 것이 확실하다. 살아가는 데는 지저분함도, 더럽고 구질구질한 것도, 잡스러운 것도 있게 마련이며, 때로는 얼굴이 찌그러지는 일도 적지 않다. 그러면서도 그 속에서 먹고, 마시고, 사랑하고, 살아간다. 그런 속성의 표현이 바로 대북의 야시장에서, 찬란하게 불을 밝힌 구석구석의 상점에서 보여지는 것이다. 야시장의 노점 음식점에 모인 사람들은 별 이상스러운 것도 다 먹는데, 안 먹는 것이 없어 보일 정도이다. 정력을 위해서, 불치의 병을 퇴치하기 위해서, 무병

장수하기 위해서, 인간의 궁극적인 본능을 자극하기 위해서 일례를 들면, 열대의 거대한 구렁이를, 독사를, 코브라를 떡고물 주무르듯이 하며, 목에, 머리에 빙글빙글 돌리다가, 독을 올려 껍데기를 벗기고 무슨 쓸개를 또는 생식기를 떼어내어 독주에 섞어서 몰려있는 구경꾼에게 돌려가면서 맛을 보여준다. 여러 가지 주위환경과 여건상으로 보아 지저분하고 구지레한 광경이다. 게다가 날씨가 더워 진땀이 나는 가운데, 휘황찬란한 전기불로부터는 열이 심하게 발산되고, 둘러싸인 군중 속의 장사꾼은 마이크에 더욱 뜨거운 열변을 실어 퍼뜨린다.

(3) 도시의 오염과 농촌

대북시는 수도로서 인구가 3백만 명 정도라고 한다. 낙후된 건물도 많은 번거로운 도시이다. 이곳의 5~6월은 우수기에 해당되어서인지 햇빛이 나지 않는 중에 습도가 대단히 높아서 불쾌한 무더움이 계속된다. 시내의 거리는 자동차의 수효에 비하여 협소하고 비좁기만 하다. 어떤 거리는 건물 일층을 보도로 개조하였는데 오토바이의 주차장 역할을 하지만, 때로는 도보에도 상당한 지장을 준다. 환경공해 면으로는 우기의 구름과 함께 스모그smog현상을 이루고 있어 햇빛을 상당히 가린다. 기분적으로도 무척 답답하게 느껴진다. 또한 자동차의 물결도 공해이지만, 유난히 많은 오토바이의 소음과 배기가스는 고통스러울 정도로 대기를 탁하게 만들고 있다.

그러나 타이베이를 벗어난 농어촌에 들어서게 되면, 위에 열거한 것과는 대조적이다. 우선 열대성의 풍부한 광합성 작용으로 인한 푸름이 뒤덮인 녹원이다. 이것은 바로 맑고 신선한 공기를 마실 수 있는 근원으로서 공해와는 거리가 멀다.

다음으로는, 농촌으로부터 풍겨 나오는 부유함이다(시골집들이 초라하거나 왜소하고, 주변의 여건이 구지레하고 지저분한 인상은 거의 없다). 이것은 사회 전체가 골고루 잘 살아가고 있는 것을 보여주는 것이라 하겠다. 그들의 말에 따르면, 장관이나 직원 사이에서도 봉급 차이가 그렇게 현격하지 않다는 것은 아마도 도시와 농어촌의 격차가 심하지 않다는 것을 의미하는 것 같기도 하다.

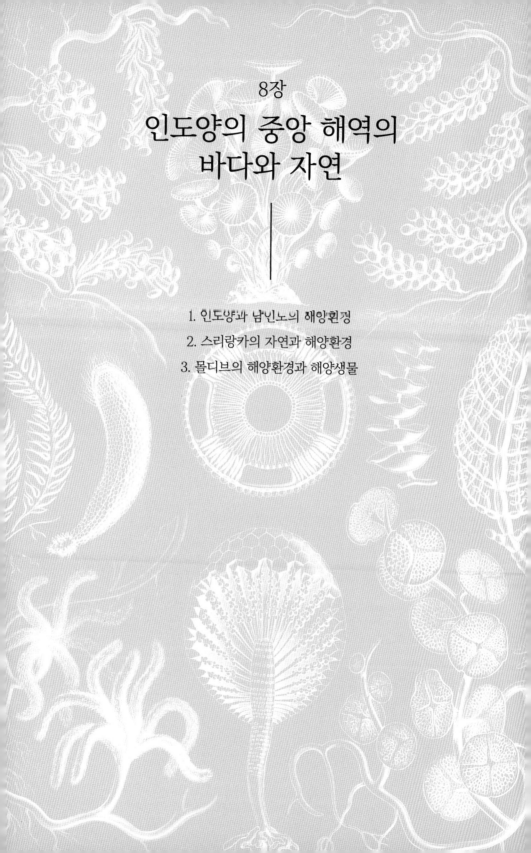

8장
인도양의 중앙 해역의
바다와 자연

1. 인도양과 남인도의 해양환경

인도양은 세계 3대 해양으로서 태평양의 16,525만km²의 절반에 가까운 7,344만km²의 면적을 가지고 있어서 남한 면적의 740배에 해당한다. 그리고 대서양의 8,244만km²와는 거의 비슷한 크기를 지니고 있다. 인도양에서 최대 수심은 7,450m로서 자바해구의 순다 심연이고 평균 수심은 3,963m이다. 인도양은 지구 해양 면적의 20%에 해당하며, 동서 즉 아프리카 남단과 오스트레일리아 서안까지는 1만여km의 폭을 지니고 있다.

인도양은 북쪽으로는 아시아 대륙에 가로 막혀서 북위 23°까지만 뻗어있다. 그런데 북쪽 인도양의 중앙부위에는 거의 정삼각형의 인도반도가 돌출되어 있다. 인도반도의 서쪽으로는 아라비아해를 이루고, 동쪽으로는 벵골만을 이루고 있다. 남인도, 몰디브, 스리랑카 등의 해역은 완전히 열대지방이어서 해수의 표층 온도가 상승될 수밖에 없는 해역이다. 따라서 해저에서 유입되는 물덩이water mass는 해류를 일으키고, 이러한 해류는 해수의 수문학적 성격에 의해서 수온, 염도, 밀도의 역전 현상, 즉 용승현상upwelling이 발생하여 해양생물의 대규모 번성을 유도하기도 한다. 인도양의 남반구에서는 북반구에서와는 달리 온대 해역과 한대 해역이 연결되어 있으며 남극 대륙의 영향을 받는다.

인도의 면적은 약 329만km²이며, 인구가 약 10억 이상 되는 거대한 국가이다. 기후상으로는 남부의 열대 해양성으로부터 북부의 고산성 한대기후에 이르기까지 다양하다. 대부분의 국토는 온대성 기후대를 이루고 있다. 지리적으로 크게 보아서 인도양으로 돌출한 거대한 반도 국가이다. 인도의 남쪽바다는 몰디브와 스리랑카를 이웃하고 있다. 인도양에만 방대한 해안선을 지니고 있는 이 나라는 인도양의 절대적인 영향권속에 놓여 있다.

남인도 마리나 해안의 전경

마리나 해안의 어촌 모습으로 빈민굴로 보인다

남인도의 해안은 인도양의 한 가운데 위치하는 중심 해역과 접하고 있다. 남인도의 마리나 해안의 자연환경을 살펴보면 다음과 같다.

마리나 해안은 광활하게 넓은 모래사장을 이루고 있는데 폭은 1km에서 수킬로미터이며 길이는 무려 수십 킬로미터에 달한다. 이곳의 파도는 대단히 강하고 파도의 골이 깊다. 파도의 높낮이는 두드러지게 차이가 커 보인다. 오후가 되면 이러한 현상이 더 심하다. 이것은 해류가 강하고 연안의 수심도 상당히 깊은 것으로 사료된다. 좋은 백사장과 수많은 사람이 해안에 운집해 있어도 수영을 하는 사람은 아주 적다. 이것은 거친 파도를 헤치고 수영하는 것이 부적절하기 때문이다.

수온은 따뜻하여 25~30℃ 정도이다. 수색은 심해성으로 진한 청색을 이루고 있으며 바닷물 자체가 청정하다. 투명도도 상당히 좋다. 해안에서 보통 관찰되는 해양생물의 잔재인 패류·해조류 등의 흔적을 전혀 찾아볼 수 없는 빈해를 이루고 있다.

열대의 화창하고 작렬하는 태양광선과 대단히 잘 정비된 마리나 해변의 모래사장은 특이하다. 모래입자도 상당히 곱다. 천연의 모래인지 의문이 간다. 외부의 모래가 유입되어 조성된 것 같다. 어떻든 방대한 면적을 잘 정비한 해변으로서 인도양의 특색을 보이고 있다.

마리나해변의 한쪽 끝에는 항만 또는 해변관리 기관과 관측 탑이 있다. 그리고 연안에서 20~30km 떨어진 원양에는 대형선박이 정박해 있다.

이 해안의 해변도로는 고속도로로 건설되어 있다. 해안 바로 옆에는 어민촌이 형성되어 있는데, 완전히 빈민굴로서 어업으로 인한 소득이 거의 없음을 드러내 보이고 있다. 이곳에서 생산되는 어류는 갈치, 병어, 꼴뚜기 등의 어류가 건조되고 있으나 아주 빈약한 양이다. 이 해역은 쓰나미 같은 강력한 해류의 영향권을 벗어나지 못하고 있으며 세밀히 얘기하자면 인도양의 고유한 해양 성격과 뱅갈만의 해양학적 성격이 합류되어 있는 해역이라고 하겠다.

해안에 몰려드는 높은 파도는 겹 파도로서 경관상으로는 아름답다. 학생들의 수영학습을 이곳에서 하고 있으나 실질적인 수영훈련이 아니고 그냥 몸을 물에 담그는 정도의 훈련을 하고 있다.

남인도의 마리나 해안으로 파도가 거칠어서 수영이 어렵다

2. 스리랑카의 자연과 해양환경

스리랑카는 남인도의 바로 남동쪽에 위치하며, 인도양의 한가운데 떠있는 커다란 섬으로서 위도상으로는 북위 5°~10° 사이의 적도 바로 위쪽에 위치하고 있으며 남북의 길이는 437km이다. 그리고 동경 79° ~82° 사이에 있는데 동서의 길이는 약 225km이다. 고온다습한 열대성 기후대의 해양성 기후에 커다란 영향을 받고 있다. 스리랑카는 인도양과 벵골만 해역의 경계에 위치하고 있다. 스리랑카의 북서부는 인도

반도의 남동해안과 팔크해협을 사이에 두고 마주하고 있다. 스리랑카는 인도양의 해양학적 성격으로 인접해 있는 몰디브와 대동소이하지만, 기후적 여러 가지 여건, 즉 강우량을 비롯한 바람의 방향과 강도 등이 달라서 자연환경 조건은 상당히 다르다. 스리랑카는 2,524m나 되는 피두루탈라갈라산이 섬을 동·서로 양분하고 있어서 동쪽해안과 서쪽해안의 해양환경이 다를 뿐만 아니라 저서 생물상이 같지 않다. 그러나 원양성 어류의 서식은 인도양의 어류군과 다르지 않으며, 이것은 몰디브의 것과도 동일하다고 하겠다. 그러나 산호초를 형성하는 해면동물문과 자포동물문에는 수많은 종이 있기 때문에 비슷한 위도, 비슷한 에너지나고 매로 그에 교린 비*,띠지긴 닌게히개는 다를 수밖에 없다.

섬 전체는 열대수림을 이루고 있는데 폭발적인 광합성작용으로 막대한 양의 초목이 자라고 있다. 연 평균 기온은 27~28℃ 정도이다. 열대지역으로서는 해양성기후의 영향으로 온화한 편이다. 연평균 강우량은 2,400여mm이며, 남서부 평야와 산악지대에는 더 많이 내린다. 전국토의 30% 이상이 산림지대이며 경작 토지는 20% 정도이고 초원도 7% 정도이다.

스리랑카의 면적은 6만 6천여km²이고, 수도는 콜롬보이며, 인구는 2천백여 만 명이다. 도서국가로서 특산물은 실론 차와 천연고무이다. 다른 한편으로 스리랑카의 자연 상황을 보이는 것은 열대 식물을 잘 조성하고 관리하는 왕립식물원이다.

인도양과 접하는 해안선 섬의 동서남북의 위치에 따라 경관의 차이가 있고, 어업 또는 해양산업은 거의 발전되지 않았다고 할 수 있다. 이것은 불교문화하고 무관하지 않다.

스리랑카는 완전히 불교국가로서 불교의 탄생지인 인도와는 전혀 다른 면모로 불교를 숭상하고 있다. 불교가 국교인 스리랑카는 전 국토의 전역이 사찰로 뒤덮여 있으며 유명한 역사와 전통을 자랑하는 명승

스리랑카의 어민들이 그물을 손질하고 있다　　　　　스리랑카에서 어획하는 특이한 어부의 모습

스리랑카의 해안 마을

지는 사찰로 되어 있다.

사찰이 전 국토의 곳곳에 있고 관광지로서 개발되어 있다. 그리고 모든 국력이 사찰을 관리하고 보호 육성하는 데 집중되어 있으며 전 국민은 독실한 불교 신자로서의 면모이다.

사찰에 안치되어 있는 불상은 사찰마다 형상이 다르다. 입상, 좌상, 또는 와불상 등으로 특성을 가지고 있으며, 크기가 달라서 초대형인 것도 있고, 수효가 많은 곳도 있다. 물론 사찰마다 부처님의 모습이 특이하게 조각된 것도 보인다.

국교인 불교의 성격상 대부분의 국민은 수동적이고 정적이며 자기 수행을 통하여 이 세상의 백팔번뇌를 해탈함으로써 미래의 세계에 극락왕생한다는 믿음이 생활에 젖어 있는 듯하다. 따라서 국민들의 생활은 현실 세계와는 상당히 동떨어져 있고 사회성이 약하거나 적응력이 적은 현상을 드러내고 있다. 적극적이고 활동적인 면모가 결핍되어 있는 것이다.

오늘날과 같이 눈부신 과학기술의 발전은 전 세계를 축지법을 이루듯이 협소하게 만들고 있으며 특히 세계화의 시대적인 흐름과 정보 시대는 이 나라 국민의 소극적이며 정적인 세상과는 다르고, 개인적인 해탈과도 다른 세상인 것이다. 이것은 과학기술의 발달이나 해양과학의 발달 또는 수산업과는 거리가 멀기만 하다.

스리랑카에서 제일 큰 대학교는 내륙에 있는 캔디시市의 캔디대학교로서 학생은 5,000여 명이다. 학교의 경내는 아주 넓으며 거목거수들이 많이 보인다. 그러나 현대식 건물이 전혀 없고 낙후한 교육시설을 지닌 대학으로 보인다. 기숙사 건물이 많은 것으로 보아 대부분의 학생들이 이곳에서 기숙하며 공부하고 있다.

3. 몰디브의 해양환경과 해양생물

몰디브는 스리랑카의 콜롬보에서 700여km 떨어져 있는 곳이고 남인도의 첸나이 시에서도 700여km 떨어져 있는 수중의 나라이다. 인도양의 중앙 해역에 해당되는 자연과 해양생물을 지니고 있는 곳이다.

몰디브의 육상 면적은 약 300여km²에 불과한 나라로서 국토 전체가 산호초로 구성되어 있는 섬나라이다. 몰디브의 근원은 인도양이고, 그 중에서 천해이며, 열대기후이고, 열대 해역이다. 여기에서 자연생태적으로 생성된 산호초가 가장 핵심적인 이 나라의 존재성이다. 산호초 해안은 산호초 모래로 덮여 있으며 얕은 수심의 바닷물은 순옥비취색을 나타내는데 매혹적인 색깔로서 신비로움을 지니고 있다.

몰디브의 아름다운 천해경관. 작렬하는 태양, 산호초 모래사장, 옥색의 바닷물

몰디브의 해안과 바다

　해안에서 원양으로 멀어질수록 비취색으로부터 청색으로 변하여
가고 멀리 떨어질수록 진한 청색dark blue이다. 열대 해역으로서 25°∼
30℃ 정도로 대단히 따뜻한 수온을 형성하고 있기 때문에, 유럽인은
물론 전 세계의 많은 사람들이 휴양지로 활발하게 이용하고 있다.
　대양으로부터 몰려드는 파도는 연안으로 접근하면서 그 세력이 거
의 소멸되어 잔물결로 된다. 이것은 산호초의 발달로 강력한 심해성 파
도가 연안에 닿기 전에 일차적으로 또는 이차 삼차적으로 산호초의 군
락에 부딪쳐 연안에 거의 영향을 미치지 못하고 있다. 연안에서 수백
미터에 이르기까지 무릎 정도의 얕은 수심을 이루는 것이 바로 이 나라
가 지니는 천혜의 해양환경으로 되어 있다.
　이곳의 어류와 패류는 상당히 좋은 서식환경을 보이고 있다. 몰디
브에서 자생하는 산호초들은 해면동물문porifera에 속하는 수많은 종
류들인데, 이들은 규소 성분의 해면siliccous sponges과 칼슘분의 해면
calcareous sponges이다. 이 두 가지 성분이 집적되면 바로 산호초coral reefs

로서 바위 덩어리를 형성하는 것이다.

　바닷물에는 방대한 양의 규소가 있으며, 해양에서는 규조류(돌말)가 가장 많은 생체량biomass으로 번성하는데, 이와 같은 흐름으로 열대 해역의 규소분을 이용하여 번식하는 산호초로는 ceylon sponge, berry sponge, vagabond sponge, mosaic sponge, sandy sponge, yellow sponge, cavern sponge, nippled sponge, sculptured sponge, sickly sponge, foliate sponge 등 50여 종류가 왕성하게 번성하고 있고, 칼슘분의 산호초로는 yellow calcite sponge, chagos calcite sponge 같은 종류가 있다. 해면동물문으로 산호초를 만드는 종류는 열

몰디브의 바다와 선착장

대 해역과 온대 해역 전체에 15,000여 종류로 알려져 있다.

자포동물문cnidaria이 산호초를 이루는 것은 약 9,000여 종류이다. 여기에는 pink hydrocoral, flat-sided five coral, delicate fire coral, spiky black coral, frondly black coral, blue coral, orange pipe coral, indian carrot coral, blades leather coral, mushroom leather coral, long polyp leather coral, orang spiky soft coral, smooth sea fan, striped polyp sea fan, fine meshed sea fan, orange sea whip, meandering coral, needle coral, pistillate coral, lattice coral, neat coral, nosey coral 등 각양각색의 다양한 자포동물들이 돌stone과 바위rocky의 산호초를 형성하고 있다.

그뿐만 아니라 산호초에 서식하는 각종 열대 산호초 어류는 다양하기도 하고 대단히 아름다운 색채를 띠고 있는 것이 특색이다. 이와 같은 어장환경은 먹이망을 이루고 있어서 상어, 고래도 서식하며, 저서성 어류도 다양하게 서식하고 있다. 몰디브 해역에 서식하고 있는 어류는 1,200여 종이 기록되어 있으며 미기록종까지 합치면 1,500여 종 이상 서식하고 있다. 이 해역에 서식하는 10대 어류군은 고비gobies, 놀래기wrasses, 능성어groupers, 자리돔damsel fishes, 도미류snappers, 카디널 피쉬cardinal fishes, 곰치류moray eels, 망둥어blennies, 나비고기butterfly fishes, 서견피쉬surgean fishes이다.

몰디브는 해양성 기후에 완전히 함몰되어 있는 열대 해역이지만 강우량이 상당히 적은 것은 특이하다. 몰디브는 남북의 길이가 840km이고 동서의 폭은 80~128km 정도로서 흩어져 있는 섬들이 지니는 해양 면적은 무려 8만여km²이다. 이 나라는 1,190개의 작은 산호초의 섬과 26개의 환초環礁로 되어 있는데 그 중 201개의 섬은 주민이 사는 유인도이다. 위도는 남위 0도 41분에서 북위 7도 60분에 이르도록 비교적 방대한 해역이다.

이 섬에 분산된 인구는 총 27만 명 정도이고 수도인 말레에는 6만 8,000여 명이 살고 있다. 이 해역은 인도양의 중심 해역으로서 남인도, 스리랑카 등의 해양성격, 즉 수문학적인 성격은 거의 동일하지만, 해안의 성격은 완전히 다르다.

몰디브의 산호초 섬들 중에서 홀리데이섬Holyday Island은 훌륭한 리조트 시설을 구비하고 있다. 섬의 길이는 700m이고 폭은 100여m에 불과하다. 하나의 섬이 하나의 리조트 시설을 갖고 있는 셈이다. 섬의 제일 높은 곳이라고 해야 해발 2m 이하로서 해수면과 거의 비슷한 저지대를 이루고 있다. 인도양의 어느 곳에서든지 일어나는 화산 또는 지진활동으로 인한 쓰나미의 영향을 강력하게 받을 수 있는 저지대이다.

해발 1~2m 되는 산호초 모래섬이라고 해도 여러 가지 초본류가 자라고 있고 야자수를 비롯하여 여러 가지의 교목류의 수목도 크게 자라고 있다.

몰디브는 자연환경이 대부분 산호초에 기초하고 있기 때문에 어류역시 산호초에 서식하는 어류이고, 주민의 생활도 해양과 산호에 깊은 관련이 있다.

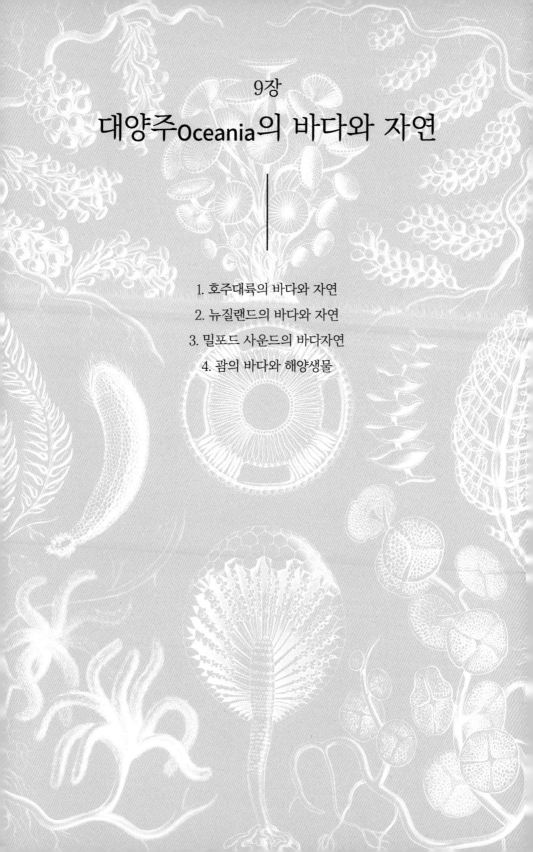

9장
대양주Oceania의 바다와 자연

1. 호주대륙의 바다와 자연

오세아니아주는 호주대륙을 비롯하여 남태평양의 방대한 해역에 분포되어 있는 수많은 섬들을 함유하고 있다. 이러한 섬들은 과거에 해양강국이었던 영국, 프랑스, 독일 미국 등이 통치하다가 독립을 하기 시작하여 솔로몬, 나우르, 바누아투, 키리바시, 서사모아, 피지, 통가, 투발루, 팔라우 등의 독립국가로서 면모를 드러내고 있다. 이들 섬들은 완전히 태평양의 거대한 해양성격과 기능에 절대적인 영향력 아래 있다.

이 대륙의 해양학적 성격은 크게 몇 가지 구분하면, 첫째로 널내 산호초의 서식이 왕성한 해역, 둘째로 위도상 30° 전후의 온대 해역, 셋째로 대륙의 남쪽 바다로서 남극바다의 영향을 받는 해역으로 구분할 수 있다. 따라서 이러한 해역에 서식하는 해조류와 어류는 해역에 따라 다를 수밖에 없고, 대륙의 전체적 관점에서 본다면 해양생물의 다양성이 매우 크다고 할 수 있다.

호주 대륙의 동남쪽에는 태즈메니아섬Tasmania Island이 대륙과 가까운 거리에 위치하고 있다. 호주대륙과 뉴질랜드 사이의 상당한 해역을 태즈먼 바다Tasman Sea라고 한다.

대륙의 연안에 자생하는 어류로는 상어류를 비롯하여 뱀장어eels, 정어리herrings & sardines, 깃털연어beaked salmons, 메기catfishes, 대구cods, 색줄멸과silversides, 넙치flatfishes 그리고 수많은 종류의 등목어perch-likes 등이 자생하고 있다. 물론 원양성인 참치류도 많이 자생한다. 이것이 바로 남태평양의 참치자원으로 각광을 받는 원양어업 분야이다.

호주대륙의 북단에 위치하는 케이프요크 반도를 경계로 하여 서북쪽으로 위치하는 파프뉴기니아 섬으로 둘러싸이는 아라프라 바다Arafura Sea와 이 반도의 동쪽에 있는 산호바다Coral Sea가 있다. 케이프

요크 반도의 동쪽에는 적도에서 솔로몬제도를 거쳐 흘러내려오는 열대 해류가 있는데 산호바다에서 천해의 산호생물들을 왕성하게 번식시키고 있다. 이 해류는 호주대륙의 동쪽을 따라 흐르다가 테즈먼 바다에서 뉴질랜드의 서쪽연안과 부딪치면서 U턴을 하여 다시 북쪽으로 흐르는 열대해류로 바뀐다.

이 지역은 대부분 열대 해역으로서 산호초로 이루어진 도서군들이다. 따라서 열대 산호초 어류군이 이 해역을 화려하게 만들고 있다. 인도양의 산호초에 대하여 이미 언급하였지만 태평양의 산호초도 방대한 수역에 엄청난 규모로 나타나고 있다.

오스트레일리아는 서쪽으로는 인도양과 접하고 동쪽으로는 태평양과 접하면서 동서의 양 대양 가운데 떠있는 거대한 섬인 동시에 6대주 중에서 가장 적은 대륙이며, 그 면적은 7,713,000km²로서 한반도의 35배이며 남한 면적의 78배나 되는 국가이다. 인구는 2,000여만 명으로서 인구밀도가 평방킬로미터 당 3명 정도이다. 그러나 국민은 다양하여 160여 국의 사람들이 모여 살고 있다.

이 대륙의 기후는 면적이 방대한 만큼 매우 다양하고 복잡하다. 해안의 전체지역은 태평양의 영향 속에 있는 전형적인 해양성 기후이다. 하지만 내륙에는 사막 또는 열대성 기후로 사람이 거의 살지 않으며, 주로 해안에 대도시가 형성되어 있다.

대륙의 북부에 위치하는 케언스나 다윈 같은 도시를 중심으로 한 해안지대는 위도상으로 열대이며 비가 많이 내려서 열대우림 기후대를 형성하고 있다.

호주 대륙의 중앙부분에 위치하는 앨리스스프링스 시를 포함한 방대한 면적의 중부지역은 열대성 사막 기후대이다. 이 대륙의 중앙지역을 대표하는 것은 이 도시의 북쪽으로 넓게 자리 잡고 있는 그레이트 샌디 사막Great Sandy Desert과 이 도시의 남쪽으로 그레이트 빅토리아 사막Great Victoria Desert이다. 또한 이 도시의 서쪽으로는 양대 사막이 대부분 전개되고 있어서 사막의 영향은 서쪽 해안까지 크게 미치고 있다. 그러나 이 도시의 동쪽으로는 대찬정 분지Great Artesion Basin가 넓게 전개됨으로써 사막의 영향이 줄어들고 있다. 이 사막은 면적상 또는 기후상으로 대륙의 양쪽 해안을 관통해 있다. 또한 방대한 길이의 해안선을 지니고 있다.

열대성 기후대 아래쪽으로는 완전한 내륙의 건조성 기후대가 펼쳐지는데, 이곳은 방대한 면적의 사막으로서 비가 오지 않고 생물의 서식이 극히 제한된 건조한 사막기후대를 이루고 있다. 그러나 이 사막을 둘러싸고 있는 바다와 접하는 연안 지역은 아열대성 기후를 이루고 있으며, 태평양의 바다 기후에 절대적인 영향권 안에 들어있다. 즉, 아열대성 기후에 아주 안정된 수온이 조화되는 해안이다. 이 지역에는 브리즈번 같은 도시가 발달되어 있다.

이러한 사막성 기후대 아래쪽으로 호주 대륙의 1/3 정도에 해당되는 남부지역은 온대성 기후대를 형성하고 있으며, 강우량도 적당하고 온화한 기후를 이루고 있는 지역이다. 또한 이 대륙의 중·상부를 떠받치고 있는 지역이기도 하다. 이 지역 안에 대부분의 대도시가 발달되어 있고 인구가 집중되어 있다. 그 중에 가장 크고 아름다운 도시는 시드니이다.

시드니는 이 대륙의 남서부의 바닷가에 자리 잡고 있으며, 바다의 아름다움이 절묘하게 조화된 대도시이다. 게다가 이 도시의 인근에는 블루 마운틴Blue Mountain이 있다. 이 산은 3개주에 거쳐 있는 거대한 산맥의 한 부분으로서, 생물자원의 보고로 보호되고 있다.

이곳에서 쉽게 보이는 동물은 캥거루kangaroo, 코알라koala, 오리너구리platypuse, 웜배트wambat, 포섬possum, 에뮤emu, 태즈메이니아 데블tasmanian devil 등이다.

오스트레일리아의 대표적인 수목은, 이 산맥의 주요 수목으로 자리 잡고 있는 유칼립투스*Eucalyptus*이다. 이 수목은 크게 자라서 거목을 이루며 종류도 매우 많아서 600여 종류가 있다고 한다. 특히 이 나무의 잎은 코알라의 식량으로 알려져 있으며 이 나무가 있는 곳에는 대부분 코알라가 서식하고 있다. 양 대양으로 둘러싸여 있는 호주대륙은 위도, 기후, 지형, 지세에 따라 생물의 분포가 크게 다르다.

2. 뉴질랜드의 바다와 자연

뉴질랜드는 남위 34°∼47° 사이에 위치하고 있으며 남태평양의 해양 속에 떠있는 두개의 커다란 섬으로 이루어진 나라이다. 북섬은 약 12만km²이고 남섬은 약 15만km²이며 뉴질랜드의 총 면적은 271,000km²이다.

북섬과 남섬의 길이는 무려 1,600km나 되며 남섬은 위도상으로 남극 바다와 접하고 있어서 남극의 영향을 지대하게 받고 있다. 기후적으로는 남태평양의 전형적인 해양성 기후를 지니고 있지만, 남섬의 남부 지방은 지리적으로 남극과 비교적 가까운 거리에 있어서 남극의 기후에 영향을 받으며, 생물학적으로도 남극바다의 생물상에 영향을 받고 있다.

뉴질랜드의 다른 곳은 북쪽으로 한없이 펼쳐지는 남태평양의 해역과 접하고 있으며 피지, 통가, 서사모아 등의 섬나라들을 이웃하고 있다. 이 해역은 원양어업의 기지로서 특히 남태평양의 참치잡이 전문어선단이 활동하는 무대이기도 하다.

뉴질랜드의 남쪽연안에는 온대성 해류temperate currents가 흐르고 있으나 서북쪽의 전체해안에는 U턴해서 북쪽으로 흘러가는 열대성 해류에 의해서 생물들이 서식하고 있다. 위도상으로는 아한대와 온대지방이지만 열대성 어류와 산호초가 번식하고 있다.

이 나라의 2개의 커다란 섬은 무엇보다도 넓고 풍요로운 초원을 이루고 있어서 세계적인 목축업의 농업 국가를 이루고 있다. 특히 양을 많이 기르며 초장의 목초도 상당히 다양하여 수십 종류에 이르고 있다. 양으로 인하여 생성되는 물질문명이 생활 속에 깊숙이 자리 잡고 있는 나라이다.

뉴질랜드의 총인구는 불과 380여만 명으로 북섬에 2/3가 거주하고 있다. 이 나라의 건국 기념일은 2월 6일로서 1840년 영국인과 원주민인 마오리인이 조약을 제설한 날이나. 현새 국민의 90%는 영국인이고 마오리인은 10%이다. 따라서 영국의 물질문명이 뉴질랜드에 이전되어 있는 상태이며 영국의 모범적인 연방국가이다.

뉴질랜드 밀포드 사운드의 자연경관으로 산 위에 눈이 쌓여 있다

아벨 태즈먼은 1642년에 뉴질랜드를 발견했다. 제임스 쿡James Cook 은 1769년 에든버러 호를 타고 항해하여 뉴질랜드에 상륙하여 6개월 간 남섬과 북섬의 지도를 작성하였다. 그래서 북섬과 남섬 사이의 바다를 쿡해협Cook Strait이라고 한다. 그러나 그는 1779년 2월 14일 하와이에서 원주민의 항쟁으로 인하여 애석하게 사망하게 된다. 호주와 뉴질랜드의 거리는 2,250km 떨어져 있는데 이 사이의 바다가 태즈먼 해 Tasman Sea이다.

북섬과 남섬은 화산의 분출로 형성된 섬으로서 분화구가 많으며 뜨거운 유황 온천수가 용출되고 있어서 세계적인 온천지대를 이루고 있다. 특히 북섬의 중앙지점에 위치하는 로토루아Rotorua시 지역에는 대소의 호수가 많아서 호반의 도시를 이루고 있는데, 지금도 용암이 흘러나오고 더운 물이 솟아오르고 있다.

이 나라의 산악 지대에는 수많은 대·소의 호수가 있고 아름다운 경관을 지니는데, 이러한 호수의 대부분은 화산의 분화구로부터 만들어졌으며, 호수의 수심은 깊으며 물은 아주 맑고 차가운 냉수로서 송어 trout 서식이 양호하다. 호수 주변은 자연림과 함께 천연의 아름다움을 지닌다.

이 나라에는 자연동굴이 많다. 특히 반딧불이 대량 서식하는 동굴 속에서는 지하수의 흐름에 따라 소형 선박으로 반딧불의 서식 환경을 관찰할 수 있다. 아주 특이한 동굴인 동시에 자연의 다양성을 이해하는 데 도움이 된다.

우리나라가 위치하는 북반구와는 정반대인 남반구의 위도에 위치하는 뉴질랜드는 계절적으로 우리와 정반대여서 여름과 겨울이 바뀌어 있고, 봄과 가을이 바뀌어 있다. 따라서 이곳은 1~2월이 한여름이며 7~8월이 한겨울이 된다. 생활 속에서 만날 수 있는 재미있는 현상 중의 하나는 화장실 사용 후 변기에 물이 도는 것을 보면 우리는 시계방향으로 돌지만 뉴질랜드에서는 변기의 물이 시계 반대 방향으로 도는 것이다.

뉴질랜드는 무엇보다도 계절적인 온도변화가 극히 적은데 이것은 섬나라로서 막강한 태평양의 바닷물 영향에 따른 것이다. 여름의 최고 온도는 25℃ 전후이고 1월의 평균기온은 18℃ 정도이며 겨울철의 최저 온도는 5℃ 전후로서 7월의 평균 온도는 7.5℃이다. 북섬을 중심으로 해서 볼 적에 한서의 차이가 극히 적은 편이며 연중 비가 오는 날이 대단히 많아서 120일 정도나 된다. 강우량은 연 1,450mm 정도로서 비교적 많은 양이다.

지구는 태양을 중심으로 자전하며 인류의 문명이 햇빛을 따라 형성되었기 때문에 향일성이 두드러짐을 이곳 뉴질랜드에서도 확인할 수 있다. 일례로 북반부의 우리는 남향집을 선호하지만 이 나라에서는 정반대의 북향집을 선호하는 것도 인간의 기본적인 삶의 방법이 같다는 것을 보이는 것이다.

3. 밀포드 사운드의 바다자연

밀포드 사운드는 뉴질랜드 남섬의 서남쪽에 위치하는 피오르드랜드 국립공원Fiord land National Park의 대표적인 피오르드 경관이다. 이 국립공원은 125만 헥타르의 면적을 가지며 뉴질랜드에서는 가장 큰 공원이며 세계적으로도 다섯 번째로 큰 자연 공원이다. 이 공원의 최북단에 밀포드 사운드가 위치하는데 여기서부터 남쪽으로 300여km의 해안에 펼쳐지는 수많은 사운드는 지각의 변동, 화산 폭발, 빙하의 침식 등으로 빙하기에 형성된 세계적인 피오르드 자연경관이다.

이 공원의 대표적인 사운드를 몇 개 열거하면 브라이트 사운드Blight

Sound, 죠지 사운드George Sound, 카스웰 사운드Caswell Sound, 찰스 사운드Charles Sound, 낸시 사운드Nancy Sound, 더트플 사운드Doubtful Sound, 더스키 사운드Dusky Sound 등이다. 이러한 사운드는 북극권에 있는 노르웨이의 피오르드 자연이나 알래스카의 피오르드 자연과 비교했을 때 경관적으로 또는 지형적으로 유사한 점이 많다.

피오르드랜드 공원은 남위 44°~46°20', 동경 166°40'~168°에 위치한다. 수많은 피오르드의 자연, 가파른 경사의 험한 산세를 보이는 산맥과 계곡으로부터 이루어지는 하천, 그리고 폭포, 호수, 산림, 굽이굽이 펼쳐지는 리아스식 해안은 천연의 아름다움을 펼쳐 보이고 있다. 밀포드 사운드는 대략 남위 45°와 동경 168°의 약간 서북쪽에 위치하고 있으며 내륙 쪽으로는 방대한 면적을 지니는 테 아나우 호수Lake Te Anau와 연결되어 있다. 테 아나우 호수는 길이가 61km이고 면적은 352km²이며 최대의 수심은 417m이다. 뉴질랜드에서 두 번째로 큰 호수이기도 하다.

이 국립공원의 일기는 변화무쌍하며 해안선은 굴곡이 대단히 심하고 빙하의 침식에 의해서 심해를 이루고 있다. 생물학적 경관으로 본다면 울창한 숲을 이루고 있는 지역이다. 지형적 특수성은 개발을 쉽게 할 수 없음으로 마을이나 도시 형성이 거의 되지 않는 원시 자연 상태이다. 이러한 자연환경에 의해서 유네스코는 1986년에 이 지역을 세계자연 유산지역으로 지정했다. 밀포드 사운드의 인근도시로는 동쪽으로 상당히 멀리 떨어져 있는 퀸스타운Queenstown이 있고 남쪽으로는 120km 떨어진 곳에 규모가 작은 테 아나우 시가 있다.

밀포드 사운드의 기후는 아주 변화가 심하여 하루에도 화창한 일기와 악천후가 수시로 교차하고 있다. 이곳의 겨울은 남반부이기 때문에 5월~8월인데 낮 기온은 4℃~10℃ 사이이다. 그러나 피오르드랜드 국립공원의 높은 산과 깊은 계곡에는 눈과 얼음이 덮이고 막대한 눈사태

밀포드 사운드의 피오르드 경관으로 해로가 산들의 사이사이로 열려 있다

뉴질랜드 밀포드 사운드와 외해(Open Sea)와의 만구 해역

를 발생시킨다. 그리고 시속 200km에 이르는 바람은 빽빽한 숲의 나무들에게 타격을 입히며 특히 너도밤나무 군집에 피해를 많이 입힌다. 나무는 뿌리 채 뽑히기도 하고 쓰러지면서 도미노현상처럼 나무 사태를 일으키기도 한다.

밀포드 사운드는 바다의 만구로부터 16km 안쪽까지 위치하고 있으며 수직으로 깎여진 산봉우리들이 피오르드의 수면에 병풍처럼 둘러쳐져 있는데 2,000m 높이의 펨브로크 피크Pembroke peak, 1,692m의 마이터 피크Mitre peak 등 1,000m가 넘는 깎아지른 듯한 수직절벽의 경관과 여기에서 쏟아지는 폭포수들은 피오르드의 절경을 이루고 있다.

위도상으로 밀포드 사운드는 남극 지방에 가까이 위치하는 것과 태평양으로 둘러 싸여 있는 환경 조건으로 인하여 완전히 해양성 기후이지만 변화가 많다. 연 평균 강우량은 무려 7,200mm에 달한다. 이러한 막대한 강우량으로 인하여 수백 미터의 산꼭대기로부터 쏟아져 내리는 폭포가 많이 산포되어 있다. 여름철은 11월부터 다음해 2월까지인데 아주 온화한 기온을 나타내고 최고 온도는 25℃까지 상승하고 있다.

뉴질랜드 밀포드 사운드 해역에서 자생하는 갈조류

이러한 자연환경은 빽빽하게 우림을 형성하게 하고 다양한 조류와 곤충류를 대량으로 번식시키고 있다. 이곳에 자생하는 곤충류는 300여 종이 넘는다고 한다. 나무의 저변과 둥치에는 이끼류인 선류mosses와 태류liverworts가 아주 무성하게 번식하고 있다. 그리고 2,000m 이상 되는 산을 비롯하여 고산에는 초지가 형성되고 있는데, 여기에 24종의 독특한 고산 식물이 자생하고 있다고 한다.

호수에는 청둥오리 류blue duck 등이 자생하고 있으며 피오르드의 해안에는 바다표범, 돌고래, 물개fur seal, 펭귄 및 각종 어류가 대량서식하고 있다. 이들이 많이 서식한다는 것은 먹이로서 각종 수산 자원이 풍부하다는 것이다.

4. 괌의 바다와 해양생물

1) 괌의 자연경관

괌도는 위도상으로 북위 13°27', 동경 144°47'에 위치하며, 필리핀해에 인접해 있는 서태평양의 가장 깊은 해구 속에 떠있는 섬으로서 열대지역의 전형적 고온 다습의 해양성 기후 속에 묻혀 있다.

괌은 태평양의 심해자연 속에서 독자적인 육상 생태계를 형성하여 왔다. 연평균기온은 26℃이다. 이것은 사람이 느끼는 최적의 온도 27℃에 해당된다.

괌은 메리애나 열도 중에서 가장 커다란 섬으로 면적이 549km²이며, 섬의 길이는 48km, 폭은 6~14km인데, 남부에는 407m 높이의 산이 있으며, 섬의 북쪽으로는 150m 정도의 고원이 형성되어 있다. 그리고 천연의 양항良港 아프라항을 비롯하여 대·소의 항구들이 구축되어 있다.

괌의 육상은 고온 다습의 자연조건으로 보아서 열대 밀림이 형성되어 있음직하지만, 해안에 야자수palm tree가 번식하고 있으며, 섬 도처에 초원이 형성된 것 이외에는 수목의 식생이 뚜렷하지 않다.

자연생태계의 식생은 2차 대전 전에는 울창한 밀림으로 덮여 있었으나 격렬한 폭격으로 인하여 열대우림은 완전히 파괴되었고, 토양의 변천과 잦은 태풍의 위력 때문에 자생적인 밀림이 형성되지 못하고 있는 환경이다. 그렇지만 간혹 남부지역의 계곡에는 울창한 숲이 이루어진 곳도 있다.

이 섬의 토양에는 철분이 많이 섞여 있어서 붉은색을 띠고 있는데, 이것은 마치 남미의 이과수 폭포지대의 붉은 토양 색과도 비슷하며, 더욱이 2차 대전 시에 폭탄을 쏟아 붓다시피 했기 때문에 유황 성분과 염소 성분이 이곳 토양에 많이 함유되어 있다고 한다.

또한 열대의 적도 부근에서 생성되는 강풍을 동반하는 태풍이 수시로 이 섬에 상륙하기 때문에 이 섬에서 가장 잘 자라며 번식하고 있는 야자수까지도 체형을 휘게 하거나, 쓰러뜨려서 고사시키는 경우가 많다. 따라서 괌도의 식생 경관은 전반적으로 단조로우며 빈약하다.

2) 괌도와 메리애나 제도

태평양은 지구상에서 가장 넓은 면적과 광활한 입체 공간을 차지하고 있다. 괌도는 서태평양의 북서부에 위치하는 메리애나 제도의 중심이 되는 섬이다. 이곳은 투명도가 뛰어난 청정수역으로서 천혜의 바다자연을 누리고 있으며, 푸른 바닷물, 에메랄드 빛 바다가 가없이 펼쳐지고 있다. 메리애나 제도는 북위 13°에서 21°사이에 있으며, 동경 144°에서 146° 사이에 아나타한섬, 사이판섬, 티니언섬, 로타섬, 괌섬 등 15개의 섬으로 이루어져 있는데, 아나타한섬 이북의 9개 섬은 화산섬이고, 남쪽의 6개 섬은 산호가 발달하여 융기한 섬으로서 해안단구가 발달되어 있다.

'메리애나'라는 명칭은 1521년 마젤란이 괌도에 정박함으로써 이 해역의 여러 섬이 비로소 알려졌는데, 처음에는 라티나스 또는 라드로네스 제도라고 하였다가 1868년 스페인 황실의 황후 마리아 안나의 이름을 따서 메리애나 제도라고 명명한 것이 오늘날까지 불리우고 있는 것이다.

메리애나 해구는 거의 남북 방향으로 뻗어 있는데, 길이는 무려 2,550km이고 폭은 불과 70km이며, 남쪽의 비티아스Vitiaz 해연은 무려 11,034m로서 지구상에서 제일 깊은 해구를 이루고 있고, 챌린저호가 찾아낸 10,863m의 챌린저 해연도 최고의 심해 환경을 이루고 있다. 다른 한편으로 바스티가프의 트리에스테 2호는 1960년에 10,916m의 해저까지 도달한 기록을 지니고 있어서 메리애나 해구의 심해성 위력을 떨치고 있다. 이 해연에는 오늘날에도 심해 지진대와 활화산대가 활동하고 있다.

괌 대학교가 위치한 청정 해안의 경관

괌Guam도의 수륙 자연이라면, 태평양의 가장 깊은 바다 속 거대한 산맥에서 우뚝 솟은 아주 조그마한 산봉우리가 괌도이다. 따라서 그 봉우리를 둘러싸고 있는 주위 환경의 전체는 바다일 뿐이다. 괌도는 바다 자연의 성격에 압도되어 있는 도서인 것이다. 모든 면에서 바다의 영향이 절대적인 것이다.

메리에나 제도에서 괌도와 함께 가장 중요한 역할을 하는 섬은 사이판Saipan섬이다. 이 섬은 화산섬으로서 남북의 길이가 27km, 동서의 길이는 불과 3~8km 정도이며, 면적은 약 185km²이다. 이 섬은 대부분 산지를 이루고 있으며, 제일 높은 산은 490m나 된다. 그러나 해안은 비교적 넓은 평야로 되어 있다. 괌도와 함께 1521년에 알려져 스페인령으로 되었다가 1899년에 독일령이 되었고, 또한 제1차 대전 후에는 일본의 위임 통치령이 되었다. 그러나 1944년 7월 미군이 점령하여 미국의 신탁통치령으로 삼았다. 1962년에 신탁통치의 행정 중심이 괌도에서 사이판섬으로 옮겨졌고, 오늘날에는 미국의 준 주州가 되어 관광으로 크게 발전하고 있다.

3) 괌도의 해양생물과 연구

괌도의 해양생물하면 무엇보다도 산호이다. 괌도의 수역은 열대성이어서 수온이 높으며, 인구가 밀집되어 있지 않아 해양자연이 잘 보호되어 있는 편이다. 따라서 산호초의 생육이 돋보이는 바다 환경을 이루고 있다. 괌도 수역의 산호초coral reefs는 어느 다른 해역에서 보다도 다양성 있게 서식하고 있어서 산호 연구에 최적지를 제공하고 있다.

지금까지 연구된 보고에 따르면, 산호의 분포는 필리핀 근해에서 500여 종, 괌 근해에는 275종, 하와이 수역에서는 75종, 파나마 수역에서는 11종이 관찰되고 있다. 실제로 필리핀 근해와 괌도의 근해는 광의적으로 서로 인접해 있는 태평양의 같은 수역이다. 필리핀산 산호의 나이가 가장 많다고 하지만, 괌도의 산호 연령은 10만 살이나 된다고 한다. 한편 중요한 열대수역을 이루고 있는 파나마의 산호는 6,000살에 불과하여 생태학적으로 흥미롭게 비교된다.

괌대학의 산호 연구팀은 미국 본토와는 물론 오키나와, 하와이 등의 연구소와도 협력하고 있으며, 전문가의 교류로 연구가 활성화되어 있다. 대학의 해양연구소에서 발간한 산호초 도감은 분류를 기반으로 하여 현장*in situ*의 서식환경을 표출한 원색의 분류·생태사진을 싣고 있다.

열대수역의 산호초 주위에는 수많은 종류의 어류가 서식하고 있을 뿐만 아니라, 화려한 색깔을 지닌 열대어종이 다양하게 서식하고 있다. 지구상에서 생장속도가 가장 빠른 동물은 산호초이며, 산호초의 서식은 바로 각종 어류의 자연 어초의 기능을 발휘하여 수많은 해양생물의 서식대를 이루기 때문에 먹이사슬이 잘 발달되어 있는 곳이다.

괌도의 해양환경에는 수많은 대·소의 어류가 모여 생활을 하는데, 그 종류가 다양하며, 서식량도 풍부하다. 그뿐만 아니라 원양성 어족이 먹이를 찾아 모여들어 생체량이 큰 참치류도 풍부하다. 괌도의 근해에 서식하고 있는 어류로는 청새치, 다랑어, 만새기, 꼬치고기 등을 비롯하여 880여 종류의 어류가 자생하고 있다.

따라서 관광적인 낚시어업이 잘 개발되어 성행하고 있다. 특히 토착민인 챠모로족은 전통적인 여러 가지 어법으로 어획을 하는데, 이것은 생계를 유지하는 수단일 뿐 아니라 관광적 차원에서 보존되고 있다.

어류뿐만 아니라, 괌도의 연안 수역에서 서식하고 있는 패류도 그 수효가 대단히 많아서 무려 1,050여 종류가 기록되어 있다. 괌도의 패류 서식환경은 일차적으로 과다한 채취나 극심한 수질오염이 전혀 없

곰 대학교의 해양연구소에서 양식하는 실험용 해삼(좌)과 군소의 일종(우)

음으로 서식환경의 축소 없이 "있는 그대로"의 자연 환경이다. 또한 비교적 넓은 조간대와 산호의 환경은 패류 서식에도 좋은 환경조건을 제공하고 있다. 따라서 체형이 커다란 종류도 서식하고 있다.

열대 산호초의 번식이 왕성한 곰의 해역에는 350여 종의 산호초가 자생하고 있으며 그 속에 수많은 종류의 열대어가 자생하고 있다. 그런데 가시왕관 불가사리가 산호초를 파괴함으로써 산호숲을 황폐화시키고 따라서 물고기가 많이 줄어들고 있다.

산호초가 줄어들거나 사라지면 큰 파도가 연안으로 밀려올 때 막아주는 방파제가 사라지는 결과이므로 연안지역을 침수시키고 주민의 생활주거지를 보호하는데 커다란 위협이 아닐 수 없다. 그런데 '가시왕관 불가사리'의 증식을 막아주는 천적은 '소라고동'이다.

해조류는 약 200여 종류가 서식하고 있다. 종의 다양성 면으로는 어류나 패류에 비해 적은 편이다. 물론 이곳의 수역은 열대성이어서 수온의 변화폭이 적어 해조류의 서식범위가 넓지 않은 것도 한 원인이 되며, 다른 면으로는 서식초 역시 상대적으로 적기 때문이다. 실제로 곰

곰의 해역에 자생하는 산호초(위, 중간)의 종류와 패류(아래)

도는 심해상에 떠있는 조그만 섬이며 그 주변이 서식처인데, 전체적으로 보아 서식면적이 대단히 적음을 주지할 필요가 있다.

전반적으로 괌도 수역의 해양생태계는 풍요롭다고 할 수 있으며, 특히 열대성 해양 동·식물의 서식환경이 우수하다고 할 수 있고, 산호초의 서식은 가히 세계적이라고 할 수 있다.

괌 대학은 해안도시가 발달되어 있는 곳과는 비교적 멀리 위치하고 있는데, 천연의 해안환경 속에 있다. 다시 말해서 아름다운 자연경관 속에 사람의 발이 닿지 않아서 좋은 식생을 지니고 있는 해안이다. 태풍으로 인하여 야자수palm tree가 군데군데 고사되어 있는 경관을 보여주고 있다. 그리고 인적이 거의 없어서 맑고 깨끗한 천혜의 바닷물을 그대로 보여주고 있다.

대학의 캠퍼스는 화려하지 않으며, 면적은 100에이커 정도이고 학생은 2,600여 명, 교수는 200여 명이다. 특히 해양 연구동marine laboratory은 아주 조촐하고 낡은 건물이지만 바다생물, 특히 산호류와 열대 어류의 연구에 좋은 결과를 내고 있으며, 크게 보자면 이곳의 해양자연이 그대로 실험실이 되어 있어서 연구 분야가 자연스럽게 특성화된 셈이다. 스테판Stephen G.과 넬슨Nelson 교수는 해양실험실을 이끌어갔으며, 해양생물학 교수는 10여 명이었다.

그러므로 이들 교수들은 석호lagoons, 외호moats, 평평한 모래톱reef flats을 다른 어느 연구팀보다 가장 가까이 지니면서 실험과 연구를 하는 것이며, 최신의 실험시설도 갖추고 있다. 말하자면, 미국의 유일한 현장in situ의 해양실험실이라고 할 수 있겠다. 대학의 해양연구실에는 미국 본토는 물론, 세계적으로 저명한 학자들이 모여서 연구를 하고 있다.

최근에 이곳의 연구팀은 산호초와 열대성 어류, 그리고 어획법에 대한 원색 도감류의 책을 발간했으며, 해양보전과 오염방지에도 관심을 지니고 있다. 이 대학 연구소에서는 실험을 위하여 수족관을 운영하고 있는데 해삼과 패류 연구를 위한 양식이 눈에 뜨인다. 어떻든 이곳의 해양연구팀은 괌도의 해양생태계 보전과 연구에 전력을 다하고 있다.

4) 괌도의 해양문화와 관광

서태평양의 아름다운 섬, 괌의 관광사업은 대단히 성공적이다. 미국이라는 거대한 배경 속에 피한지로서, 휴양지로서 자연환경을 최대한으로 활용하고 있음을 볼 수 있다.

마젤란이 1521년 이 섬을 찾아온 이후, 약 300년간 스페인령으로 있다가 1898년 미국·스페인 전쟁으로 미국령이 되었다. 그러나 19세기 말 독일령으로 전환되었다가 태평양 전쟁 때에는 일본이 점령하여 다스린 때도 있었고, 2차 대전 이후에는 미국의 신탁통치령이 되었다.

현재 괌은 미국의 준 주州의 위상을 지니고 있으며, 서울에서 괌까지는 4시간의 비행 거리이며 찬란한 햇빛이 내려 쪼이는 짙푸른 심해의 태평양 상공을 나는 것은 매력적이기도 하다. 혹은 다양한 모양의 구름도 자연의 아름다움을 제공한다.

괌도의 바닷물은 오염되지 않은 청정수역이고, 밀물·썰물의 차이가 많지 않고, 수온이 사시사철 따뜻하며 수영을 즐기기에 최적지임은 물론, 대부분의 해안은 자연풀장의 역할을 맡고 있으니 관광에 열을 올릴 만하다. 즉, 해양 스포츠로서 어떤 종류이든 쉽게 즐길 수 있다는 점이다.

수영뿐만 아니라 슈노르 웰링, 윈드서핑, 보팅, 스쿠버 다이빙, 트롤링(바다낚시) 등을 마음껏 즐길 수 있고, 강습을 통하여 각종 스포츠 자격증 취득에 있어서 문호가 개방되어 있다. 이런 이유로 관심을 가지고 찾아드는 관광객이 적지 않다.

괌도의 주요 관광내용은 좁은 공간의 섬 속에서 사랑의 절벽, 파세오 공원, 라태스톤전망대, 민속박물관, 요코이 박물관 등을 보는 것인데, 대단하거나 매혹적이라는 감정이 거의 들지 않는다. 안내원의 이야기는 다분히 미화된 것이고 선전적임을 느낄 수 있다.

무엇보다도 관광 스케일이 왜소하지만 2차 대전의 전쟁사적 의미는 배제할 수 없다. 실제로 이 섬의 관광 요체는 해양의 자연 혜택인 수온, 즉 따뜻한 바닷물과 수영과 수상레져스포츠를 즐길 수 있는 얕은 연안과 청정 수역이라는 천혜의 환경 속에 열대성 기후를 극복하면서 관광객을 유치하는 것이다.

그러나 이와 같은 관광 붐은 실제로 이곳이 태풍의 근원지에서 멀지 않아 피해가 대단히 많고, 심할 때는 강풍으로 커다란 야자수가 뿌리째 뽑혀 나가고 지붕이 날아가고 화물 트럭이 굴러 쓰러질 정도이며, 강한 지진이 발생하여 안심하고 쉴 수 있는 곳이 아니라는 지형적인 약점도 함께 인식할 필요가 있다.

우리나라에서 괌도는 좀 과대 선전되지 않았나 생각된다. 어느 부유층 노인들은 겨울이 오면 이곳에 아파트를 임대하여 몇 개월간 생활하면서 자녀·친척·친지들을 그곳으로 불러들여 관광도 하고 휴식도 취한다.

여기서 우리는 우리나라 도서의 자연경관과 바다의 성격을 성찰해 보고 어떻게 하면 관광사업과 연계될 수 있는가 고려해 볼 만하다. 괌도의 자연이 수온만 제외하고는 우리나라의 도서 자연, 예를 들면, 제주도의 바다자연, 울릉도의 자연경관, 남해안의 해금강과 한려수도의 수려함, 서남해에 위치하는 홍도의 아름다움을 따를 수 있는가. 이렇게 다양한 우리의 도서는 참으로 훌륭한 관광자원이 될 수 있지만, 현실적으로 관광객을 유치할 수 있는 시설투자와 주민의 문화가 형성되어 있는지 자성해 보아야 하겠다.

괌도의 원주민은 3/4이 차모로족으로 코코야자, 사탕수수, 커피, 카카오, 옥수수 및 열대과일을 재배하며 살았지만, 지금은 3차 산업인 관광으로 많이 흡수되어 따뜻한 미소의 독특한 분위기를 조성하고 있다. 괌도의 개인당 소득은 상당히 좋은 편이며, 미국 본토의 경기가 나빠지면 이곳으로 유입되어 관광에 종사하는 경향이 있다고 한다. 주민의 90% 정도가 가톨릭 신자라고 한다.

5) 괌도의 인위적인 생태계

괌도는 2차 대전시에는 전략의 요충지로서 완전히 살상의 전장이었다. 현재도 섬 북부에는 앤더슨 공군기지가 있고 바다에는 핵잠수함의 기지가 있는데, 들리는 말에 따르면 핵잠수함은 24척이 있으며, 1척당 26기의 핵을 지녔다고 하니 아직도 이 섬은 미국의 군 기지 센터가 아닐 수 없다. 또한 팀 스피리트Team Spirit 훈련의 전략물질 70%가 이곳에서 조달되고 있다고 한다.

일인日人, 요코이Shoichi Yokoi가 패잔병으로 괌도의 열대 밀림 동굴에서 오랫동안 민물 메기와 물고기, 그리고 열대의 열매를 먹고 견디다가 72세에 죽은 것은 인간의 놀라운 정신력을 보여주는 것이기도 하다. 이것은 무인고도에서 혼자 견딘 로빈슨 크루소보다도 1년이나 더 견딘 기록이다. 요코이Yokoi박물관에는 그가 35여 년간 살았던 의식주의 생활 분위기를 재현하여 보관하고 있다.

괌의 생태계는 인위적인 점이 있다. 폭격으로 밀림이 사라진 것을 비롯하여 괌도에는 새 종류가 거의 없다. 이것은 태평양 전쟁 시 일본이 한때 이 섬을 점령하였는데, 그 때에 식용으로 들여온 뱀이 너무 많이 번식하여 땅에 낳는 새의 알을 모두 먹어치웠던 탓이라고 한다. 뱀이 많아서 지하의 케이블 선까지도 손상시킬 정도라고 한다.

실제로 괌은 생태적으로 외래종에 대해서 방어력이 약한 면이 있다. 외래종인 갈색나무뱀이 이 섬의 토착 새를 멸종시키고 있다. 이 뱀은 야행성으로 후각이 발달되어 있어서 새, 쥐, 도마뱀을 잡아먹는다. 큰 개체는 길이가 3m인 것도 있다. 근거 있는 원인으로는 갈색나무뱀은 40~50년 전에 솔로몬섬에서 오는 화물선에 의해서 괌도에 유입되었는데 괌의 원시림 속에 사는 새의 생태계를 완전히 파괴한다는 것이다.

숲속에 새가 사라지니 벌레가 너무 많고 거미가 너무 많다. 이들이 폭발적인 번식을 하여 먹이사슬의 평형이 파괴된 것이다. 따라서 괌 정부는 2004년부터 5년간 연 1,800만 불($)의 예산으로 갈색나무뱀의 퇴치작업에 착수하였다. 따라서 갈색나무뱀의 덫을 설치하고 있다. 이들은 멸종된 괌 뜸부기를 인공으로 부화 성장시켜서 로타섬에 방사시키고 있으며, 어린 아이들에게 자연생태교실을 열어서 교육시키고 있다.

다른 예로는 미군이 개를 많이 들여와 현재는 자동차 주행조차 불편할 정도로 개떼가 많다. 그런가 하면 '개 경주'도 개발하여 우리나라의 경마와 비슷하게 관광객을 유치하고 있다.

6) 괌도의 야자수 문화

괌도의 야자수 문화에서 돋보이는 점이 있어서 소개한다. 야자수는 뿌리를 뽑아 놓아도 몇 개월(6개월)이나 생존할 수 있다. 그러나 잎을 베어버리면 야자나무는 고사하고 만다. 야자수의 첫째 효율성으로는 열매로부터 나오는 물이 부드럽고 영양가 있는 좋은 음료수여서 숙취에서 벗어나게 하는데 효과가 뛰어나며, 열매의 껍데기는 코코아의 원료로 쓰인다. 그리고 줄기의 일부는 야자 술을 담그는 원료로 쓰이고, 나무껍질은 말려서 불쏘시개로 쓰인다. 야자 잎은 장바구니를 제작하는 원료이며, 야자의 통나무는 뗏목으로 이용된다. 저자는 원주민의 야외 민속 공연장을 본 적이 있는데, 무대 구성이 야자나무로 되어 있다. 독특한 야자수 문화의 한 단면을 본 듯하다.

10장

북아메리카North America의
바다 자연

1. 미국, 태평양의 해안자연

미국이 접하고 있는 태평양 연안의 길이는 대단히 방대하다. 우선 북극권에 속하는 알래스카로부터 샌프란시스코, 산타크루즈, 로스앤젤레스를 거쳐 샌디에이고에 이르기까지 북태평양의 연안은 미국이 지니는 국력일 뿐 아니라, 해양자원의 요충지를 점유하고 있다.

실질적으로 북위 49°의 미국과 캐나다 국경선에서 미 서부 최남단 도시인 샌디에이고까지는 자동차길로 약 1,400여 마일이나 된다. 물론 해안선의 길이는 이보다 훨씬 길다. 이 기회에 미 동부 해안의 주요 도시들 사이의 거리를 간단히 살펴보면, 시애틀Seattle시에서 샌프란시스코까지 810마일이고, 샌프란시스코에서 로스앤젤레스까지는 387마일이며, 로스앤젤레스에서 샌디에이고까지는 불과 124마일이다.

알래스카의 자연에 관하여는 '북극권의 자연과 생물'에서 이미 기술하였으므로, 여기에서는 몇몇 지역의 해양문화와 해안경관으로 세븐틴 마일스Seventeen Miles 같이 뛰어난 해안경관이나 해양성격 또는 해양연구소에 대하여 언급한다.

1) 금문교 양쪽으로 펼쳐지는 전혀 다른 해양생태계

태평양과 샌프란시스코만을 정확하게 갈라놓는 직선거리는 금문교의 다리 길이이며, 이 다리의 건설은 과학기술의 획기적인 전기뿐만 아니라, 해양생태학적으로 또는 수문학적으로 다리 양쪽으로 전혀 다른 2개의 수계를 전개시키는 의미를 지니고 있다.

이 해역의 일반적인 자연경관으로서 금문교 다리 밑의 해양학적 면모는, 우선 해류의 유동이 대단히 빠르다는 점이다. 이것은 태평양의 거대한 물 덩어리의 유동이 샌
프란시스코만의 좁은 입구를 통
하여 내만에 갇혀있는 물 덩어
리와 교류하고 있기 때문에 물
살이 센 것은 물론, 수문학적 성
격으로 교류가 대단히 활발할
수밖에 없다. 이 해역은 위도가
높은 편이 아니지만 북쪽의 냉
수성 연안류의 영향으로 수온이
아주 낮으며, 계절적으로 7℃
정도로 차갑기도 하다. 또한 이
만으로는 상당량의 담수가 유입
되고 있어서 염도가 영향을 받

미, 태평양 연안에 자생하는 갈조류인 켈프

으며, 영양염류의 유입은 식물성 플랑크톤에 영향을 미쳐서 태평양의
연안생태계와는 다른 생태계를 이루고 있다.

　샌프란시스코만의 입구 해역의 해수는 청색을 띠며, 맑고 투명하여
비교적 청정수역을 이루고 있다. 이 해역에 어류가 풍부함을 보여주는
것은 물개의 서식이 많은 것으로 확인할 수 있다. 항구의 한쪽 수역에
는 매트리스형의 뗏목 위에 수많은 물개harbor seal들이 모여 있는데, 이
들의 쉼 없는 울음소리는 이채롭다.

　샌프란시스코시는 미美 서부의 아름다운 대도시로서의 명성도 있지
만, 다리 건축의 금자탑을 이룬 금문교Golden Gate Bridge로 잘 알려진 도
시이기도 하다.

　이 다리는 조셉 스트라우스Joseph Strauss가 거미줄에서 영감을 받아
직경 5mm의 강철사 27,572개를 꼬아서 강력한 줄을 만들고, 만의 양
쪽에 거대한 버팀 교각을 세우고, 이 줄에 다리를 걸쳐 놓은 것이다.

조셉 스트라우스는 1933년부터 1936년까지 공사를 완성하였고, 다리의 안전성을 확인하기 위하여 1년 동안 실험적 사용을 한 다음에 개통하였다. 금문교보다 훨씬 긴 다리로는 리치몬드 산 라파엘 다리Richmond·San Rafael Bridge, 샌프란시스코 - 오클랜드 베이 다리San Francisco·Oakland Bay Bridge, 산마테오 다리San Mateo Bridge가 샌프란시스코 만의 양쪽 연안을 연결하고 있다. 참으로 장대한 다리 문화를 보이고 있다.

2) 해인 문화기 인산되던 몬트레이시市

지리적으로 샌프란시스코에서 조금 떨어진 남쪽해안에 몬트레이만Montrey Bay이 위치하고 있다. 이 만의 입구는 남북으로 넓게 열려 있는데, 길이는 40여km이며, 북단에는 산타크루스Santa Cruz시市가 있고, 남단에는 몬트레이Montrey시가 있다.

이 일대의 해안경관은 자연스러운 해안림과 함께 아름다우며, 해양생물의 서식이 대단히 풍부하다. 해조류macroalgae가 해변에 많이 쌓여 있고, 물개harbor seal가 눈에 띄게 많이 보인다. 이것은 이 해역에 많은 양의 어류가 서식하고 있음을 말해준다. 고래의 서식처로도 명성이 있던 해역이다.

몬트레이시市의 유래는 막강한 해군력을 보유한 스페인이 영국과의 해전에서 패망했을 때, 스페인의 배 한척이 영국군을 피하여 태평양을 항해하다가 도착한 곳이 몬트레이 해안이며, 선장은 백작인 친구의 이름 몬트레이Montrey를 도시 이름으로 명명하게 된 것이다. 그 이후 몬트레이는 스페인 땅으로 되었고 다시 미국 땅으로 편입된 것이다. 몬트레이시에서 캘리포니아주의 헌법이 만들어진 것도 이 시의 무게를 더해

주고 있으며, 몬트레이만灣을 끼고 발달된 몇몇 도시에는 해양박물관과 수족관이 있으며, 해양문화의 흔적이 일상화되어 있다.

몬트레이 해역에는 풍부한 어족자원이 서식하고 있고, 물개와 고래가 서식하고 있지만, 도시 건설 당시에는 더욱 풍부하였다고 한다. 그때에 러시아인이 나타나서 고래잡이도 하고 어로 행위를 하자, 스페인에서는 많은 사람을 이곳으로 이주시켜 어업에 종사토록 하였다. 결국 이주민들이 몬트레이시를 건설하는 주역이 된 것이다.

그 당시에 이 해역에서는 고래잡이가 성행했으며, 막대한 양의 정어리가 어획됨으로써 정어리 산업이 발달되었다. 따라서 어부들은 흥청거렸으며, 낭만적인 분위기로 술집은 번성기를 누렸다. 그런데 재미있는 일은 어부들 사이에서 인기 있는 술집 여인들의 이름이 거리 이름으로 명명되어 오늘날의 거리 이름으로 남아 있다는 점이다.

존 스타인백의 『분노의 포도』는 바로 몬트레이시와 살리나스시를 배경으로 하여 쓰인 작품이다. 노벨상 수상자인 존 스타인백은 이 도시 건설기의 어려움을 그리고 있다. 이주하여 온 사람들은 먹을 것이 없어서 아사까지 하는 처절한 생활고 속에서도 인간적이고 인도주의적인 면을 보여주고 있다. 한 단면을 소개하면 다음과 같다.

어느 노인이 먹을 것이 하도 없어서 굶다보니 완전히 무기력해져서 조금도 움직일 수가 없게 되었는데, 아이가 밥을 빌어 가지고 와서 미음을 만들어 입에 넣어주지만, 미음조차도 씹어 넘길 힘이 없다. 그런데 기아飢餓 선상에서 허덕이던 어느 젊은 여인이 헛간에서 진통 끝에 아이를 낳지만 사산을 한다. 이 젊은 여인은 비통할 수밖에 없는 상황에서 그 무기력한 사람에게 젖꼭지를 물려 소생시키고 있다.

3) 세븐틴 마일스의 뛰어난 해양경관

몬트레이시 남쪽에 위치하는 고유지명인 세븐틴 마일스는 뛰어나게 아름다운 해안경관을 지니고 있다. 있는 그대로의 자연이 보전되어 있으며, 산뜻하게 뚫린 해안도로는 바다와 산림경관을 잘 조화시키면서 지나가고 있다. 자연이 훼손되지 않았고 오염 흔적이 거의 없어 더욱 좋다.

이 해안의 중간에는 물개 바위seal rock와 새 바위bird rock가 있는데, 연안 가까이 위치하고 있는 이 해암에는 수많은 물개와 수달이 운집해 있다. 이들은 바위 위에 엎드려 쉬기도 하고, 유영을 하기도 하며, 울은 소리를 내기도 하는 여러 가지 생태를 쉽게 관찰할 수 있는데, 수표면을 진동시키는 울음소리는 역시 이곳의 자연과 잘 어울리고 있다. 또한 해안에는 많은 양의 해조류가 쌓여 있다. 이것은 어류와 해양동물이 풍

미, 태평양 연안의 세븐틴 마일스의 자연경관

요롭게 자생하고 있음을 나타내는 것이다.

어떻든 세븐틴 마일스 해안에서 볼 수 있는 천혜의 자연경관은 수많은 물개와 수달의 서식, 풍부한 어류의 서식, 그리고 풍부한 해조류의 서식이 이루어지고 있다는 점이다. 정상적인 먹이망food web의 자연이기도 하지만, 보다 중요한 것은 국민의 자연보호의식이 이 지역을 세계적인 명소로 보전시키고 있다.

이 세븐틴 마일스 해안에 자생하고 있는 삼나무cypress는 '자연의 분재'라는 표현이 적절할 수밖에 없다. 이 삼나무는 몸체가 왜소한 편이며, 해암 위에 우뚝 홀로 서 있는데, 바닷가의 좋은 날씨가 많다고 해도 강한 해풍이나 폭풍 등의 풍토적 열악함을 간주하면, 수많은 연륜 속에 풍상을 겪은 것만은 확실해 보인다. 이 삼나무는 현재 지구상에서 3,500년 정도의 가장 오래된 나무로 알려진 아프리카 서안의 테네리페Tenerife 섬에 있는 용혈수dragon tree와는 종種, 체형, 성격, 풍토, 지리 등이 다르지만, 오랜 세월을 견딘 단단한 풍모에서 유사함이 보인다.

몬트레이와 세븐틴 마일스 지역의 아름다운 해안환경과는 다르게 개척기의 역사는 침울한 면도 담겨있다. 한 가지 예를 들어 본다.

이 몬트레이 지역에는 원래 인디언이 많이 살고 있었고, 선교의 사명을 띤 스티븐 목사는 인디언을 잘 보호해 주었으며, 원주민과 친한 사이로 지내고 있었다. 그런데 어느 날 갑부인 백인이 이 목사를 찾아 왔고, 인디언 하녀는 차를 끓여 대접을 하는데 실수로 갑부에게 찻물을 쏟게 되자, 백인은 벌떡 일어나 하녀의 뺨을 사정없이 때린다. 이 광경을 목격한 하녀의 남편은 격분한 끝에 칼을 빼서 갑부를 죽이고, 두 사람은 세븐틴 마일스로 도망하여 숲속에서 살아가고 있었다. 하인을 돌보아 주던 스티븐 목사는 인디언을 보호하고 있다는 이유로 백인의 총에 맞아 죽게 되고, 기병대는 무차별로 인디언을 학살하기 시작함으로써 원주민은 거의 멸종상태로 된다. 세븐틴 마일스는 아름다운 해안 숲속과는 대조적으로 참담한 인디언의 학살장이 되었던 것이다. 오늘날에는 세븐틴 마일스의 아름다운 해안경관과 울창한 자연림을 배경으로 '원초적 본능' 같은 영화가 제작되고 있는 곳이기도 하다.

4) 해안개발을 제한하는 로스앤젤레스

샌프란시스코San Francisco 해안에서 샌디에이고San Diego 해역에 이르기까지 해안의 경관은 대부분 자연 그대로 보존되고 있는 아름다운 자연환경이다. 로스앤젤레스시의 해안은 맑고 푸른 태평양의 바닷물과 함께 수목이 적절히 어우러진 자연경관의 청정수역을 이루고 있다. 연안지역의 개발은 제한되어 있으며, 항구나 비치Beach 구역에도 해양오염은 적은 편이다.

로스앤젤레스 연안 수역의 저층에는 저서생물이 서식할 수 있는 바위, 돌이 많아서 해조류가 많이 서식하고 전복 같은 부착성 생물도 많이 자생하고 있다. 그러나 최근 수십 년 동안, 특히 우리나라 교포들이 과잉 채취하여 자원이 고갈되다시피 한 실정이라 자연보호 측면에서 통제되고 있다.

로스앤젤레스 항구에 위치하고 있는 해양박물관maritime museum은 대소형의 선박 모형만 전시되고 있다. 전시된 선박은 종류도 다양하지만 시대적 다양성도 보이고 있고, 모형 선박이지만 제작의 정교성은 대단히 뛰어나다. 다른 한편 선박의 종합 과학적 발달과정을 잘 조망할 수 있게 하고 있다.

로스앤젤레스 해안에는 대도시의 면모에 걸맞게 많은 비치가 있다. 맨해튼 비치Manhattan Beach, 레돈도 비치Redondo Beach, 롱 비치Long Beach, 헌팅턴 비치Huntington Beach, 뉴포트 비치Newport Beach 등은 잘 알려진 것으로 많은 인파를 수용한다. 그러나 이런 비치를 제외한 해안 일대를 둘러보면, "있는 그대로의 자연"이 남아 있다. 그러나 거대한 로스앤젤레스 항구인 경우에는 수많은 대소형의 선박이 밀집되어 있고 수색이나 수질도 상당히 오염되어 있다.

이곳의 기온은 일반적으로 온난하지만, 여름철에는 상당히 더운 편이다. 식생의 한 단면으로는 아열대성 식물인 야자수와 유도화 같은 식물이 많고, 선인장류의 서식이 흔하며, 대나무 숲도 드물지 않다.

로스앤젤레스에 인접해 있는 헌팅턴 라이브러리Huntington Library 지역은 아열대성 성격의 자연이 잘 보전되어 있다. 이곳은 도심지의 빈약한 수목에 비교하면, 울창한 수목의 경관 속에 식물원의 성격도 띠고 있다.

5) 저명한 해양연구소가 위치하는 샌디에이고

샌디에이고시는 미 서부 해안의 최남단에 위치하고 있으며, 멕시코와 접경을 이루는 국경도시로서 라틴 아메리카의 영향, 즉 스페인풍의 문화가 생활 속에 많이 섞여 있다. 이 해안도시는 부유하며, 좋은 기후와 뛰어난 해안경관은 세계적으로도 명성이 있는 한편, 생활수준도 대단히 높다.

이곳에는 세계적으로 유명한 스크립스 해양연구소Scripps Institution of Oceanography가 있다. 오랜 전통과 수많은 교수와 연구원이 활동하고 있는 이 연구소는 1903년에 설립된 캘리포니아California 대학교 소속 연구소이며, 세계적인 해양학의 연구 센터 역할을 하고 있다. 이 연구소는 미국 동부의 우즈 홀Woods Hole 해양연구소의 연구 규모, 연구비 유치, 연구 실적 등과 쌍벽을 이루면서 난형난제難兄難弟의 경쟁 관계에

미, 태평양 해안의 Scripps 해양연구소의 경관

있다. 전반적으로 세계 초일류의 연구 규모를 자랑하고 있는 이 연구소는 태평양을 주무대로 연구하고 있으며, 학문적으로 너무 세분되었고 분화되어 있어서 개개인의 연구자는 어느 한 가지 분야에만 심층 연구에 몰두하는 경향이다. 모든 연구원은 자기 전공 이외의 분야에는 관심이 없으며, 관심을 보일 추호의 여유도 없어 보인다.

따라서, 해양 전체에 대한 전반적이고 해박한 지식을 가지고 해양과학을 종합하고 총괄할 수 있는 능력의 인재 양성에는 결핍되어 있음을 부소장 말린 박사Dr. Mullin와의 대담 속에서도 확인할 수 있다. 연구소의 잔디밭에서 점심시간을 포함한 2시간 가까운 대화는 연구소의 운영 유지와 우수학생의 양성에 엄청난 노력이 뒷받침되고 있음을 느끼게 한다.

이 연구소는 7개 연구 분야(Applied Ocean Sciences ; Biological Oceanography ; Geochemistry and Marine Chemistry ; Geological Sciences ; Geophysics ; Marine Biology ; Physical Oceanography)가 있으며, 교육에 참여하는 교수 등의 staff진은 140여 명이며, 박사학위과정에 있는 학생은 180여 명이다. 물론 연구지원 인력과 선박을 운영하는 선원을 포함한 모든 연구 인력은 2,000여 명이 넘는다고 하니 방대한 연구소가 아닐 수 없다.

다른 한편으로, 샌디에이고시가 내세우는 캘리포니아 씨월드Sea World of California는 해양 및 해안생물의 서식, 생태적 성격을 활력 있게 보여주고 있다. 수족관만 보아도 세 가지가 있는데, 해양수족관marine aquarium에는 전 세계의 바다에서 온 어류와 각양각색의 무척추 해양동물이 전시되어 있으며, 담수 수족관freshwater aquarium에는 담수산 색다른 어류들, 육식어류인 삐라냐, 눈이 4개인 어류 등 다양한 어류가 전시되고 있다.

그런가 하면, 수중 세계의 생태를 보이는 해양수족관World of the Sea Aquarium에는 산호초, 대형 해조류 서식대, 조련 물고기schooling fishes 또는 엽어gamefishes들이 전시되고 있다. 그런가 하면, 해마, 물개, 바다사자의 전시장, 돌핀 연기장, 바다거북 전시장 등의 전시장과 다양한 동·식물의 전시장이 종합적으로 꾸며져 있다.

2. 하와이 군도의 해양생물

1) 곤충 서식 못하는 활화산의 도서

하와이 군도는 모두 합치면 122개의 섬으로 되어 있으며, 미국의 일개 주洲로서 면적은 16,705km²이다. 그러나 일반적으로 하와이하면 8개 군도이며, 그 중에 6개 도서에는 마을이 있고, 1개 도서는 군사기지로 사용될 뿐이며, 나머지 1개 도서는 다만 개인 별장으로만 사용되고 있다.

하와이 제도는 미 대륙에서 2,500여 마일 떨어져 있는 북태평양의 북위 20° 전후와 서경 155~160° 사이에 위치하고 있다. 이 지역의 섬들은 열대에 속해 있지만, 전형적인 해양성 기후를 나타내고 있어서 서태평양의 거의 비슷한 위도에 있는 괌Guam도나 타이완섬의 기후와 대동소이하게 고온다습하다. 어떻든 대양 속에 조그맣게 떠있는 섬인 하와이의 기후는 사철 기온의 변화폭이 크지 않으며, 강우량이 많아 열대우림이 형성되고, 바닷물의 수온은 거의 항상 따뜻하여 연중 언제나 해수욕을 즐길 수 있는 천혜의 휴양지를 이루고 있다. 하와이와 괌도와의 거리는 약 3,800마일이지만, 위도상으로 또는 해양학적 성격과 생물의 서식환경이 유사하다.

하와이 군도는 화산으로 형성된 섬들로서 땅에 유황과 백반 성분이 많이 함유되어 있어서 생물학적으로 볼 때 땅속에 뱀이 없고 굼벵이 같은 생물이 없다. 그렇기 때문에 지하에서 생활사life cycle의 전부 또는 일부가 이루어지는 생물은 서식하지 않는다. 그 예로, 매미의 경우 유충이 없으므로 매미가 없다. 또한 활화산의 활동으로 내뿜어지는 연기는 모기를 비롯한 곤충의 서식을 차단하고 있다.

조류의 서식도 대단히 빈약하여 까치, 까마귀, 갈매기 또는 제비가 없는 것이 생물학적 특성이기도 하다. 이것은 하와이섬과 대륙이 멀리 떨어져 있어서 조류의 이동migration이 제한되기 때문이다. 일례로서 제비는 바다 위를 이동할 때는 나뭇잎을 물고 가다가 힘이 들면 물 위에 띄워 쉬면서 다니는데 하와이처럼 멀리 있는 섬까지는 이동하기가 어려운 것이다. 하와이 군도의 8개 섬은 니하우Nihau, 카우아이

Kauai, 오아후Oahu, 몰로카이Molokai, 라나이Lanai, 마우이Maui, 카홀라웨Kahoolawe, 하와이Hwaii 등이다.

하와이 제도에서 제일 큰 섬은 하와이섬으로서 아직도 화산활동을 활발히 하고 있으며, 별칭으로는 빅 아일랜드The Big Island 또는 난초를 많이 길러서 '난초의 섬'이라고도 한다. 면적은 오아후섬보다 무려 6~7배이며, 7개 군도를 합친 면적보다도 2배나 커서 4,038평방마일이나 되지만, 인구는 12만 명에 불과하다. 호놀룰루에서 이 섬의 수도 힐로까지는 비행기로 30분 거리이며 미개발 도서로서 한산하고 조용하여 휴양지로서 최적의 조건을 갖추고 있다. 마우나 로아Mauna Loa에는 하와이 국립화산공원Hawaii Volcanoes National Park이 있고 제일 높은 산은 해발 4,000m가 넘는 마우나 케아Mauna Kea인데 정확한 높이는 13,796피트이다. 이것은 태평양 한가운데 우뚝 솟은 산봉우리로서 해저 깊이를 감안하면 거대한 산악의 정상이라고 할 수 있겠다.

2) 아름다운 오하우섬

하와이 제도, 즉 하와이 주洲의 수도가 있는 섬은 오아후Oahu섬으로 면적은 594평방마일이다. 오아후섬의 크기는 우리나라 제주도의 95% 정도이며, 수도 호놀룰루가 있으며 진주만이 있다. 하와이 군도의 정치, 경제, 문화의 중심이 되는 섬이고 인구는 전체의 약 80%에 상당하는 120만 명이 살고 있다. 우리나라 교포도 약 5만여 명이 살고 있다.

오아후섬의 전경은 주로 심해성 해양경관이지만, 아름답고 다양하다. 특히 하나우마 만Hanauma Bay은 다이아몬드 헤드(높이 232m의 화산 분화구), 와이키키 해변(세계적인 리조트 해변)과 함께 이 섬의 3대 명소를 이루고 있다. 하나우마 만은 이 섬의 동남부 위에 위치하는데, 에메랄드 바닷물과 산호초가 어우러진 국립해상공원으로서 해안 절벽과 함께 뛰어난 자연경관을 이루고 있다.

이 만은 최적의 수온과 해변으로 대단히 좋은 해수욕장을 이루고 있는데, 수심은 아주 낮아서 가슴 높이밖에 안 되며, 열대어류가 많이 모여 유영을 하고 있다. 스킨스쿠버 또는 스노웰링을 하게 되면 물고기들과 아주 가까이 접하면서 시간을 보낼 수 있는 천혜의 자연이다.

오하우섬의 또 다른 명소로서는 해양생물공원sea life park을 뺄 수 없다. 이 공원은 규모상으로 크지 않으며, 건설하는데 많은 비용이 들지 않은 실리적인 관광명소 중의 하나이다. 이 공원은 간단하면서 유익하고 교육적이어서, 많은 관람사가 느낀다.

3) 실리적으로 꾸며진 '해양생물공원'

수족관은 원통형으로 지하층에서 지상층으로 설계되어 있어서, 나선형 통로를 돌면서 활기 있게 회유하는 어류를 관람할 수 있다. 이 수족관은 하와이 해역의 해양생태의 일면을 잘 보여주고 있다. 이것은 오래 전에 설립되었고 명성이 있는 발티모어Baltimore의 국립수족관 national aquarium과 비슷한 유형이지만, 훨씬 실용적이고 경제적으로 꾸며져 있다.

일반적으로 실내의 거대한 수족관에서 행하여지는 돌고래의 쇼는 인위적으로 잘 조련된 돌고래와 조련사와의 경연이라고 할 수 있다. 그런데 해양생물공원sea life park에서 행하여지는 돌고래 쇼는 수족관이 아니고, 야외의 풀장이라는 점에서 보다 자연적이고 인상적이다. 이곳의 야외 풀장은 자연스러운 분위기를 만들고 주변 환경을 아기자기하게 활용함으로써 실용적이고 흥미로운 분위기를 창출하고 있다. 우선 수온이나 기온 같은 환경 조건과 잘 조화시킨 아이디어라고 할 수 있다.

풀pool의 가운데는 조그만 오두막을 설치해 놓았고, 풀의 한 면은 낡은 선박을 고정 배치하여 돌고래가 뛰어노는 무대로 꾸며 놓았다. 하와이 원주민과 함께 뛰노는 돌고래의 모습은 자연의 일부로 보이고 있다. 별도로 물개의 야외 풀장이 있는데 역시 물개의 능숙한 쇼와 이에 따른 보상으로 주어지는 생선은 좋은 관람거리가 되고 있다. 이곳의 물개 쇼는 해양생물공원의 자랑거리가 아닐 수 없다.

일반적으로 해양박물관이나 해양공원 또는 수족관의 설립은 규모가 크고 화려하며 많은 예산을 전제로 건설되는 것이 보통이지만, 하와이 군도의 오아후섬에 있는 sea life park은 규모가 크지 않고 실용적이고 검소하다. 자연스러운 야외 분위기와 바다 전경이 잘 조화되어 있어서 인상적이다.

4) 하와이 군도의 해양환경과 인공어초

수문화적으로 열대성 수온을 사철 유지하는 하와이군도의 연안 해역에는 곳곳에 산호초corol reef가 형성돼 있으며, 약 75종이 서식하고 있는 것으로 알려져 있다. 물론 이것은 필리핀 해역이나 괌 해역에 비하면 종류가 상당히 적은 편이지만, 그래도 상당한 다양성을 지닌 것이다.

하와이 연안수역에 자생하는 산호류는 수심에 따라 다음과 같이 그 형태를 나누어 볼 수 있다.

수심이 낮아 5~6m 이내에서 자라는 산호는 꽃양배추 모양 cauliflower coral이며, 이것 보다 다소 깊은 수심 6m 전후에는 가지진 뿔 모양의 산호antler coral가 자라고 있고 수심 10m 정도에서 자라는 산호

하와이 연안 해역의 잠수함 아틀란티스(Atlantis)

는 흰점의 해삼 모양white-spotted sea cucumber이며, 비교적 수심이 깊은 15m 정도에 자생하는 산호는 열편裂片형lobe coral을 하는 생태적 특성을 지니고 있다.

산호는 강장동물문의 산호강 산호과에 속하는 동물로서 주로 수온이 높은 열대 수역에 서식하고 있다. 산호는 산호초를 이룰 만큼 생장 속도가 대단히 빠르며, 매우 아름다운 색채의 해양생태계를 이루고 있다. 몇 가지 종류를 소개하면 붉은산호, 연분홍산호, 녹석산호, 흰산호, 석산호, 버들산호, 가지산호, 관산호 같은 것이 있다.

산호가 자라는 산호초의 수역에는 수많은 해양생물이 함께 서식하여 경관적으로 보면 환상적인 해양생태계를 이루고 있다. 산호류와 더불어 사는 저서식물로는 주로 홍조류Rhodophyta에 속하는 수많은 해조류 특히 석회조의 서식이 좋다.

저서동물로는 불가사리, 말미잘, 해삼, 성게, 멍게, 새우류 및 저서성 어류가 있으며, 산호초 사이에 서식하는 어류pelagos로서는 여러 종류의 돔과 나비고기를 비롯한 다양한 어류가 있다.

하와이 군도의 연안 해역을 잠수함Atlantis에서 관찰하여 보면, 우선 해저 환경이 맑고 깨끗하며, 어류가 자연적으로 서식하는 자연초가 많이 보여지지 않는다. 그렇지만 하와이 대학교의 해양학과가 설치한 인공어초와 침몰된 선박과 투하된 비행기 잔해는 인공어초로서의 기능을 하고 있으며, 어류의 서식환경으로서 또는 해양생물학적으로 커다란 의미를 부여하고 있다.

(1) 선반식 피라밋형 인공어초

수심 30m 정도에 "콘크리트의 넓은 평면판"을 쇠파이프 기둥으로 층층이 조립하여 해저에 설치해 놓음으로써 어류의 생태와 서식환경을 조사 연구하고 있다. 맨 밑에 있는 평면판은 상당히 넓어서 $30m^2$ 정도 됨직하며, 위쪽으로 올라갈수록 면적이 비례적으로 적어져서 6번째 평면판은 $10m^2$ 정도로 가늠되고 있다. 마치 피라미드형의 제단 같은 6단의 평면판은 서로 2m 정도로 평형을 이루면서 해저평야에 세워져 있다. 이것이 설치된 주변 해역에는 해암, 돌, 해초류 숲 같은 아무런 자연초가 보이지 않는 바닷속 평원이다.

해양환경적으로 수심이 비교적 깊기 때문에 햇빛이 많이 투과되지 않아, 다소 어두운 편으로 보이지만, 일정 거리의 시야에는 거의 장애가 되지 않는다. 이러한 점으로 보면, 이 수역은 좋은 광투과층euphotic zone을 이루고 있다. 그러나 구조물에 부착된 해조류나 저서동물이 거의 관찰되지 않으나, 상당히 많은 어류 떼가 이 구조물 주변을 유영하고 있는 것은 인공어초로서 기능을 하고 있음을 보이는 것이다. 이 구조물의 주변 환경은 상당히 깨끗한 편이다.

(2) 원통의 철망 인공어초

이것은 일본에서 활용되고 있는 인공어초의 한 유형으로 상기의 유형과 비교 연구하기 위하여 이 해역에 설치한 것이다. 선반식 피라밋형 인공어초와는 모양이 다르지만 기능은 대동소이하다.

직경 2m 정도의 단일 원이 연속적으로 부착되어 길이 10m 정도의 원통형을 이룬 것이 피라밋식으로 맨 밑층에 3개, 그 위층에는 2개, 그리고 상단에는 1개로 쌓여 전체 모양은 삼각형을 이루고 있다.

물론 이 원통은 그냥 철근만으로 조립되어 어느 곳에서든지 원통 내외로 어류가 자유자재로 입출입할 수 있으며, 원통 내외에 조도차이가 없다. 철근에 부착하여 서식하는 해조류나 저서생물은 거의 관찰되지 않았으나, 역시 많은 물고기떼가 이 인공어초의 주변을 맴돌고 있다. 이 원통형의 인공어초는 상기한 선반식 피라밋 인공어초와 동일한 해양환경에 설치된 것이고, 해양의 자연경관도 동일한 상태이다.

(3) 침몰된 선박어초

이 선박초는 2차 대전 중 군함이 오아후섬 근해에 침몰된 것인데, 수심 20~30m 정도에 그대로 내려 앉아 있는 것이다. 이 배는 이미 수십 년 동안 해수에 잠겨 있어서 침식이 많이 되어 있으나, 선박의 외형은 거의 원형에 가까운 형체를 지니고 있다. 수많은 어류가 선박 내외를 드나들면서 서식하는데 마치 어류 아파트를 보는 듯하다. 이 선박어초는 상기한 2가지 인공어초의 유형과는 전혀 다르며, 대형 어류의 유영과 함께 어류밀도가 상당히 높게 관찰되고 있다. 선박 내부에는 빛의 투과가 좋지 않아 거의 암흑에 가깝지만, 야행성 어류의 입출입이 관찰되고 있다.

⑷ 비행기 잔해 인공어초

비행기의 잔해를 인공어초의 기능으로 활용하기 위하여 적정 수심에 투하한 것이다. 해저 평원에 투하된 비행기의 잔해는 상기의 다른 어초와 대동소이하게 어류의 서식처이기도 하고 때로는 적으로부터 방어 또는 도피하는데 효율적인 장소의 기능을 하고 있지만, 선박어초에서처럼 안정된 생활환경을 제공하지는 못하는 것 같다. 비행기의 체적은 인공어초의 기능으로는 빈약한 편이다. 이것은 어류서식의 경제성보다는 해저관광을 목적으로 투하된 것이므로 어류군의 크기나 부착생물의 부재 같은 것을 논하는 것은 별 의미가 없다.

이상과 같이 4가지 유형의 인공어초에 대해 살펴보았는데, 이들 어초에서 관찰된 어류를 소개하면 대략 다음과 같다.

방어종류amberjack : 참치bluefin : 고등어 전갱이mackerel scad : 곰치 뱀장어종류moray eel : 열대어종류eye-stripe surgeonfish : 나비고기 종류로는 밀레스티드 나비돔milletseed butterfly fish과 긴코나비돔longnose butterflyfish : 놀래기 종류로는 무지개 놀래기rainbow wrasse와 새들 놀래기saddle wrasse 및 놀래기 무리의 비놀돔류bulletthead parrotfish : 쥐치 scribbled filefish.

하와이 군도의 연안수역의 해양학적 성격은 잠수함이 항해하는 수심 120피트 정도까지 햇빛의 투과가 잘 되어 광투과층을 이루며, 일반적으로 깨끗한 해양환경을 보여주고 있다. 해저는 주로 사질로 된 해저평원으로 해조류의 군집 또는 숲이 없고 바위 같은 어초가 별로 없다. 이곳의 일반적인 해저경관은 회유하는 어류떼도 흔하게 관찰되지 않으며, 간혹 산호류의 서식이 관찰될 뿐이다. 그렇지만 위에서와 같은 인공어초가 설치된 수역에서는 동일한 환경인데도 많은 어류가 회유하고 있다.

하와이 대학의 조사결과에 따르면, 인공어초의 설치 수역에서는 비설치 수역보다 어류의 양이 3천배 정도 늘었다고 한다. 이것은 어초 환경이 어류의 서식에 얼마나 커다란 영향을 주는가를 보이는 것으로 어류의 서식환경을 개선하는 데 활용될 수 있는 연구결과이다. 특히 하와이 대학교의 해양학과는 상기한 몇 가지의 구조물을 어초로 쓰면서 어류의 서식 환경과 어획효과에 대한 연구가 활발하게 진행되고 있어서 본토에 있는 해양과학자들이 이곳으로 와서 연구를 하는 경우가 적지 않다.

3. 미국, 대서양의 해안자연

아메리카의 2개 대륙과 유럽과 아프리카 대륙으로 둘러싸여 있는 대서양은 우리나라 남한 면적($99,739km^2$)의 약 830여 배($82,441$천km^2)에 해당되는 대양이다.

위도상으로 대서양은 남·북의 대양으로 구분하며, 북대서양의 한쪽은 캐나다, 미국, 멕시코와 접하고, 다른 한쪽은 유럽의 스칸디나비아반도, 영국, 프랑스, 이베리아반도 등과 접하고 있으며, 지브랄타해협과 북아프리카 대륙의 해안도 북대서양의 일부 해안을 이루고 있다.

남대서양의 한쪽 해안은 브라질과 아르헨티나와 접하고 있으며, 다른 편의 해안은 가봉, 콩고, 앙골라, 나미비아, 남아프리카 공화국 등의 아프리카 대륙의 여러 국가들이 접하고 있는 연안이다.

지구의 자연 환경적인 면에서 태평양의 절반밖에 안 되는 대서양이지만, 방대함은 물론이고 다양하고 변화무쌍한 경관을 지니고 있다.

미국이 접하고 있는 대서양변의 해안은 우선 기후 환경적으로 아한

대역에서 열대역에 이르기까지 차이가 많으며, 자연 지리적 또는 경관적으로 다양성이 크다.

서고동저西高東底 현상은 미국의 동부지역을 저지대wet Land로 만들고 있으며, 많은 섬과 복잡한 해안선을 이루어 도처에 아기자기하고 아름다운 해안경관을 이루고 있다. 다른 한편 미·동부지역에는 대도시가 밀집되어 있어서 문화의 중심적 역할을 맡고 있기도 하다.

저자로서는 비교적 오랫동안 4개 대륙이 접하고 있는 대서양 연안의 해양 및 자연에 관심과 인연을 가지고 조사와 연구를 하여 왔으나 지극히 부분적이었음을 밝히지 않을 수 없다.

1) 우즈 홀 해안의 자연과 해양학

이곳은 미美 대서양의 북부 연안에 해당되는 지역으로서 인근 대도시로서는 보스턴Boston과 뉴 베드포드New Bedford가 있다.

자연 지리적으로 우즈 홀Woods Hole 해안은 미국이 캐나다와 국경을 이루는 메인Maine주의 깔래Calais지역 다음으로 대서양쪽으로 표출되어 있으며, 반도를 이루는 Cape Cod의 남쪽 연안에 위치하는데, 자연경관이 수려한 작은 해안 마을이다.

위도는 북위 41°30'이며, 내륙의 기후로 본다면 아한대성 기후에 속하겠지만, 대서양의 해양성 기후의 영향권 속에 있어서 기온이 온화하고 다습하며 수목 경관이 울창하다. 우즈 홀Woods Hole 해안은 자연경관이 뛰어나고 해양생물이 풍부하며, 고래의 서식 환경까지도 관찰할 수 있는 마서즈 비니어드 섬Martha's Vineyard Island과 만튜켓 섬Mantucket Island의 해역과 인접해 있다.

우즈 홀에는 해양과학의 요람인 우즈 홀 해양연구소Woods Hole

Oceanographic Institution가 있다. 이 해안을 세계적인 명소로 만들고 있는 이 연구소는 초대형·초일류의 해양연구소로서 대서양을 전담하여 연구하고 있다. 이것과 쌍벽을 이루는 미 서부의 해양연구소는 태평양을 전담하여 연구하는 스크립스 해양과학 연구소Scripps Institution of Oceanography이다.

실제로 해양과학의 발달은 그 나라의 경제력과 직결되어 있다. 학문적으로 오랜 전통을 지닌 나라는 유럽의 영국, 프랑스, 독일 등의 여러 국가이지만, 실용주의에 입각하여 해양학을 발전시킨 나라는 미국이다.

미국은 국토상으로도 세계적인 해양국이 아닐 수 없다. 경제력과 실용주의가 합세된 미국의 해양학은 현재 다른 나라의 추종을 불허할 만큼 방대한 규모의 인력, 재력, 시설을 갖추고 있다. 그리고 미국 내의 연구기관끼리도 해양과학의 우수성 순위 다툼이 치열하게 벌어지고 있다. 1위, 2위를 다투는 해양연구소는 우즈 홀Woods Hole과 스크립스Scripps이고, 상위권 내에서 경쟁하는 곳은 오레곤Oregon, 마이애미Miami, 텍사스Texas, 워싱톤Washington D.C., 버지니아Virginia의 윌리엄-메리 대학William and Mary College와 올드 도미니언 대학교Old Dominion University, 노스캐롤라이나North Carolina, 델라웨어Delaware, 로드 아일랜드Rhode Island 등의 대학교 해양연구소들이며, 이들은 제각기 뛰어난 업적을 발휘하고 있다.

우즈 홀Woods Hole 연구소의 오랜 역사와 전통은 해양과학 분야의 기술 축적과 노하우를 지니고 있어서 미국의 엘리트가 집합되어 있으며, 세계적으로 명석한 학생들이 모여 박사학위취득을 위하여 노력하고 있다. 이 연구소는 엠아이티MIT : Masatchsetts Institute of Technology와 연합하고 있으며, 이·공학 연구진들이 교류하면서 해양공학 분야의 연구가 활발하다. 미국에서 해양학 분야로 연구비를 가장 많이 유치하는 연구소이며, 유능한 교수 또는 연구원이 매년 획득하는 연구비는 백만 불 이상 수백만 불씩이라고 하며, 이들의 월급은 연구비에서 지급되고 있다. 연구하지 않고서는 견딜 수 없는 분위기임을 실감하게 하고 있다.

1994년 저자의 특별 세미나에 은퇴한 원로 해양학자들까지 참석하여 경청해주고 의견을 나눈 것에 대하여 기쁘게 생각한다. 아무튼 모든 자연경관이 수려하고 수많은 해양학자들의 발길이 연중 끊이지 않는 연구소이다. 이곳을 며칠 방문했을 때, 체류에 불편함이 없도록 애써준 하비슨 박사Dr. Harbison와 연구소장 가고신 박사Dr. Gagosin의 여러 가지 배려에 대하여 고맙게 생각한다.

2) 롱 아일랜드의 해안자연

이 섬은 뉴욕시New York의 일부를 구성하는 브루클린Brooklyn 지역과 퀸스Queens 지역을 포함하면서, 뉴욕시의 번화가를 이루는 맨해튼Manhattan섬과는 다리 또는 터널로 연결되고 있다. 롱 아일랜드Long Island는 뉴욕시의 동북쪽 대서양변으로 약 120마일 정도 길게 뻗어 있는 비교적 커다란 섬이다.

이 섬의 해안경관은 섬 전체가 광활한 모래사장에 가깝고, 오염물질이 거의 없는 자연 그대로의 깨끗한 경관을 지니고 있다. 이 섬을 답사한 4월 말에는 원양으로부터 밀려오는 조석과 파도는 조간대의 모래를 부유하게 하여 바닷물이 탁한 편이며, 수색은 짙은 청색에 검은색을 띠고 있었다. 수온은 몹시 차가웠는데, 수문학적으로 아직 겨울철에서 봄철로 바뀌는 절기이기도 했지만, 북쪽으로부터의 한류 영향에 기인하고 있었다.

북위 40°가 넘는 곳에 위치하고 있지만 기후가 상당히 온화하다.

섬 전체는 해양성 기후의 영향 속에 있어서 위도가 이곳보다 낮은 내륙 지역보다도 일찍 초목이 싹트고 있었다. 섬의 최북단에는 나무종류가 관목형으로 해안 수림대를 울창하게 이루고 있었다. 그런데 나무의 체형이 서남방향으로 한결같이 쏠려 있는 것은 이곳에 지속적이고 강력한 해풍이 있음을 보여주는 것이다.

완전히 저지대 평원으로서 눈에 뜨이는 구릉조차 없다. 이것은 미국 대륙의 서고동저의 자연 지리적 성격을 잘 나타내는 일면이기도 하다. 해안은 대부분 모래사장으로 이루어져 있는데, 모래알은 아주 가늘고 흰색에 가까운데 색깔이 곱다. 해안은 전반적으로 깨끗하고 자연스러우며, 뉴욕 같은 대도시의 시민들이 찾아드는 해수욕장으로서의 역할을 하고 있다. 이런 바닷가 해안에 비치 극장beach theater같은 문화시설이 설치되어 있는 것은 바다를 즐기는 분위기가 폭넓게 조성되어 있음을 보여주고 있다.

3) 버지니아주의 해안자연과 문화

버지니아Virginia주 하면 미 동부의 대표적인 저지대wet land로서 체사피크Chesapeake만을 비롯하여 수많은 호수, 연못과 늪지로 이루어져 있으며, 기후가 온화하고 수목이 우거져 있는 환경이다. 여기에서는 버지니아주가 접하고 있는 대서양의 해안자연과 해양문화에 대하여 언급한다.

친코티그Chincoteague 해안경관은 체사피크만 입구의 북쪽 지형은 폭이 좁은 반도인데, 밖으로는 대서양 해안이고, 안쪽으로는 친코티그만의 연안이다. 대서양변의 해안경관은 기복이 전혀 없는 저지대를 이루고 있으며, 연안으로는 섬들이 산재해 있다. 이 해안은 수심이 아주 낮아서 어패류의 천연 양식장 같다. 특히 수많은 조개류가 풍부하게 서식하는 해안생태계를 이루고 있다. 이 해안은 개발이 전혀 되지 않은 자연 그대로의 해안이며, 심지어 여름철에는 야생말 떼가 얕은 수역으로 몰려와서 해수욕을 하기도 한다.

이 반도의 다른 한쪽인 체사피크만의 연안수역의 자연경관도 일품이다. 이곳의 연안은 지형상으로 톱니 같은 리아스식 연안이며, 체사피크만의 하구의 섬들이 경관을 더해 주고 있어서 정규 유람선이 다니는 관광단지를 이루고 있다.

버지니아 비치Virginia beach는 버지니아 비치는 커다란 해안 마을이기도 하고 모래사장의 해수욕장이기도 하다. 위도상으로 보면 북쪽의 한류권 해역과 남쪽의 멕시코 만류의 해역 사이에 위치하고 있어서 수문학적으로 양쪽의 영향을 받고 있다.

버지니아 비치의 모래사장은 끝없이 펼쳐지며 노스 캐로나이나 North Carolina 주州와도 연결되어 있어서 광활한 모래평야를 지닌 해안을 이루고 있다. 이 해안은 미 동부에서 경관이 아주 좋은 해안으로서 대부분은 자연 그대로 보전되어 있다. 개발이 된 버지니아 비치 같은 극히 일부 해안은 여름철에는 미국에서 가장 명성이 있는 피서지로서 역할을 하고 있다.

버지니아 비치의 모래사장 근처에는 전통적인 해양박물관이 있어서 이 해역의 성격을 대변해 주고 있다. 그 내용을 보면 첫째, 수족관은 대서양에 서식하는 각종 어류의 생태 즉, 어류의 활력을 보여주고 있다. 둘째, 해양 물리학적으로 조석과 파도에 관한 수리모델이 설치되어 있다. 파도의 힘이 해안에 얼마나 커다란 힘을 발휘하고 있는가를 교육적으로 보여주고 있다. 셋째, 이 해역의 자연 지리적 지형의 성격과 변천에 관한 자료가 전시되어 있다. 이 해양박물관은 규모가 크거나 많은 설립 비용이 든 것이 아니며, 바닷가 마을, 경관이 좋은 곳에 지역적 성격을 살리면서 이곳을 찾는 많은 사람들에게 유익하게 활용되고 있다. 과학의 실용주의를 느끼게 한다.

노 - 퍽Norfolk의 해안 문화는 체사피크Chesapeake만의 입구에 밀집해 있는 도시로는 체사피크Chesapeake, 햄톤Hampton, 뉴포트 뉴스Newport News, 노퍽Norfolk, 포츠마우스Portsmouth, 버지니아 비치Virginia beach 등이며, 이 지역의 총 인구는 100만 명 정도이다. 이 지역을 대표하는 도시는 항구도시 노퍽Norfolk이다. 이곳에는 미 대서양함대의 본부가 있으며, 6·25 때 참전 지원군이 발진된 역사적 기록이 있는 도시이다.

이 해군기지는 우선 규모상으로 대단히 크기두 하지만 누에 부이는 산山채만한 항공모함들의 위용에 압도됨직하다. 이런 항공모함에 비하면 조그맣게 보이지만 9,300톤이나 되는 정보함을 방문하여 2시간 정도 해군의 정보기능에 대한 설명을 들을 기회가 있었다. 모든 전략, 전술, 정보수집이 전자 과학화되어 대단히 조직적이고 정확성을 지니고 있음을 보여주고 있다. 예로서 대서양에 떠있는 어떤 선박 또는 어떤 물체의 존재라도 파악할 수 있는 능력이 있다고 한다. 옛날 6·25를 생각해 보면, 이곳의 군사력이란 해양과학, 전자과학, 군사과학이 복합된 종합과학이 아닐 수 없다.

노티커스Nauticus 해양박물관은 노퍽Norfolk의 항구에 설립된 이 박물관(1994년 5월 개관)은 기존의 전통적인 것과는 다르다. 우선 해양과학과 컴퓨터과학computer science이 잘 융합되어 있는 것이 특징이다. 풍부한 해양자료가 컴퓨터에 모두 입력되어 있어서 관람객의 관심에 따라 즉시 즉석에서 시청각적으로 모니터에서 찾아볼 수 있다. 이 밖에도 해양 영화의 상영은 해양환경과 생물에 대한 시원한 해양경관을 제공하고 있으며, 박물관의 한 공간에 해양생태와 해양오염에 관한 실험실을 차려놓고 일반인의 이해를 돕는 것도 특색이다.

올드 도미니언Old Dominion 대학교의 해양학과와 해양연구소는 이곳은 미 동부의 중심 해안지역이라는 자연 지리적 여건과 합치되어 해양학 연구가 활발하다. 해양학과의 연구 분야는 물리해양학, 지질해양학, 화학해양학, 생물해양학 분야로 나뉘어져 있으며, 물리해양학이 강세를 보이고 있다. 이 학과의 교수 수효는 20여 명이며, 약 100여 톤 되는 실험조사선을 비롯하여 연구시설이 비교적 양호하며 다양화되어 있다.

생물학과에서도 해양연구가 대단히 활발한데, 30여 명의 교수들 대부분이 해양생물학을 전공하고 있는 것이 특기할 만하다. 특히 마샬 박사Dr. Marshall는 학과장을 30년 가까이 하면서 이 분야의 특성화에 크게 기여했다.

또한 AMPL(applied marine research laboratory)의 소장 알덴 박사Dr. Alden는 60여 명의 연구 인력을 보유하고 있는데, 해수의 수질분석, 수

미, 대서양 연안에 위치한 올드 도미니언 대학교 해양실험선

문학, 어류학을 특성화하여 운영하며, 연구 분위기가 좋고 연구 활동이 왕성하다. 연구소의 여자 부소장인 존스 박사Dr. Jones는 어류의 연령 측정법을 새로이 정립했다고 하는데 많은 연구비를 가지고 있으며, 미국 어류학회 회장직을 맡고 있다. 이 밖에도 다우어 박사Dr. Dauer는 저서 생물연구소를 운영하고 있으며, 이 대학의 해양과학 종사자는 교수, 연구원, 연구지원 인력 모두 합쳐 수백 명에 이르며, 이러한 연구 능력은 미국 내에서 해양학으로 10위 권에 속하는 명성을 누리고 있다.

이곳에서 자동차로 1시간 거리에 있는 역사가 깊은 명문대학 윌리암 - 메리 대학William and Mary College의 부설 해양연구소인 버지니아 해양과학 연구소VIMS : Virginia institute of marine sciences는 체사피크만의 하류역 경관이 뛰어난 곳에 위치하고 있는데, 연구 인력이 400~500명이나 되는 방대한 해양연구소이다. 이곳은 지질해양학에 강세이며, 특히 퇴적학을 많이 연구하고 있다. 수산양식, 특히 굴 양식에 관심을 가지고 연구하고 있는 것도 미국의 다른 연구소와 색다른 점이다.

4) 노스캐롤라이나주의 해안자연

이곳의 해안자연의 성격은 마치 해안 방파제를 쌓은 듯이 질서정연하게 가늘고 기다란 여러 개의 섬들이 일렬로 늘어서 있음으로써 해안 저지대를 대서양으로부터 거의 완전하게 분리시켜 내륙에 거대한 해안호수를 자연스럽게 만들고 있다. 이 호수는 대서양의 물과 자유롭게 교류하고 있고, 강수량이 많은 내륙의 하천으로부터 많은 양의 담수가 유입되고 있다. 대표적인 예로서 알버말 사운드Albemarle Sound호나 팜리코 사운드Pamlico Sound호는 규모가 크며 독특한 해안생태계를 이루고 있다. 이러한 섬들의 폭은 좁아서 자동차길 양편으로 한쪽은 바다이고,

다른 한쪽은 호수로서 광활한 수평선이 펼쳐지고 있다.

대서양 쪽의 해안은 거의 완전히 모래밭이며, 해풍이 강하여 수목은 물론, 초본류의 자생도 거의 없으며, 약간의 갈대류가 장소에 따라 자라고 있는 정도로서 마치 사막에 가까운 해안경관을 나타내고 있다. 대양으로부터 몰려오는 파도 경관이 좋으며, 자연 그대로 방치된 곳이다.

해안호수의 자연경관은 저지대wet land의 성격을 반영하고 있다. 해안호수의 수질은 대서양의 해수가 주종이지만, 강물이 호수로 유입됨으로써 염도가 낮은 기수호를 이루고 있다. 또한 수심이 대단히 낮고, 대서양의 해류나 파도의 영향을 거의 받지 않음으로써 대개의 경우 수면이 잔잔하다. 따라서 윈드서핑, 보트놀이 같은 수상 스포츠의 현장으로 활용되고 있다.

이러한 기수호의 성격 중의 하나는 담수로부터 많은 양의 영양염류를 운반하기 때문에 식물성 플랑크톤의 번식이 이루어져 물꽃water bloom을 빈번하게 발생시킨다. 이 호수의 수색은 파란blue색이 진하게 배어 있으면서 투명도가 낮은 호수의 성격을 띤다. 이 호수에는 어패류의 수산양식이 이루어지고 있으나 소비가 적은 편이어서 활발하지는 않다.

이곳의 주변 일대에는 수목이 번성하여 방대한 원시림을 이루고 있다. 자연 지리적으로 풍부한 햇빛과 강우량으로 호수의 수중뿐만 아니라, 육상식물의 광합성까지 최적 환경을 이루고 있는 지역이다. 따라서 세계적인 저지대wet land의 수목 경관 내지 수륙의 녹색경관을 이루는 곳이다.

대서양의 방대한 해안선에서 롱아일랜드Long Island 이남으로 제일 많이 돌출되어 있는 곳은 케이프 헤테라스Cape Hetteras이며, 이곳에는 커다란 등대Cape Hetteras Lighthouse가 있다. 헤테라스Hetteras섬에서 4.5

마일 정도 떨어져 있는 오크라코오크섬Ocracoke Island도 역시 크게 보아서 자연 방조제의 역할을 하고 있다. 이 두 섬 사이에는 무임 나룻배ferry 선박이 정기적으로 불편하지 않게 왕래하고 있어서 교통이 아주 순조롭다.

헤테라스 등대에서 오크라코오크섬Ocracoke Island 남단까지 일직선으로 배열된 섬들은 미 대서양변의 거대한 자연 방조제의 기능을 하고 있으며, 대서양 해변과 팜리코 사운드Pamlico Sound의 해안호수를 이루고 있다. 자연 방조제 같은 이러한 섬의 양편은 완전히 모래밭이며, 케이프 헤테라스 국립해변Cape Hetteras National Seashore으로 지정되어 자연보호 차원에서 있는 그대로의 보존을 위해서 방치되고 있다.

또한 오크라코오크 등대Ocracoke Lighthouse에서부터 100여 마일 남쪽 케이프 룩아웃 등대Cape Lookout Lighthouse까지의 대서양변의 해안을 케이프 룩아웃 국립해변Cape Lookout National Seashore이라고 하는데, 역시 경관이 좋아서 보호구역으로 지정되어 있다.

오크라코오크Ocracoke섬의 남단에는 해안마을이 있는데, 이곳은 자동차 교통망의 종점이기도 하다. 인구 650명 정도의 순박한 시골마을로서 도선장의 기능을 맡고 있을 뿐이다. 이곳에는 12마일 정도의 수로를 거쳐 내륙의 교통망과 연결시켜 주는 나룻배ferry가 있다. 자동차 1대에 10달러의 실비로, 30여 대의 자동차를 싣고 50분 정도 항해하여 세다Cedar섬의 교통망과 연결시켜 주고 있다.

미 동부 저지대의 문화 중에 특기할 만한 것은 다리 경관이 아닐 수 없다. 해안호수를 중심으로 형성된 다리뿐만 아니라, 체사피크Chesapeake만의 다리, 애너폴리스Anapolis의 다리 또는 서부 쪽으로 샌프란시스코San Francisco의 다리 등은 미국이 내놓을 수 있는 토목공사의 진수이다. 걸출한 과학기술의 결실일 뿐 아니라 거대한 예술작품 같기도 하다.

다리의 성격을 몇 가지 들어 보면, 첫째 해면위에 드러나 있는 다리는 대단히 길어서 장대하다는 점이며, 둘째 어느 다리든 견고하게 건설되어 화물차가 다리의 가드 레일guard rail과 부딪쳐도 육중한 화물차가 난간에 걸려 있을 정도이며, 셋째 대개의 경우 왕복의 평행한 2개의 다리가 건설되어 있어서 막강한 경제력을 과시하고 있으며, 넷째 대형 선박과 잠수함의 왕래에 불편이 없도록 수심이 깊은 곳은 아취형의 현수교를 이루고 있으며, 다섯째 바다의 수심에 따라 다리가 직선으로만 설립된 것이 아니며, 때로는 부드러운 느낌의 곡선·아취형이 배합되어 있으며, 여섯째 자연경관과 잘 어울리도록 다리 모양이 건설되어 있어서 예술적 작품 같은 미적 감각을 표현하고 있다.

미국이 내놓을 수 있는 근대과학사의 또 하나의 획기적인 것은 비행산업이다. 노스 캐롤라이나North Carolina의 해안에 위치하는 낵스헤드Nags Head는 과학기술의 금자탑인 비행기술의 산실이기도 하다. 1906년에 라이트Wright 형제가 이곳의 모래언덕에서 첫 비행을 성공시킴으로써 오늘날과 같은 비행기술이 발달된 것이다. 이곳에 세워진 라이트Wright 형제의 기념동산은 웅장한 기념탑과 라이트 형제의 동상 및 업적이 나타나 있다. 이와 함께 바다와 모래언덕과 숲과 옛 비행기가 어울려 명소중의 하나를 이루고 있다.

4. 체사피크만의 자연과 수질

여기에서 제시하고 있는 것은 아주 간단한 현장 실험 조사를 정리하여 기록한 것이다. 간단한 데이터이지만 정확하게 측정된 것으로 연구 대상지역에 대하여 적지 않은 정보를 지니고 있다.

자연과학의 연구란 실험을 통하여 자연의 이법을 찾아내는 일이다.

세밀한 관찰, 세심한 실험, 면밀한 고찰 등을 기반으로 하여 새로운 아이디어, 새로운 실험방법, 새로운 지식의 세계를 추구하는 것이 자연과학을 공부하는 자세이다.

1) 체사피크만의 자연

미국 동부의 체사피크만은 남북의 길이가 500km 이상 되며, 폭이 일반적으로 20~30km로 펼쳐지는 내만으로서 바다와 접하는 만구는 상대적으로 좁은 지형을 이루고 있다. 유역면적total drainage basin이 165,760km^2(64,000square miles)나 되며, 이 만으로 흘러 들어오는 대·소의 하천 수효는 무려 150여 개나 된다. 유역면적을 지니는 주洲로는 버지니아Virginia주, 웨스트 버지니아주, 델라웨어주, 메릴랜드주, 펜실베니아주 등의 6개 주와 수도 워싱톤시Washington D.C.가 포함되어 있다.

체사피크만의 상부 자연은 체사피크 만의 상단과 델라웨어Delaware만의 상단은 체사피크와 델라웨어 운하Chesapeake and Delaware Canal에 의하여 연결되어 있다. 체사피크만의 상단 지역은 만구와 대단히 멀리 위치하고 있어서 만구 쪽의 해수 영향은 극히 적으며, 많은 양의 담수는 만의 상단으로부터 유입되고 있다. 이 수역에서는 운하를 통하여 대서양의 해양학적 성격과 교류하고 있어서 기수brackish water로서의 수문학적 의의를 나타내고 있다.

체사피크만의 상부에 위치하는 발티모아Baltimore시市에는 오랜 전통이 있는 해양수족관이 있으며, 존 홉킨스John Hopkison대학에는 체사피크만 연구소Institute of Chesapeake Bay가 설립되어 있으며, 이 수역에 대하여 많은 연구를 수행하고 있다. 체사피크만 상부지역에 위치하는 애너폴리스Anapolis시市와 특히 미美 해군사관학교 주변의 경관은 뛰어나게 아름답다.

체사피크만의 중부 자연은 체사피크만의 중부는 비교적 폭이 넓어서 방대한 수역을 이루고 있다. 탄지아섬Tangier Island을 비롯하여 여러 개의 섬이 만 내에 산재하여 있다. 특히 포타막Potamac강江은 체사피크만의 중부 수역에 유입되며 수문학적으로 막대한 영향력을 끼치고 있다. 이 강의 본류는 워싱턴시Washington D.C.를 지나면서 각종 수자원으로서 활용되고 있으며, 하류로 갈수록 강폭이 넓어지고 수량이 풍부하다. 체사피크만의 중부 수역에는 관광 여객선이 정기적으로 운항되며, 낚시와 수상 레저스포츠가 성행하고 있다.

체사피크만의 하부와 만구 자연은 거대한 면적의 체사피크만은 대서양과 교류하는 만구가 비교적 좁기 때문에 만bay이라기보다 오히려 해안 호수의 성격이 강하다. 특히 만의 상·중부 지역에서는 유입되는 담수의 양이 많아 염도가 낮으며, 만 전체는 하구estuary의 성격을 나타내고 있다.

체사피크만의 입구에는 대단히 긴 체사피크만의 터널다리Chesapeake Bay Bridge-Tunnel가 설치되어 있다. 체사피크만의 북쪽 입구에서 남쪽 입구 사이의 길이는 17.6마일인데, 여기에는 2마일씩 되는 2개의 해저 터널이 다리와 연결되어 있다. 이 터널을 축조하기 위해서는 인공 섬이 만들어졌으며, 잠수함의 입출입을 자유롭게 하고 있다. 이 터널은 수심 90피트에 건설되었으며, 해수면 위에 건설된 교각의 길이는 12마일 정도이다. 이 다리와 터널이 체사피크만을 가로지르는 직선 거리이며, 내만과 대서양을 갈라놓는다.

체사피크만을 중심으로 한 이 지역은 기후가 온화하고 강우량이 많아 수목이 우거져 있으며, 미국의 인구 밀집지역이어서 문화의 중심일 뿐만 아니라 과학기술도 발달되어 있다. 이곳의 수문학적 데이터는 많이 집적되어 있다. 체사피크만은 자연경관적으로 아름다운 곳이 많으며, 저지대로서도 명성이 있다.

이 일대의 저지대에는 체사피크만 터널 다리Chesapeake Bay Bridge-Tunnel뿐만 아니라, 햄턴 로드 터널다리Hampton Roads Bridge-Tunnel, 아나폴리스 다리Annapolis Bridge, 또는 노우스 캐롤라이나North Carolina주의 동부 저지대에 건설된 대단히 긴 다리들은 막대한 재력과 과학기술의 우수성을 과시하고 있다.

2) 체사피크만의 현장조사

(1) 실험 방법

올드 도미니언 대학교Old Dominion University : ODU의 해양학과에 소속된 조사연구선Linwood Holton은 체사피크Chesapeak만의 내·외 수역을 조사하는데 주로 활용되고 있다. 이 연구선은 1953년에 건조되었으며, 선복량은 100톤 정도이고 길이는 65피트인데, 속도는 10노트knot이다. 제임스강James River이 체사피크만과 만나는 하구역을 정점 1station 1로 정하고, 체사피크만과 대서양의 경계에서 만구의 바로 안의 아래쪽 수역을 정점 2station 2, 그리고 위쪽 수역을 정점 3station 3으로 정하고, 만구에서 다소 안쪽에 위치하는 욕강York River이 체사피크만과 만나는 하구를 정점 4station 4로 정하여 몇 가지 수문학적 파라미터parameters를 현장에서("*in situ*")에서 측정하였다.

1994년 3월 8일, station 1에서 측정한 수문학적 parameter의 결과

Depth(m)	T℃	pH	DO(ppm)	S(‰)
1	7.48	7.89	11.36	9.3
2	6.93	7.91	11.23	11.4
3	6.82	7.93	11.17	12.8
4	5.96	7.94	11.15	14.8
5	5.30	7.94	11.15	17.7
6	5.52	7.96	11.08	19.8
7	5.20	7.93	11.04	24.0
8	4.90	7.93	10.82	24.4
9	4.87	7.93	10.85	24.6
10	4.82	7.93	10.75	25.2
11	4.79	7.93	10.66	25.1
12	4.75	7.92	10.63	25.7
13	4.72	7.92	10.55	26.1
14	4.68	7.92	10.57	26.1
15	4.66	7.92	10.57	26.2
17	4.65	7.91	10.52	26.4
19	4.61	7.91	10.47	26.4
21	4.61	7.90	10.41	26.9
23	4.56	7.89	10.36	26.9

(2) 실험 결과 : 체사피크만의 수질조사

1994년 3월 7일과 8일에 수행된 체사피크만의 종합적인 조사·연구팀에 참여한 저자는 이 해역의 수문학적 성격을 극명하게 표출하는 T℃, pH, DO, S‰를 측정하여, 이 해역의 성격을 설명하고자 한다. 이 시기는 수문학적 계절로 보아서 겨울철이었다. 조사한 데이터Data는 단편적이기는 하지만, 실험한 그 시점의 자연현상을 나타내고 있다.

1994년 3월 7일, station 2에서 측정한 수문학적 parameter의 결과

Depth(m)	T℃	pH	DO(ppm)	S(‰)
1	5.33	7.86	12.09	22.2
2	4.83	7.95	11.76	26.8
3	4.83	7.94	11.61	28.4
4	4.83	7.94	11.50	28.8
5	4.86	7.95	11.39	29.1
6	4.84	7.95	11.39	29.2
7	4.76	7.95	11.35	29.2
8	4.33	7.93	11.34	30.7
9	4.32	7.93	11.05	30.8
10	4.32	7.92	10.85	30.8
11	4.32	7.92	10.06	30.8

① 수온(T℃ Water)

수온의 분포는 1994년 3월 7일에 조사된 3개의 정점(station 2, 3, 4)에서는 수평적으로 비교적 균일하게 분포되어 있으며, 수직적으로는 대단히 규칙적으로 낮아지고 있었다. 표층의 수온은 대략 5.5℃로 기록되었는데, 수심 1m 간격으로 평균 0.1℃ 정도가 낮아져서 저층의 수온은 대략 4.5℃를 기록하고 있다. 이러한 현상은 표층의 수온은 계절적인 기온에 민감하게 영향을 받으며, 저층 수온은 대서양의 해수에 영향을 받고 있음을 확인할 수 있다. 따라서 이 수역의 수온은 분포상으로 수온의 층이현상stratification 또는 수온 약층대thermocline가 비교적 잘 형성되고 있는 셈이다.

그런데 3월 8일에 조사한 제임스강James River의 하구역인 정점 1station 1의 표층 수온은 다른 3개 정점의 것보다 무려 2℃나 높게 기록되었다. 이것은 제임스강의 따뜻한 담수의 영향으로 사료된다. 그러나 저층의 수온은 다른 정점의 것과 동일하고 층이현상도 동일한 경향이었다.

Depth(m)	T℃	pH	DO(ppm)	S(‰)
1	5.37	8.10	12.00	19.1
2	5.24	8.12	12.10	19.1
3	5.14	8.13	12.00	19.2
4	5.05	8.13	12.00	20.1
5	5.00	8.13	11.99	20.4
6	4.80	8.13	12.00	20.7
7	4.89	8.13	11.95	22.9
8	4.94	8.13	11.78	23.0
9	4.99	8.13	11.70	23.8
10	5.06	8.12	11.70	24.2
11	5.11	8.11	11.70	24.4
12	5.07	8.10	11.67	24.5
13	5.00	8.08	11.43	24.9
14	4.85	8.05	11.16	25.3
15	4.70	8.02	11.00	25.7
17	4.62	8.00	10.91	26.1
19	4.57	7.98	10.63	26.4

② **염도**(S‰)

체사피크만구 수역의 표층에서 측정된 염도는 하구 역에서 제일 멀고 만구와 가까이 접하여 있는 정점 2station 2가 제일 높아 22‰를 보이는가 하면, 정점 3과 4의 경우는 다소 낮아지는 경향이다. 그렇지만 정점 1의 염도는 9‰ 정도밖에 되지 않아 제임스강의 담수 영향이 대단히 강함을 볼 수 있다.

1994년 3월 7일, station 4에서 측정한 수문학적 parameter의 결과

Depth(m)	T℃	pH	DO(ppm)	S(‰)
1	5.44	8.04	12.24	17.5
2	5.40	8.07	12.24	17.6
3	4.54	8.06	12.16	18.6
4	4.49	8.05	11.81	20.9
5	4.43	8.04	11.65	21.4
6	4.41	8.03	11.52	21.7
7	4.40	8.03	11.40	21.7
8	4.39	8.03	11.32	21.7
9	4.39	8.03	11.40	21.7

수직적 분포를 보면, 수심이 깊어짐에 따라 염도가 높아지고 있어서 대서양의 해수가 크게 영향을 미치고 있다. 이것은 체사피크만의 기수brackish water가 대서양쪽으로 폭넓게 영향을 미치고 있음을 극명하게 보여주는 것이다.

저층의 염도를 보면, 각 정점의 수심이 달라 염도가 다소 다르지만, 비슷한 수심에서는 염도가 비슷하다. 체사피크만 안쪽 정점4의 경우에는 수심이 불과 9m이고 담수의 영향이 많아 염도는 22‰ 정도지만, 수심이 11m인 정점 2의 대서양쪽의 염도는 31‰로서 상당히 높은 편이다.

염도의 수직분포에서 두드러진 현상은 염도 약층대halocline가 잘 표현되고 있는 점이다. 표층에서 저층으로 내려갈수록 염도가 규칙적으로 높아지고 있다. 따라서 표층과 저층 사이의 염도 차이는 10‰ 정도를 보이고 있으며, 이것이 곧 수문학적으로 하구의 성격을 잘 나타내는 현상중의 하나인 것이다.

③ 수소이온 농도(pH)

수소이온 농도의 값은 정점station 1과 2의 경우에 7.9를 전후하고 있으며, 수역에 따른 변화나 수심에 따른 변화가 대동소이하다. 표층수와 저층수의 극소치와 극대치는 7.88과 7.96을 보이고 있어서 편차가 0.08 정도에 불과하다. 보통 많이 분포되어 있는 값은 7.92와 7.93으로서 차이가 거의 없다. 다시 말해서, 수소이온 농도의 값이 수평적 분포이거나 수직적 분포에 있어서 변화가 거의 없이 비슷하다는 점이다. 그러나 표층수와 저층수의 값보다 중층수의 pH 값이 다소 높다는 점을 볼 수 있다.

정점station 3의 수소이온 농도는 다른 정점보다 뚜렷하게 높다. 표층수는 8.13 정도의 값인데 비하여 저층수는 점점 낮아져서 7.98까지 기록하고 있다. 따라서 이곳은 담수와 해수의 층이현상이 다른 정점보다 강함을 나타내고 있다.

정점station 4의 수소이온 농도는 8.03~8.07로서 거의 균질하다. 그러나 이 값은 정점 1과 2보다는 확실하게 높은 값이다. 또한 표층수의 값은 저층수의 값보다 다소 높은 편이고, 수심 6m에서 9m까지는 8.03으로 동일하여 수직적 변화가 없다. 정점 3과 4의 값은 정점 1과 2보다는 확실하게 높아, 보다 기수성이 강함을 나타내고 있다.

④ 용존산소량(DO)

용존산소량은 전반적으로 표층의 수질에서는 보통 12ppm 정도이며, 저층에서는 10ppm 정도로서 거의 비슷한 값을 나타내고 있다. 비교적 세분하여 고찰하자면 정점station 1과 2의 값들은 서로 비슷하며, 다른 한편으로 정점 3과 4의 측정치가 서로 유사하다. 이것은 염도의 경우에서도 언급한 바와 마찬가지로 담수와 해수의 거리상의 영향에 따른 것으로 사료된다.

이 수역에서 조사된 데이타에서는 용존산소량의 약층대oxycline를 거의 찾아볼 수 없을 정도이다. 다시 말해서, 체사피크만의 표층수와 저층수 사이에는 가스교환이 비교적 원활하게 이루어지고 있음을 알 수 있다. 이러한 것은 체사피크만 안에서 수많은 담수가 이미 기수화되면서 용존산소량의 분포가 균질화되고, 이 물 덩어리가 다시 대서양의 해수와 만남으로써 활발하게 가스교환이 이루어지고 균질화되는 소위, 담수·기수·해수의 물 덩어리(수괴mass water)들이 상충될 적마다 용존산소량의 확산이 쉽게 이루어지고 있음을 보여주는 것이다.

3) 체사피크만의 수문학적 생태학적 고찰

체사피크만의 자연 지리적 성격과 일반 해양학적 성격은 다음과 같은 사실을 내포하고 있음을 지적할 수 있다.

기후가 온화하고 풍부한 햇빛과 강우량이 있는 지역이며, 하구의 성격으로 인한 기수의 일반적인 성격으로서 세스톤seston의 양이 많으며, 이에 따라 탁도가 대단히 높다. 지극히 오염된 수역은 투명도가 20~30cm 정도까지 심한 경우도 있다.

담수로부터 많은 양의 영양염류가 함입되어 부영양화현상 eutrophication이 흔히 일어나서 물꽃water bloom현상과 적조현상red tide의 출현이 빈번하게 일어난다.

독성 쌍편모조류toxic dinoflagellate의 번식이 드물기는 하지만 일어나서 수질을 악화시키고 생물에 타격을 주는 경우가 있다.

여름철에 바람이 거의 없으며 강우량이 적을 경우에는 표층과 저층의 수괴가 교류되지 않아 저층 수질의 무산소현상anoxy을 표출하는 경우가 관찰된다.

일반적으로 기수성 하구 역에는 생물상이 풍부하고 다양성이 크다. 만구 인접수역에서는 담수와 기수의 다양한 어류가 철따라 많이 어획되고 있다.

미세조류microflora의 경우에는 담수·기수·해수 플랑크톤이 공존하기 때문에 종의 다양성이 크며, 때로는 이 수역에 잘 적응된 플랑크톤이 번식하여 양적으로 대발생을 하는 경우가 있다.

일반적으로 해태Porphyra는 염도가 낮고 영양염류가 풍부하게 유입되는 하구 수역에서 잘 자라는데, 이 수역에서도 역시 해태Porphyra가 잘 번식되고 있다.

체사피크만의 생태학적인 특성 중에는 자연산 굴이 잘 번식하고 있었다. 10여 년 전에 일본산 굴을 수입하여 양식을 하였던 바, 처음에는 대풍작을 이루었으나 연작에 따른 굴oyster의 폐사는 이 지역의 굴 양식oyster culture산업에 치명적인 영향을 끼쳤다. 질병의 원인은 바이러스virus와 박테리아bacteria로 판명되었는데, 굴oyster 씨앗을 일본에서 수입할 때 부착되어 있던 미생물이 같이 수입되어 시간의 흐름에 따라 이 외래 미생물이 번식하여 창궐함으로써 수입산 굴의 폐사는 물론, 토착의 굴에게까지 치명적인 영향을 미쳐 굴 생산이 절단난 상태에 있다.

체사피크만의 연안에서는 경제성이 있는 패류양식vivalve culture이 가능하며, 고급 어류의 양식도 가능하지만, 생산에 비하여 소비가 적은 편이어서 경제성을 맞출 수가 없어 수산양식이 부진한 상황이다.

체사피크만의 주위에는 여러 도시가 있고, 인구가 집결되어 살고 있어서 도시하수의 오염이 불가피하게 유입되며, 조선소를 비롯한 각종 산업체로부터 공장폐수의 유입이 체사피크만의 수질오염현상을 심각하게 만들고 있다. 이러한 이유도 체사피크만의 수계 생산성을 저하시키고, 고급 어종의 양식까지도 제한시키는 결과를 초래하고 있다.

만의 중앙부위에는 탄지아Tangier섬을 비롯하여 자연경관이 뛰어난 곳이 많다. 레크리에이션 센터로서 또는 관광 센터로서 개발되어 활용되는 곳이 많다.

체사피크만은 대서양과 쉽게 교류하는 해양open sea의 성격을 지닌 만bay이 아니고, 내륙의 해안에 위치하는 거대한 호수로서 좁은 만구를 통하여 대서양의 해수와 교류하고 있어서 '해안호수'라는 표현이 적절하며, 그 기능 역시 해안호수의 성격을 지니고 있다.

이러한 관점에서 고찰할 때, 체사피크만의 자연 지리적, 수문학적, 생물학적 조건은 지중해안에 위치하는 에땅 드 베르Etang de Berre호의 성격과 유사하거나 비교되는 점이 많다. 물론 크기 면에서는 서로 다르나, 위도상의 기후 또는 해수입의 교류 면에서도 흥미롭게 비교 연구될 수 있다.

체사피크만의 방대성이나 자연지리적 중요성과 걸맞게 수많은 연구 자료가 축적되어 있으며, 올드 도미니언 대학교Old Dominion University : ODU 도서관에서 소장하고 있는 체사피크만의 논문·서적·자료의 수효만 해도 500여 개에 달하고 있다. ODU의 수많은 연구진은 다양한 분야에서 체사피크만을 주제로 연구하고 있다. 저자가 1994년 ODU의 교환교수로 있으면서 이들과 학술교류를 한 것을 유익하게 생각한다. 특히 마샬 박사Dr. Marshall와 여러 가지 공동 연구과제를 가지고 있었던 것을 기쁘게 생각한다.

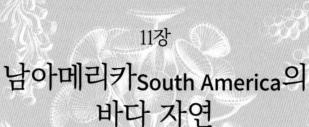

11장
남아메리카South America의
바다 자연

1. 아르헨티나의 바다, 자연, 풍토, 해안생물 자원의 보고

1) 아르헨티나의 자연

아르헨티나는 지리적으로 한대에서 열대에 이르기까지 방대한 국토를 지니고 있다. 남위 23°~55°의 사이에 동쪽으로는 남대서양의 넓은 연안을 끼고 있는 한편, 우루과이 강을 경계로 브라질과 우루과이와 국경을 이루고 있으며, 서쪽으로는 안데스 산맥을 경계로 칠레와 국경을 이루고 있다. 북쪽으로는 파라나강의 일부 수원을 이루고 있는 볼리비아 또는 파라과이와 국경을 이룬다.

남미대륙에만 속한 아르헨티나의 면적은 288만km²이다. 또한 대서양의 섬과 남극대륙에 포함된 면적도 97만km²이다. 인구는 약 3천만 명 정도로서 인구밀도는 평방킬로미터당 11명 정도에 불과하다. 그러나 수도 부에노스아이레스의 인구는 천만 명이나 되며, 남미에서는 제일 아름답고 문화적으로 훌륭한 도시이다.

전 국토는 위도와 고저에 따른 기후적 다양성으로 인하여 여러 가지 특성이 표출되지만, 대부분의 국토는 비옥한 옥토로서 목초지가 46%, 산림지 25%, 농경지 11%로 활용되고 있다.

지리적인 여건을 좀 더 부언하자면, 아르헨티나는 북반구에 있는 우리나라와는 완전히 다른 남반구의 나라이다. 이 두 나라는 지구의 반 바퀴 거리에 있으며, 지구공의 지름 양쪽에 위치하는 셈이다.

실제로 서울에서 도쿄, 뉴욕, 마이애미, 리우데자네이루를 경유하여 부에노스아이레스에 도착하는 비행 경험을 하게 되면, 교통상으로 왕래가 불편하며, 시간적으로도 멀다는 느낌을 배제할 수 없다. 특히 밤낮의 시차적인 반대뿐만 아니라, 기후적인 계절도 우리나라의 한겨울이 그들에게는 한여름이어서, 특히 크리스마스 때의 모습은 참으로 인상적이다. 내려쪼이는 폭염 속에 산타할아버지는 흰 수염을 얼굴에 붙이고, 모자를 쓰고, 장화와 바지를 입고, 교회 앞에서 아이들과 크리스마스 캐럴을 부르는 것은 어색하고 이상스럽다. 우리와는 격세지감의 별천지 같은 느낌을 준다.

2) 아르헨티나의 바다자연과 어항

아르헨티나의 동쪽 대부분은 온대와 한대의 대서양 해안을 이루고 있다. 이 해역의 연안에는 몇몇 도시지역을 제외하고는, 천연 그대로의 자연 속에 있으며, 해양생물 자원의 보고로서 인류에게 기대되는 바가 큰 수역이다.

(1) 마르 델 플라타 Mar del Plata

마르 델 플라타는 부에노스아이레스에서 약 500km 떨어져 있는 아르헨티나의 대표적인 해안도시이다. 1903년에 건설된 이 도시는 각종 시설물에 있어서 유럽의 좋은 해안도시와 비슷한 인상이다. 이 도시는 대서양의 빼어난 좋은 자연경관을 지니고 있어서 아름다울 뿐만 아니라, 기후적으로 온화하고 생활이 쾌적하여 국제적으로도 잘 알려져 있는 관광 휴양도시이다. 라쁠라따강의 하구에서 아주 멀지 않은 곳에 위치하여, 담수의 영향을 받고 있으며 연안수의 투명도는 그리 맑지는 않은 편이다. 모래사장이 넓고 깨끗하여 수영을 하기에 아주 쾌적하며, 각종 레저스포츠의 시설도 잘 되어 있다. 이 도시의 상주인구는 50만 명 정도지만 관광객이 많고, 특히 피서객이 몰리는 여름철의 인구는 200만 명이나 된다. 이 도시에서는 이 나라의 경제적인 침체 같은 것을 느끼지 못할 정도이며, 문화적으로 오랫동안 축적된 막강한 저력도 느낄 수 있는 도시이다.

이 도시에는 유명한 해양연구소 INIDEP(Institute National de Investigacion Y Desarrollo Pesquero)가 있다. 이 연구소는 경제 사정이 좋지 않다고는 하지만, 미화로 연 600만 달러의 운영비를 가지고 있으며, 이 나라의 해양연구에 총 본부 역할을 맡고 있다. 이곳은 1960년대에 설립되었으며, 총 연구원이 220명이며, 다른 지역에 있는 4개의 연구소도 통괄하고 있다. 이 연구소는 상당한 전통을 지니고 있으며, 그 조직과 기능이 잘 정비되어 있다. 수준급의 연구 선박을 비롯하여 각종 실험 설비와 기자재, 그리고 비교적 좋은 연구논문집이 발간되고 있다.

이 도시의 경기는 해양사원을 지니고 있다. 연구소는 모두 해양생산과 어업활동에 주도적인 역할을 하고 있다. 특히 경제적인 가치가 커다란 새우 양식에 선도적인 역할을 맡고 있다. 따라서 일본과의 기술교류, 공동연구, 연구원 왕래 등에 관심을 쏟고 있으며, 한국과도 학술교류를 갈망하였다.

도시의 어항은 건설된 지 오래되었지만, 잘 설계된 양항임을 느끼게 한다. 어항 내에는 대소의 어선이 가득하다. 그러나 대부분의 선박이 노후되어 수십 년 또는 50년 정도의 선령이 됨직한 것들이 많다. 따라서 어항은 녹슨 배들의 지저분하고 어수선한 모습으로 메워져 있다. 그러나 전반적인 경관은 나쁘지 않고, 어구들이나 통발들이 깔끔하게 선착장에 펼쳐져 있음도 볼 수 있다. 이 해역에서 잡히는 어류의 양은 상당하다. 고급 어종은 어획 즉시 수출된다. 참치캔을 만드는 공장과 양질의 어분을 생산하는 공장이 50여 개 있다. 공장의 규모나 시설, 생산량이 상당하다. 계속 시설 확충을 하고 있는 것은 수지가 좋음을 보이는 것이라 하겠다.

아르헨티나의 근해 어족자원의 양은 정확히 아는 바가 없다. 추정하기로는 1천 500만 톤이며, 매년 500만 톤 정도 어획하여도 자원의 고갈됨 없이 유지될 수 있다고 한다. 이곳은 라스팔마스Las Palmas 어장과 소련의 북태평양 해역과 함께 각광을 받고 있는 세계적인 어장이기도 하다.

이 나라에서 어업권을 얻기는 어렵다. 허가를 얻기 위해서는 연방정부, 항만청, 해군당국, 주정부 등의 복잡한 외교 경로를 모두 거쳐야 하며, 권리금과 함께 이 나라를 위하여 상당한 투자가 동시에 이루어져야 가능하다. 우리나라에서는 한성기업이 진출하여 수지면에서 흑자를 내고 있다. 따라서 200해리 수역 밖에서는 어업권이 없는 7~800톤급의 세계 각국의 어업선박이 몰려들어 조업을 하고 있다.

남극 쪽에 가까운 산타크루스주의 수역에는 많은 양의 새우가 서식하고 있으나, 우리나라에서는 입어권을 얻지 못하고 있는 반면, 일본인은 어업권을 얻어서 수지를 맞추고 있다.

(2) 우수아이아Ushuaia

우수아이아시는 마젤란해협에 의하여 남미대륙과는 일단 분리된 푸에고섬의 최남단에 위치하는 작은 도시이다. 인구는 3만 5천 명이지만, 한때 우대를 받아 도시가 팽창되었을 때는 4만 5천 명이나 되었다. 푸에고섬은 아르헨티나의 한 주Tierra der Fuego로서 인구는 9만 명이다. 푸에고섬은 아르헨티나와 칠레가 분할 공유하고 있는데, 아르헨티나는 섬의 남쪽을 차지하고 있다. 우수아이아시는 바다를 끼고 있으며, 내륙 쪽에서는 산들이 병풍처럼 시 전역을 둘러싸고 있다. 칠레와의 국경도 멀리 보이는 높은 산으로 되어 있다. 이 높은 산에는 항상 눈이 덮여 경관이 좋다. 비행장도 바닷가의 산자락을 깎아 건설하였다. 악천후, 특히 안개가 많을 때에는 이착륙에 지장을 받아 회항하는 경우도 비일비재하다.

이 도시는 영국과 아르헨티나 사이에 포클랜드 전쟁이 일어난 후에 남극기지와 남단의 국토를 수호하기 위한 정책적인 의지에 따라 집중적으로 발전된 도시이다. 지구상에서 남극대륙과 가장 가까운 거리에 있는 최남단 도시로서 남위 55° 가까운 곳에 위치한다. 얼마 전까지만 해도 버려진 땅이었고, 다만 중죄인을 다스리던 감옥의 역할을 했던 곳이다. 그러나 오늘날은 남극의 생물자원을 개발하기 위한 기지로서 또한 무한한 생물자원이 서식하고 있는 해역으로서 또는 관광지역으로서 세계적인 각광을 받기 시작하였다. 여름에는 남극대륙으로 가는 연락선도 개설된다.

이 도시의 여름은 거의 해가 떨어지지 않을 정도여서 한밤중에도 부옇게 햇빛이 배어 있으며, 기후적으로는 아무에고 4개 월이 시거움 나타내는 까다로운 면이 있다. 즉 햇빛이 나다, 비가 오다, 바람이 불다, 구름이 끼다, 순식간에 비, 바람, 폭풍, 눈보라의 변화를 나타내고 있다. 여름 온도는 높아도 20℃를 넘지 않으며, 겨울철에도 −10℃ 정도로서 아주 추워도 −20℃ 이하로는 내려가지 않는다.

이곳은 아르헨티나의 다른 곳보다 월급이 2배나 되며, 생활비도 이에 맞추어 비싸다. 옛날 감옥이었던 흔적이 지금도 남아 있으며, 개발과 함께 죄인의 일부 후예들은 좋은 터를 지니고 있어서 부유하게 살고 있다.

우수아이아의 국립공원은 아름답고 규모상으로도 상당히 크며, 잘 관리되고 있다. 이곳은 한대성 자연림이 남단의 우뚝 서있는 산 속에 우거져 있으며, 또한 산으로 둘러싸인 맑고 차가운 호수가 뛰어난 경치를 보인다. 이 속에는 송어의 서식이 대단히 양호하다. 이미 1977년에 이곳에 정착한 김차남 씨가 준비한 송어회는 3kg 정도였는데 붉은색을 띠고 있었으며, 맛은 참으로 일품으로서 저자에게 좋은 추억이 아닐 수 없다.

푸에고섬이라 하면, 다윈의 저서 '종의 기원'에 나오는 진화론의 산실이기도 하다. 젊은 다윈이 해군 측량선 비이글Beagle호를 타고 6년 동안 전 세계를 여러 번 돌면서 채취한 생물의 표본이 바로 진화론의 명저가 되었던 것이다. 다윈의 업적을 기리기 위하여 우수아이아시 앞의 바다는 비이글 운하Canal de Beagle라고 명명되었다. 그런가 하면, 일급 여관의 이름도, 무슨 상표도 '비이글'이라는 말을 인용하고 있다.

이곳에는 아주 우수한 해양연구소 CADIC(Centro Austral de Investigaciones Cientificas)가 있다. 연구소는 1983년에 건설된 극지 연구소로서 눈부신 발전과 정부의 중점적인 연구소로서 활약하고 있다. 주요 연구 분야는 기상학, 수문학, 육상생물, 바다생물, 지질학 등 5개 분야로서, 특히 남극 바다의 해양생물 자원의 개발에 주요 임무를 맡고 있다. 이곳에 근무하는 연구원은 70명 정도로서 생물학을 전공하는 사람이 60%를 차지하고 있다. 연구소의 건물은 설계상으로 한대지방의 성격을 잘 반영시키고 있다. 연구소의 기능은 행정적으로도 상당한 영향력을 행사한다. 특히 해역의 어업권에 대하여는, 이 연구소와 함께 수산청과 주정부가 공동심사를 하는데 연구소의 언권이 큼을 알 수 있다. 이탈리아, 스페인, 러시아, 일본이 해역의 입어권을 가지고 있다고 한다. 연구소의 해양생물 총 책임자인 부소장 산 로만San Roman 씨는 한국과도 학술교류, 양식기술 및 연구원 교류를 절실히 원하고 있음을 밝힌다. 그리고 이 해역에 한국의 어업 진출도 원하면 받아들이겠다고 하며, 커다란 호의를 베풀고 있다.

우수아이아항에는 여러 나라의 어선을 비롯하여 다양한 대소의 선박을 볼 수 있다. 실제로 남극권의 어업은 지구상에 마지막 남은 어장이라고도 한다. 그러나 아직 이 해역에 익숙하지 않으며, 기후적으로 거리상으로 또는 기온의 극심한 차이로 쉽게 도전하여 노다지를 캔다는 것은 어렵겠다는 생각이다.

이곳 우수아이아 해역의 어족자원은 풍부하며, 주로 많이 잡히는 것은 연어, 송어, 꽃게, 오징어, 명태 등으로서 한류의 찬 물속에 서식하는 천혜의 자원들인 것이다. 특히 대게king crabs의 유명한 산지로서 연간 10만 톤이나 잡힌다. 외화 획득의 주요 산물인 것이다. 또한 이곳에서는 규모는 아주 작지만, 송어의 치어를 생산하여 방류하는 사업도 하고 있다. 실제로 남극에 가까운 곳이므로 눈 녹은 물이 흘러내려 차갑고, 맑고 깨끗한 물에 송어 같은 고급 냉수성 어류의 양식은 이 나라의 경제에 커다란 도움이 되는 바람직한 사업이다. 한 가지 부언하면, 송어 양식으로 유명한 바릴노체Barilnoche도 이곳의 수계 환경과 비슷하다. 안데스 산맥의 고산으로부터 흘러내리는 차고 맑은 물속에 송어의 서식은 좋은 자원이 아닐 수 없으며, 관광객에게는 싱싱한 메커요 더해 주고 있다.

3) 아르헨티나의 생활풍토

(1) 낙천적인 기질

이곳은 수륙의 국토가 넓고 비옥하여 농산물, 수산물이 풍부하며, 광물 자원도 많아서 국력의 신장 면에서 무한한 잠재력이 있다. 특히 자연 환경이 대단히 좋다.

파라나강의 중·하류에 펼쳐지는 평야는 산 하나, 언덕 하나 없이 광활하다. 마치 꿀과 젖이 흐르는 듯 윤이 나는 초장이다. 이러한 자연에 영향을 받고 있는 이 나라 사람들의 심성은 각박하지 않고 인심이 좋으며, 일반적으로 감성적이다. 타고난 기질도 낭만적이며, 정이 흘러넘친다.

세계 1·2차 대전 때에는 교전국을 비롯하여 많은 나라에 많은 양의 곡물을 팔아 황금을 쌓아놓을 정도로 부유했고, 세계 5대 강국으로 부상하기도 했다. 이 나라는 이미 1903년에 지하철을 건설했고, 1913년에는 전화망을 지하로 설비하였다.

아르헨티나 사람들은 보통 자동차를 운전하거나, 정비하는 일을 즐긴다. 비행기 운전 같은 고도의 기술에도 뛰어난 소질을 발휘한다. 오늘날의 경제적인 침체는 우수한 두뇌 100여만 명이 미국으로 이주했기 때문에 초래되었다. 남미에서는 이 나라가 과학기술적으로 우수하다. 비행기도 개발하여 페루에 3대나 기증을 할 정도이다. 또한 노벨 문학상을 받은 사람도 있고, 노벨 의학상을 공동 수상할 만큼 학문도 뛰어나다.

사람들의 사고방식은 이미 한 세대 지난 유럽인, 특히 스페인, 이탈리아계의 소박하고 때 묻지 않은 심성으로 표출된다. 이들의 정신구조는 서구인 그대로여서 신사적인 매너를 보인다. 또한 일상적인 사회생활에서 끈질기고 집요한 성취 욕구가 적어 보인다. 그렇지만 무리하는 법이 없고, 질서의식이 몸에 배어 있다. 특히 선거과정에서 보이는 국민의식은 아주 공명하다.

가족제도는 서구식이지만, 자녀를 많이 두는 경향을 보인다. 이혼은 거의 허용되지 않는다. 그러나 개방적이고 대담한 행동은 진취적인 생활을 엿보게 한다. 이 나라에서 누구나 기질적으로 누리는 의식주의 주요 흐름은 잘 먹고 마시며, 신나게 춤추고 즐겁게 노는 것이다. 새벽 3시까지 신나게 먹고 떠드는 경우도 일상생활에서 드물지 않다.

국민 전체가 운동을 좋아하며, 특히 축구를 잘 한다. 또한 예술적 기질이 훌륭하다. 그림 솜씨가 뛰어나며, 음악성도 좋아 탱고의 본고장을 이룬다.

대부분의 사람들은 순박하며, 성실하고 손님 대접을 극진하게 한다. 저자는 성심껏 강의와 자문을 수행하기도 했지만, 마치 우리나라에서 20~30년 전 군사부일체 같은 분위기를 느끼게 해서 감격스러웠으며, 하늘처럼 우러러 보는 그들의 존경심을 마음속에 깊이 새겨 놓지 않을 수 없었다.

(2) 김빠진 생활과 경제

이 부분은 이곳의 몇몇 교포들이 저자에게 들려준 생활담의 한 부분이다.

청운의 꿈을 품고 이곳에 와서 활약하던 교민들이 영국과 아르헨티나의 전쟁을 고비로 계속되는 경제 위기 속에서 좌절하면서 지내온 하소연 또는 쌓인 스트레스를 풀어내는 애교 있는 험담으로 이해했으면 한다.

일반적으로 아르헨티나 사람들은 악착같은 면이 전혀 없고, 성실하게 일을 하지 않으며, 무척이나 게으르고 태만하다. 머릿속에는 긴장tension이라고는 찾아볼 수 없고, 일반적으로 시간 약속을 지키지 않는다.

이곳의 어느 교포는 "이 나라는 썩을 대로 썩었다. 공무원이나 순경, 심지어는 군인도 부정과 비리에 물들어 있어서 구제불능이고, 빛 좋은 개살구로서 파렴치하기 짝이 없다. 특히 외국인을 뜯어 먹는데 능소능대하다. 의식구조를 뜯어 고치지 않는 한, 발전은 있을 수 없다"고 한다.

또한 노조가 무척 분화되어 있어서 선장 노조, 기관장 노조, 갑판원 노조 등의 개별적인 노조활동으로 선상작업의 효율성은 물론, 경제성이 맞지가 않아 기업이 망하는 경우가 많다. 무슨 기업이든지 노조만 결성되면, 망하는 것은 시간문제로 인식되어 있다. 많은 국민들은 엄청난 잠재력을 지니고 있고, 한때 부유했다는 자부심은 마치 꿈속에서 깨어나지 못하는 것 같다.

미국의 '포드 자동차회사'는 노조 때문에 재산을 다 버리고 결국 철수하고 말았다. 꼬르도바주에서는 일본의 '혼다'가 자동차 공장을 세우려고 5천만 달러를 투자했지만, 여러 가지 작업조건과 노조의 제약성 때문에, 결국 철수하면서 악담으로 "이 나라는 파라과이나 브라질 국민들이 가진 의식수준만큼도 안 되며, 앞으로 500년이 지나도 정신을 못 차릴 것이고, 나라가 발전할 희망이 없으며 안 된다"고 하면서 떠났다고 한다.

그런가 하면, 한국의 어떤 기업인은 미화 900만 달러를 투자하고 노조의 시달림 속에 견디다 못해 귀국했는데, 올라hola(여보세요)라는 소리만 들어도 벌떡 일어나서 침을 뱉는다는 이야기도 있다. 그래도 우리 한국 사람들에게는 잘 살아갈 수 있고, 마치 개천에서 용이 나듯이 대성할 수 있는 여유 있고 부유한 나라라고 입을 모아 동의한다.

아파트나 개인집은 오래 비워두기만 하면, 멕시코계 사람들이 침범한다고 한다. 그러면 찾을 길이 없다. 재판을 하면 10년이 걸린다.

고급 공무원은 외국인 재벌에게 마치 해적행위를 하듯이 돈을 뜯어먹고, 순경은 도난당했던 자동차를 착복하며, 거리에서 시민으로부터 돈을 뜯는 경우도 있다고 한다. 해군은 잠수함을 이용하여 특산물인 로얄제리 같은 것을 우루과이에 밀수출하여 돈을 번다. 국경 수비대는 한국인 등에게 국경을 넘을 때마다 등을 쳐서 돈을 뜯어내고, 고관을 낀 재벌들은 경제 정책 부재의 틈바구니에서 환율 차이로 하루에도 수만 불씩 재산을 축적하는 경우도 있다.

국민은 아무런 의식도 없이 맛있고 기름진 소고기와 포도주로 세월 가는 줄 모르며, 근심 걱정 없이 살아갈 뿐이다.

환율의 변동과 차이는 이 나라 경제에 심각한 영향을 미친다. 미화의 공식가격이 650이면, 암거래는 1,250이나 된다. 그 예로, 옥수수 1톤을 생산하여 판매하는 대금이 100달러이라고 하면, 정부 수매가는 60달러(60% 정도)에 불과하고, 게다가 수출세 30%, 세금 13%를 더하게 되면 농사를 짓지 않는 것이 편하다. 따라서 땅이 버려져 있는 것이다.

많은 땅을 가진 지주는 농장 내에 매점까지 갖추고 농부의 저임금까지 다시 흡수한다. 결국 이들은 노예를 부리는 것과 같다. 반면에 지주들은 농장에 고급저택을 가지고 경비행기, 수영장 등 문화시설을 갖추고 화려한 생활을 한다.

저자가 체험한 경제 상황을 하나 소개하면, 1989년 12월 28일 1개월 은행이자가 350%로 올랐으며, 미화 가치와 물가가 갑자기 오르더니 하루 후인 29일에는 은행이자가 600%나 되고, 미화 1달러가 1,800아우스뜨랄로 바뀐 지 2일 만에 다시 4,000아우스뜨랄로 오른다. 경제 상황이 급변하니 앉은 자리에서 돈을 잃은 셈이다. 이런 소용돌이 속에 경제는 침체되고, 국민은 근면성이나 독창성이 결여되어 사회적 여건은 활력이 없다.

아르헨티나에서는 초등학교를 졸업하면 초등학교 교사가 될 수 있는 시험을 볼 수 있고, 시험만 통과하면 교사가 된다. 또한 중학교 교사도 이와 동일한 방법으로 된다. 따라서 교사들의 실력이 부족하다. 이 나라에서는 대학만 졸업해도 어떤 전공분야에서는 박사doctor 칭호를 붙인다.

한편 절도 행위 같은 것은 죄도 아니다. 현행범은 순경이 보아야 비로소 성립된다. 교포 중의 어느 한 사람의 경우를 보면, 어린 아이가 초등학교에 입학하였는데 6개월 동안 만년필을 17개나 도난당했다고 한다. 별 생각 없이 아무나 집어다 쓰면 되는 것이다. 이 나라에서는 무고죄가 없어서 엉터리 고발 또는 고소로 이해관계 없는 사람을 괴롭힐 수가 있다.

수출을 하는 경우, 27회의 싸인firma을 거쳐야 하는데, 거칠 때마다 부정이 개입되어 돈을 내야 한단다. 심지어는 손바닥에 미화를 테이프로 붙여 악수를 하면서 제공하면 뜯어 간다고 한다.

이 나라의 학생들은 공부하는 데 노력을 하지 않아 일반적으로 머리가 잘 돌아가지 않는다. 초등학교 5학년생이 더하기, 빼기의 셈본도 잘 못하며, 자기 나라의 5개주 이름도 못 쓰는 경우가 있다.

부에노스아이레스 대학은 유수한 대학일 뿐 아니라, 규모도 커서 많은 학생(20여 만 명)이 등록을 한다. 그러나 실제 졸업생은 얼마 안 된다. 몇 년씩 낙제를 시키는 까다로운 수료 과정에도 원인이 있지만, 일반적으로 학생들은 학구욕이 부족하다. 그러나 재학생이라는 신분은 취직이나 아르바이트를 하는데 덕을 본다. 드문 예가 되겠지만, 어떤 사람의 경우에는 대학을 나와도 인수분해도 못한다. 이들 중에는 자기보다 강하게 보이면 아예 질려서 머리조차 못 드는 경향이 있다고 한다.

경제적인 후퇴의 물결과 함께 이 나라의 거의 모든 차량은 노후 되어 있다. 보험에 들지 않은 차량이 무려 80%나 된다. 사고가 나면 피해자, 특히 외국인의 경우에 손해를 보게 된다.

교민들의 이러한 험담 속에는 제2의 조국으로 이 나라를 아끼는 마음이 깔려 있다. 이 나라가 잘 되고 부흥되어 보람되고 윤택한 생을 즐기기를 갈구하고 있는 것이다.

저자가 아르헨티나에 체류할 때, 이 나라의 연구원들이 들려준 재미있는 에피소드를 하나 소개한다. 태초에 하나님이 땅과 사람을 창조하셨다. 영악한 사람부터 "주여 내가 무엇을 가지고 살아가오리까?" 하면서 서로 경쟁적으로 좋은 땅을 청하였다. 하나님께서는 선착순으로 원하는 대로 땅을 나누어 주셨다. 그러나 순하고 착한 사람은 그저 조용히 저만치에 있었다. 그는 하나님께 아무런 요청도 없었으며, 초조하게 의식주를 해결하기 위하여 보채는 기색도 없었다. 하나님은 마지막으로 남은 땅을 그에게 주셨다.

이제 보니 그 땅은 수고도 고뇌도 없이 잘 살아갈 수 있는 꿀과 젖이 흐르는 광활한 초장草場이다. "이곳이 바로 남미이며, 아르헨티나이다"라고 자랑스럽게 이야기 한다. 아르헨티나는 자연이 대단히 좋고, 사람은 순하고 인정이 있는, 참으로 축복받은 나라인 것이다.

2. 남미, 라쁠라따강의 하구 자연과 초어자원

1) 라쁠라따강의 하구 자연과 환경

라쁠라따강은 아르헨티나와 우루과이의 국경을 흐르면서 막대한 수량의 증가와 함께 국제 하천으로서 위용을 드러낸다. 특히 우루과이 전역에 내리는 강우량은 대부분이 강으로 집합된다. 특히 네그로Negro강이 라쁠라따강과 합류되는 하류에서는 마치 대해大海를 이루듯 넓은 하구를 형성한다.

라쁠라따강의 하구에는 파라나시또Villa Paranacito와 구알레과이추Gualeguaychu가 위치하고 있다.

(1) 라나시또 마을의 자연

이 마을은 인구가 5천 명 정도이며, 하구의 삼각주 지역으로서 건기에도 육상에 초목이 무성하게 자란다. 파라나강, 라쁠라따강, 네그로강 중에서 어느 하나라도 커다란 홍수가 발생되거나, 아니면 2개 또는 3개의 강이 동시에 홍수가 나게 되면 침수가 되는 상습적인 범람 마을이다. 따라서 파라나시또는 삼각주의 넓은 평원 속에 세워진 일종의 수중 마을이다.

이 마을의 집은 대개 일층은 기둥만으로 세워져 있으며, 2층부터 생활공간으로 쓰고 있는 것이 특징이다. 홍수 시에 1층은 침수되므로 홍수방지용 건축방법이라고 할 수 있다.

이 마을의 교통은 자동차길보다 거미줄처럼 연결되어 있는 운하를 통한 수상 교통이 발달되어 있다. 아동들의 등·하교 시에는 물론, 이곳 사람들의 출퇴근에도 이용한다.

라쁠라따강의 유역에는 3월과 4월에 많은 강수량이 있으며, 파라나강의 유역에는 3월과 12월에 강수량이 많다. 이곳의 최대 범람은 이 두 강이 동시에 홍수가 나고, 이 강물을 바다로 쉽게 빠지지 못하게 하는 강한 남풍이 불면, 수면water level이 높아지면서 마을은 완전히 물 천지로 변한다. 이때는 물론 삼각주 안에 생육하는 초목뿐 아니라 주요 교통로도 침수가 된다. 이것은 범람의 3대 요소가 성립된 경우이다. 그러나 때로는 이 세 가지 요인 중에 한두 가지가 심할 때도 이곳은 심각한 영향을 받는다. 예로서 1959년, 네그로 강의 홍수는 라쁠라따강의 범람을 몰고 와서 이 마을과 자동차 도로를 비롯하여 삼각주 평원을 물바다로 만든 기록을 남겼다. 1983년에 네그로강의 수면이 4.58m 높아진 홍수도 이 지역을 완전히 범람시켰다.

이 지역의 수문학적 또는 지형적인 특성은 파라나강보다는 라쁠라따강의 하상河床이 높다는 것이다. 라쁠라따강이 건기에 있을 때에 파라나강의 홍수는 라쁠라따 강물을 역류시키는 결과도 초래한다.

이 지역에서는 라쁠라따 강물이든, 네그로 강물이든 또는 어디에 있는 물이든, 맑고 깨끗한 물은 찾아볼 수 없다. 모든 물의 색깔은 검은 흙색 아니면 적색이 섞인 흙 검정색의 탁한 색깔을 띠고 있다. 햇빛이 창창하고 바람이 없어 수면이 고요하면, 심히 탁하고 걸쭉한 수프 같은 물로 보인다.

(2) 구알레과이추Gualeguaychu시의 자연

구알레과이추시는 라쁠라따강과 파라나강이 만나는 접합부위에 있는 일종의 하구 도시이다. 우루과이와 아르헨티나 국경의 도시로서 인구는 5만 정도이다. 삼각주를 이루고 있는 이곳의 전형적인 하구 평원의 자연에 대하여 언급하면 다음과 같다.

삼각주의 대평원에는 운하로 배가 다니고, 크고 작은 수많은 호소가 있는데 항상 일정한 형지를 지니고 있는 것이 아니며 홍수에 따라 수시로 생성·소멸·변천되는 가변적인 운하이고 지형이며 호수들이다. 삼각주의 육상에는 늪지가 형성되어 있다. 늪의 물속에는 미세조류 microflora와 물에 잠겨 생육하는 작은 초본류로 가득 차 있다. 일부 농민 중에는 건기 때에 밑바닥이 넓은 목선으로 소떼를 초원의 섬으로 이주시켜 방목을 한다. 그러나 갑자기 우수기가 찾아와서 미처 대피를 못하면, 소떼는 홍수에 휩쓸려 희생된다. 호소의 곳곳에는 많은 오리떼가 비상飛翔하고 있으며 붉은 색의 화려한 조류 특히 홍학(플라밍고)이 서식하고 있으며, 비상할 때 아름다운 경관을 보여준다. 영세 어부들은 작은 보트를 타고 노를 저으며 초어sabalo를 잡는다. 호소에 고여 있는 물은 대단히 비옥한 녹색을 띄고 있다. 물 전체가 탁하지만 표층수는 앙금이 가라앉아 조금은 맑게 보인다.

2) 천혜의 어장 환경과 낭만적인 초어잡이

어장이라 함은 어류를 집중적으로 포획할 수 있는 장소로서, 결국은 물고기의 회유장소 또는 서식장소를 의미한다. 파라나강과 라쁠라따강 수계水界 속에는 양적인 대소의 차이는 있지만, 초어가 대량으로 서식하고 있으며 방대한 수역이 모두 어장으로 활용될 수 있다.

구알레과이추시는 부에노스아이레스에서 약 2백여km 떨어져 있으며 삼각주의 하단에 위치한다. 이 도시에서 약 30여km 떨어진 곳에 라

뿔라따강이 흐른다. 강폭은 10km 정도로 넓고 광활하다. 무릎 정도의 수심을 가진 하상은 폭이 무려 9km이며, 강의 주 흐름은 우루과이 쪽의 약 1km의 폭을 지니고 있다.

　강물의 수색水色은 항상 범람하는 물같이 진한 황토색이다. 강바닥도 황토색의 작은 입자 또는 가는 모래로 되어 있다. 이곳이 초어를 어획하는 어장이다. 이 어장에는 아무런 인위적인 시설물이 없다. 자연 그대로의 한적하고 고요한 경관을 지니고 있다. 강변에는 초목이 무성하며 강물과 함께 아름다운 경관이 별천지를 이루는 듯하다. 물론 이곳은 대평원의 자연이며, 하구의 성격을 잘 표현하고 있다. 어부의 집도 여기에 있고 어분을 만드는 공장도 여기에 있다. 에피소드를 하나 소개하자면 1978년과 1983년 강물이 범람하였을 때 20여 헥타르ha에 달하

대서양으로 유입되는 라쁠라따(La Plata)강 하구 전경

는 이 집의 정원에 초어가 모여들어 그물을 치지 않고도 잡을 수 있을 만큼 많았다고 한다.

방대한 유역의 토양으로부터 운반되어 쌓이는 영양염류는 풍부한 태양광선과 함께 막대한 양의 수생식물을 생산해내고, 나아가서는 초어의 대량번식에 기여하고 있다. 대표적인 초어로는 싸발로sabalo가 있다. 삼각주 내의 늪지, 웅덩이, 호소에는 초어가 번식하여 성장하는 좋은 서식처이다. 초원에 방목된 소가 풀을 먹는 것과 같이, 초어도 풍부한 수생의 풀을 뜯어 먹고 대량 번식한다. 소가 먹는 풀은 이 강의 상류에서 운반된 영양염류로 자란 식물이다. 다시 말하면 소나 초어는 같은 영양염류로부터 기란 초본류를 먹는 초식동물인 셈이다. 또한 초어의 맛이나 소고기의 맛이 풀 내를 함유하고 있으니, 대동소이하다고 느껴

그물의 양쪽이 말에 의해서 끌려지고 있다

진다.

초어의 어획법은 원시적이기만 하다. 무릎 정도의 깊이의 강가에 800m 정도의 그물을 펼쳐놓고, 다음날 그물의 양 끝을 각기 3필의 말을 이용해서 연안으로 끌어들이는 작업이 어획 과정 전부이다. 순한 은빛의 초어는 말이 끄는 그물과 함께 강변까지 이동하여 그물에 휩싸인다. 많이 잡히면 40톤이나 되고 적어도 몇 톤 정도는 쉽게 어획된다.

카우보이 형 어부들은 역시 유유자적하게 유희를 하듯 그물을 신명나게 강변으로 끌어들인다. 강 바닥은 돌 하나 없는 모래와 황토입자들

어획을 하고 있는 그물의 한쪽. 3필의 말이 끌고 있다

초어(Sabalo)가 2중 3중으로 그물에 둘러싸여지고 있다

대서양으로 유입되는 라쁠라따강에서 대량 어획된 초어(Sabalo)

한번에 40톤을 어획한 기록도 있는 초어(Sabalo)

로서 그물은 아무 저항 없이 순조롭게 잘 끌려진다. 그 정경은 진기하기도 하고 정취롭다. 이러한 어법은 고전적인 것으로 오래 전부터 쓰였다고 한다.

어획법은 동력을 사용하지 않으면서도 인력이 극소화되어 있으며, 실제로 어부들은 어획과정을 즐기는 편이다. 어부 가족들도 그물을 끌어들일 때는 나와서 초어의 생동감 속에 즐거운 시간을 보낸다. 따라나온 개들도 주인과 함께 물을 튀기면서 신나게 뛰어논다. 1989년 이곳 어장에는 20명 내외의 어부가 있고 월급은 1백 달러 정도이다. 그물속에 갇혀있는 물고기는 삼지창에 푹푹 찍혀서 트랙터로 옮겨진다. 마치 농부가 퇴비를 퍼서 싣듯이 한 번에 몇 마리씩 찍어서 트랙터로 옮긴다.

저자는 이 나라의 여러 연구원과 함께 이 어장을 두 번 조사하였다. 그때마다 어획량은 각각 4~5톤에 불과하였다. 어장 주인에게는 적은 양이어서 무표정했으나, 사실 저자에게는 처음 대하는 어획법이고 많은 어획량이며, 펄펄 뛰는 생동감에 놀라움을 느끼지 않을 수 없었다.

여기서 1톤이라 함은 1.5㎥되는 한 트랙터분이다.

3) 어류의 종류

이 어장은 연 6개월만 어획이 허용되고 다른 6개월은 어족 자원의 보호 즉, 자연보존이라는 명목으로 어획이 금지된다. 이 어장에서는 이런 단순한 어획법으로도 연간 1,000~1,500톤 정도의 어류를 잡는다. 여러 가지 어류 중에 몇 종류만 열거하면 다음과 같다.

(1) 싸발로 Sabalo : *Prochilodus platensis*

이 어장에서 잡히는 막대한 양의 어류는 거의 전부가 초어인 싸발로sabalo이다. 강의 얕은 곳, 풀 속에서 살면서 초식을 하는 이 물고기는 이가 없으며 성격상 대단히 온순하다. 그물에 걸렸을 때도 저항이 별로 없어서 다루기 편리하며, 운동성이 적어서 늪지나 호소가 생활적지이다. 생태적으로 붕어류와 비슷하지만 외형적인 크기로는 잉어와 비슷하다. 찬란한 은빛을 나타내는 비늘의 크기는 잉어보다 작고 생활 장소와 운동성에 있

초어(Sabalo)의 모양

어서는 잉어와 판이하게 다르다. 무게는 보통 2~3kg의 것이 대부분이지만 기록적인 대형은 20kg까지 있다. 이 어장의 총 어획량 중 98% 정

도가 초어이며 아르헨티나에서는 전혀 식용으로 이용되지 않는다.

아프리카 내륙의 더운 지방 사람들에게 단백질 공급원으로, 또는 땀으로 빼앗긴 염분 공급원으로 이곳에서는 염장 가공하여 수출하려는 계획에 있다.

(2) 보가Boga : *Leporinus obtysidens*

싸발로sabalo와 닮은 어류이다. 이 물고기는 이빨이 발달되어 있으며, 물론 식성은 육식성carnivore이다. 외견상으로는 잉어와도 많이 유사하다. 몸체는 싸발로보다 크며 때론 10kg 정도까지 무게가 나가는 것도 있다.

(3) 수루비Surubi : *Pseudoplatystoma fasclatum*

초어와는 달리 순 육식성 대형어류이다. 성질이 포악하며 주로 싸발로sabalo를 잡아 먹는다. 이 어류는 머리 부분에 수염이 크게 나 있으며, 입이 아주 크다. 마치 메기와 비슷하다. 큰 것은 30~40kg이나 된다. 맛이 담백하고 단백질이 많아 이 나라 사람들에게는 인정받는 어류 식품이다.

(4) 도라도 Dorado : *Salminus maxillosus*

도라도dorado는 남미 특산종으로 좋은 어류식품이다. 이 어류는 온 몸체로부터 금빛을 발한다. 비늘이 비교적 가늘며 상체 부위와 하체 부위의 굵기가 비슷하며 꼬리 부분을 빼면 거의 직사각형을 이룬다. 특히, 지느러미는 여러 가지 색으로 영롱하게 아름답다. 보통 낚시로 잡히는 이 고기는 3~4kg 정도이다. 때로는 10kg 이상 되는 것도 있다. 도라도는 모든 낚시가들의 애호를 받는다. 생육장소도 폭이 넓다.

이 외에 출현하는 어류를 참고로 밝히면 다음과 같다. 양적으로 많지 않지만 출현 빈도상으로는 쉽게 찾아볼 수 있는 어류들이다. 아마리조Amarillo : *Pimelodus clarias*, 바그레Bagre : *Rhamdia sapo*, 마가라스Magarras : *Astyanax fasuatus*, 만두베Mandube : *Agenelosus brevifilis*, 빠띠Pati : *Luciopimelodus pati*, 빠꾸Pacu : *Colossoma mitrel*, 타란고Tarango : *Hoplias malabaricus*, 비에자 델 아구아Vieja Del Agua : *Loricaria loricaria vetula*.

상기한 어류 외에도 여러 종류의 어류가 있다. 은어종류pejerrey는 드물게 어획된다. 우리나라의 것보다는 대단히 크고 모양도 다소 다르지만 은어종류이다. 가물치류도 자생하고 있으며 삐라냐piranas라는 물고기도 잡히는데, 이것은 아마존강에 서식하는 것으로 잘 알려져 있으며, 이빨이 아주 날카롭고 성질이 공격적이며 육식성이다.

가오리(Raja) 종류

도라도(Dorado)라는 어종

Vieja del Aguas라는 날치 종류 　　　　　 Pirana의 일종으로 공격성이 강한 어종

4) 어촌과 생활환경의 일례

아르헨티나는 풍부한 자원과 좋은 자연환경에 비하여 국민소득이
낮은 편이며, 개인들은 돈이 없다고 불평을 한다. 그러나 이 어부의 초
가집은 윤기와 풍요로움이 넘쳐흐르고 자연으로부터 풍겨 나오는 아름
다움과 조화는 낙원 같은 느낌을 준다.

이곳에 정착한 어부 1세대는 젊어서 헝가리에서 아르헨티나로 이민
을 와서 구둣방을 차리고 열심히 돈을 벌었다. 부에노스아이레스에서
3개의 구둣가게를 경영하면서 20여 년 전에 이곳에 어장을 설치하고
고기잡이를 했다고 한다. 그리고 어분fish meal과 어유fish oil를 생산하고
있다.

남편은 67세로 88년에 작고했고 부인은 53세로 아주 정정했다. 그
들은 한국과 헝가리 사이에 국교수립이 되고 경제협력이 된다는 점에
서 무척 기뻐한다. 큰아들 풀리오Fulio는 독신으로 부에노스아이레스
대학에서 수의학 박사를 획득했으며, 어장과 공장경영에 성실하며 풍
부한 경험도 가지고 있다. 작은 아들 파블로Pablo는 2년 전에 마리엘라
라는 영어교사와 결혼하여 형과 같이 공장을 경영하고 있다. 재미있
는 것은 2년마다 형과 동생이 회장직과 부회장직을 번갈아가면서 한

다. 파블로는 체격이 아주 우람하나, 그 부인은 너무 날씬하여 대조적이고 인상적이다.

이곳에서 잡히는 물고기는 현실적으로 1kg에 고작 9센트밖에 안 된다. 아주 비싸야 45센트이다. 그것도 돈으로 직접 환산되는 것이 아니다.

사람은 누구나 풍부함 속에 젖어있게 되면 일하기 싫어지며 노력을 하지 않는다. 그래도 잘 먹을 수 있다면 문제는 바로 식량자원이 지나치게 많은 데 있다. 아르헨티나 국민의 주식은 소고기이다. 물고기를 먹는 경우는 극히 드물다. 따라서 이렇게 많은 물고기와 수자원은 조금도 귀한 줄 모른다. 하늘에서 그냥 막 떨어지는 물고기 정도로 소홀히 여기며 무관심할 뿐이다.

수루비(Surubi)의 모양. 50kg 정도 성장하는 담수어류.(위) 라쁠라따강 하구역에서 어획된 거북의 모습(아래)

어분과 어유의 생산과정을 보면, 어장에서 어분공장으로 운반된 초어는 나선상 크레인에 의하여 압축기로 들어가게 된다. 여기서는 마치 기름을 짜듯이 물고기가 압축됨으로써 물, 기름, 어육으로 분리된다. 어육은 110℃의 화덕식 건조통에서 말려진다. 뼈는 흰색이고 살은 진한 회색으로 변한다. 이것을 가루로 부수면 곧 어분이 되는 것이다. 이러한 어분은 멸균과정을 거쳐 10kg들이 포대에 담겨 상품화된다.

어유의 생산은 기름이 물과는 비중이 다르므로 정제과정을 통하여 생산된다. 살아있는 물고기 무게의 20%는 어분이 되고 10%는 어유가 된다. 일반적으로 어분은 내수면 양식, 즉 송어, 역돔, 뱀장어 등의 인공 배합사료의 주성분이 된다. 또한 질이 나쁜 것은 가축의 사료로 쓰이기도 한다. 특히 소, 닭 등의 사료로 이용된다. 어유는 각종 동물의 가죽을 제품으로 만들 때 쓰인다. 구두 제작이나 수선 시에도 쓰인다. 이 어분공장에서는 연간 260톤 정도 생산하며, 톤당 가격은 비쌀 때 130달러이고 아주 쌀 적에는 25달러라고 한다.

이곳에서 생산되는 어분의 구성성분을 보면 단백질이 평균 62%, 지방분이 10%, 각종 무기염류가 23%, 수분이 5% 정도 포함되어 있다. 영양가치가 대단히 좋은 상품이다.

우리나라에서도 어분 생산공장이 전국에 40여 개 있어서. 연간 14만 톤을 생산한다. 그러나 상당량의 어분이 양어용 또는 가축용으로 수입되고 있다. 질이 좋은 양어용 어분은 일본을 비롯하여 유럽, 미국, 캐나다, 호주 등지에서 수입되고, 축산용 어분은 남미의 페루와 칠레에서 수입되고 있다.

3. 대서양, 리우데자네이루의 바다와 자연

남미 대서양의 해안은 북위 15°에서 남위 55°에 이르기까지 삼각형의 2변에 해당하는 형태의 방대한 해안을 지니고 있다. 여기에는 적도 해역으로부터 한대 해역에 이르기까지 다양한 해역이 포함되어 있다. 기후적, 지역적 다양성에 따른 생물학적 다양성이 크다는 것이다. 해안의 대부분은 브라질, 우루과이, 아르헨티나가 차지하고 있으나, 북부해안에서는 베네수엘라, 기이아나, 수리남, 기아나 등과 같은 국가가 열대 해역의 일부 해안을 점유하고 있다.

브라질은 북위 5° 정도에서부터 남위 34°까지 위도상 수천 킬로미터에 해당하는 대서양의 방대한 해안선을 점유하고 있다. 이 해안은 적도 수역에서 온대수역에 이르기까지 다양하고 중요한 해양학적 성격을 내포하고 있다.

브라질의 해양학적 성격 중의 하나는 적도 수역에는 세계에서 가장 큰 아마존강의 막대한 수량이 유입되면서 하구를 형성하고 있다는 것이다. 이 강의 담수가 대서양으로 유입됨으로서 수문학적 영향력이 대단히 크고, 동시에 하구로 운반되어 퇴적되는 모래와 토양은 해안의 지형까지도 변화시키고 있다. 다시 말해서, 연안에서 4~500여km 떨어진 원양에 이르기까지 비교적 얕은 천해역을 이루는 기능을 하고 있다. 아마존강의 영향은 브라질의 북부 해안의 완만한 기울기를 하고 있는 적도 수역에서부터 남위 5°사이의 2,000~3,000km에 이르는 동서 방향의 해역이라고 하겠다. 하구 해역에서는 막대하게, 먼 곳에서도 적지 않게 영향을 받고 있다.

이 해역은 방대한 기수역이 형성됨으로서 담수생물과 해수생물이 치열하게 적응하면서 공존하는 새로운 생물의 세계를 이루고 있다. 이 수역은 세계적으로 생물학적 다양성이 크고 생산성이 괄목할 만큼 많은 수역이다. 거대한 아마존강의 다양한 생물상의 영향이라고 하겠다.

브라질의 거대한 해안을 이루는 남위 5°에서 34°에 이르는 4,000여km 정도의 해안선이 있다. 이 해안선의 중앙에 위치하고 있는 곳이 바로 리우데자네이루의 해안이며 순수한 대서양의 해역이다. 말하자면, 이 해역에는 대서양의 해수에 영향을 줄만한 외형적인 요인이 없으며 대서양을 맞대고 있는 해역이다.

리우데자네이루는 남회귀선 23°에 근접해서 위치하고 있음으로 위도상으로는 아열대성 기후에 속한다. 그러나 이곳은 남미 대륙의 중앙에 위치하는 해안 도시로서 나폴리와 시드니와 함께 세계 3대 미항 중의 하나이다. 리우데자네이루의 아름다운 해변으로는 꼬빠까바나Copacabana해변과 이빠네마Ipanema해변이 있다. 약 5km의 꼬빠까바나 해변에는 아름다운 해안도시가 건설되어 있다. 맑고 푸른 바닷물과 깨끗한 모래사장이 있는 천혜의 명소이다.

이곳은 기온이 다소 덥기는 하지만 온화한 해양성 기후로 인하여 생활환경이 쾌적한 곳이고 자연재해가 거의 없는 평안한 곳으로서 자연경관이 뛰어나게 아름다운 해안도시이다. 특히 과나바라만의 경관은 대단히 아름답다. 이곳은 어·패류가 서식하기에 좋은 환경을 이루고 있으며, 수산 양식장으로서의 입지 조건도 좋아 보인다.

브라질이 발견된 동기는 포르투갈 왕이 1500년에 베드로 알뵈레스 카브랄 장군에게 1,500명의 군사를 주고 인도에 도착하여 후추와 고가의 농산물을 무역하는 아랍인으로부터 후추를 빼앗아 오라는 명령을 내린데서 비롯된다. 이 장군은 바스코다가마가 개척한 인도항로를 잃고 표류하면서 항해하다가 브라질의 해안에 도착하게 된 것이다.

리우데자네이루는 '1월의 강'이라는 뜻으로 약 500년 전에 카브랄 함대가 만의 입구로 들어오면서 강으로 생각을 했기 때문에 붙여진 이름이다. 리오Rio는 스페인말로 강이라는 뜻이다. 그리고 그 때의 날짜가 1월 1일이어서 자네이루Janeiro라는 단어가 사용되었는데 '1월'이라는 뜻이다.

리우데자네이루 항구를 가장 잘 조망할 수 있는 곳 중의 하나는 꼬르꼬바도Corcovado 산 정상이다. 이곳은 해발 710m인데 제일 높은 자리에 예수님의 거상이 브라질 독립 100주년 기념으로 1931년에 건조되었다. 이 상의 높이는 38m이고 벌린 팔의 길이는 28m이며, 무게는 1,145톤으로서 세상에서 가장 커다란 예수님상이다.

이곳에서는 바다의 아름다운 절경을 전망할 수 있고 예수님의 거상을 만나러 오는 관광객으로 붐비고 있다. 이 예수님의 거상은 정복하고 정복당하는 권력투쟁의 처절한 이 나라의 설립 역사와 직결되어 있는 듯하다.

예수님의 넓은 팔은 '억울하고 분한 마음이 넘치는 자들아, 다 내게로 오라, 내가 너희에게 마음의 평강을 주고 구원에 이르게 하리라' 하시는 듯하다. 아름다운 바다 자연과 풍광 속에 극도로 상처받은 사람들의 마음을 위로하시며 어루만져 주시고 있다.

4. 페루의 서태평양 해안자연

남미대륙의 절반 이상을 차지하고 있는 서태평양의 막대한 길이의 해안선은 칠레가 소유하고 있다. 페루도 서태평양의 해안을 상당 부분 차지하고 있다. 따라서 이 두 나라는 남미의 태평양 해안을 대부분 점유하고 있는 셈이다. 이들이 소유하고 있는 해안선은 외형적으로 아주 단조로우며, 위도상으로 보면 수직적 위치를 하고 있다. 그러나 남미의 북부에 위치하는 콜롬비아, 파나마, 에콰도르의 해안선은 기복이 심하며, 복잡한 해안선을 이루고 있다.

특히 에콰도르 연안에서 900여km 떨어져 있는 갈라파고스 제도는 찰스 다윈Charles Darwin의 종의 기원을 잉태하게 한 생물자원의 보고이기도 하다. 대륙에서 멀리 떨어져 완전히 고립된 원양의 생태계에서 장구한 세월의 흐름 속에 종의 변화에 대한 진화문제를 생물과 시간과 공간Spatiotemporal의 개념으로 다루고 있다. 다시 말해서 고립된 원양생태계에서 진화과정을 착안한 것이다.

남미의 서태평양은 북위 10°에서 남위 55°에 이르기까지 1만여km 이상 되는 방대한 해안선을 지니고 있어서, 해양의 기후, 해류, 수문학적 제요인과 해양생물의 분포 등은 대단히 다양하고 복잡하다고 하겠다. 무엇보다도 적도 해역에서부터 남극의 한대 해역에 이르기까지 방대한 해역을 지니고 있기 때문이다.

이와 같은 지리적인 여건은 해양생물의 다양성에 커다란 의미가 있다. 열대역의 생물분포와 한대역의 생물분포에 이르기까지 지구상에서 가장 많은 종의 분포가 이루어진 해역이라고 하겠다.

페루가 접하고 있는 해안선도 적도 가까이에서부터 남위 18° 정도에 이르기까지 태평양을 접하고 있는 열대 해역이다. 여기서는 저자가 답사한 리마의 해안을 중심으로 서태평양의 바다자연을 다소 소개한다.

서태평양 연안에 위치하는 페루의 수도 리마시는 바다와 직접 접하고 있다. 따라서 해양도시라고 할 수 있는데 해발이 불과 140~170m 정도로서 아주 낮은 편이다. 이 지역은 대륙의 건조한 바람이 항상 바다로 불기 때문에 태평양을 끼고 있으면서도 사막을 이루고 있는 아주 특수한 지역이다.

리마의 해안에는 파도가 대단히 크고 수심이 깊어서 심해를 이루고 있다. 바닷물의 색깔은 순전한 청색이다. 막대한 수량과 바다에 대한 활용성이 적어서 해양오염 역시 거의 없다. 그러나 이곳에서 생산되는 어류는 크기는 하지만 맛이 별로 없다. 이곳에서 생산되는 광어는 보통 10kg 정도이다.

이 나라의 연안 어장에서 어획되는 주요 어종으로는 갈치를 비롯하여 북부해안에서는 오징어가 생산되고 있다. 최근 몇 년 동안 엘리뇨 현상 때문에 따뜻한 해수로 인하여 해양생태계의 어류의 이동이 변천되어 있다. 따라서 커다란 물고기가 회유하면서 어획되는 편이다. 이 나라의 해안에서 하얀 덩어리들을 볼 수 있는데 이것은 바닷새(해조)의 똥으로 구아노guano라고 하며, 바닷새의 먹이가 물고기이므로 단백질

성분인 인산 비료로 사용되고 있다.

이 나라는 수산대국의 자부심을 가지고 있는 나라이다. 이 나라의 국기도 해양과 밀접한 관계가 있다. 페루는 1828년 7월 28일 스페인으로부터 독립을 했는데 산 마르틴 총독이 독립을 선언했다. 그 당시 총독이 해변에서 술을 마시고 있을 때 바닷가에서 플라밍고가 날아가는 것을 보고 빨간색과 흰색으로 된 국기를 착안했다고 한다. 이것도 페루가 해양문화와 관련이 있음을 보이는 것이다.

리마시의 바닷가에는 테마공원이 14개 있고 미라꾸라스구區에는 신시가지가 건설되어 좋은 환경을 갖추고 있다. 바닷가에 조성된 공원으로서 등대공원, 사랑의 공원 등이 있는데 스페인의 가우디건축양식을 본 따서 만든 공원이다. 이곳에서는 서태평양의 강한 파도 경관을 조망할 수 있고 페루의 아주 건조하고 단조로운 해안선을 조망할 수 있다.

무한 광대한 태평양의 막대한 물을 바로 옆에 두고 땅 위에는 비 한 방울 내리지 않는 사막이 있다. 태평양에 몸을 담그고 수영을 할 수 있어도 빗방울 하나 떨어지지 않는다는 것은 마치 사하라 사막이 비옥한 바다를 끼고 있는 것이나 같다. 특수한 자연 현상이 아닐 수 없다.

그런데 지하수는 풍부하여 대도시의 풍치림을 조성하고 많은 사람들의 생활용수로서 부족함이 없이 사용되고 있다. 그래도 이곳 사람들에게 다행인 것은 6개월은 건기이고 6개월은 우기의 계절이다. 생활여건이 좋을 리가 없다. 건기에는 기관지염환자가 많이 발생하고, 우기에는 습도가 너무 높아 관절염, 신경통, 우울증 환자를 많이 발생시킨다.

참고문헌

KIM K.-T., 1976. Etude sur le *Porphyra umbilicalis*. Rapp. ISTPM, 1~40.

KIM K.-T., 1979. Contribution à l'étude de l'écosystème pélagique dans les parages de Carry-le-Rouet (Méditerranée nord-occidentale). 1. Caractères physiques et chimi ques du milieu. *Téthys*, 9(2) : 149~165.

KIM K.-T., 1980. Ibid. 2. ATP, pigments phytoplanctoniques et poids sestonique. *Téthys*, 9(3) : 215~233.

KIM K.-T., 1980. Ibid. 3. Composition spécifique, biomasse et production du microplanc ton. *Téthys*, 9(4) : 317~344.

KIM K.-T., 1981. Le phytoplanction de l'étang de Berre : Composition spécifique, biomasse et production : Relations avec les facteurs hydrologiques, les cours d'eau afférents et le milieu marin voisin (Méditerranée nord-occidentale). Thèse Doctorat d'Etat Univ. Aix-Marseille, II, 1~474.

KIM K.-T., 1982. Un aspect de l'écologie de l'étang de Berre (Méditerranée nord-occidentale) : les facteurs climatologiques et leur influence sur le régime hydrologi que. *Bull. Musée Hist. nat. Marseille.*, 42 : 51~68.

KIM K.-T., 1982. La temperrature des eaux des étangs de Berre et Vaine en relation avec celles des cours d'eau afférents et de milieu marin voisin (Méditerranée nord-occidentale). *Téthys*, 10(4) : 291~302.

KIM K.-T., 1983. Production primaire pélagique de l'étang de Berre en 1977 et 1978. Comparaison avec le milieu marin (Méditerranée nord-occidentale). *Mar. Biol.*, 73(3) : 325~341.

KIM K.-T., et Travers M., 1983. La transparence et la charge sestonique de l'Etang de Berre (Côte méditerranéenne française). Relation avec les affluents et le milieu marin voision. *Hydrobiologia*, 107 : 75~95.

KIM K.-T., et TRAVERS M., 1984. Le phytoplancton des étangs de Berre et Vaïne (Méditerranée nord-occidentale). *Intern. Rev. ges. Hydrobiol.*, 69(3) : 361~388.

KIM K.-T., et TRAVERS M., 1985. Evolution de la composition spécifique du phytoplancton de l'étang de Berre (France). *Rapp. Comm. int. Mer Médit.*, 29(4) : 97~99.

KIM K.-T., et TRAVERS M., 1985. L'étang de Berre : un bassin naturel de culture du phytoplancton. *Rapp. Comm. Int. Mer Médit.*, 29(4) : 101~103.

KIM K.-T., et TRAVERS M., 1985. Relation entre transparence, seston et phytoplancton en mer et en eau saumâtre. *Rapp. Comm. int. Mer Médit.*, 29(9) : 151~154.

TRAVERS M. et KIM K.-T., 1985. Comparaison entre plusieurs estimations de biomasse phytoplanctonique dans deux milieux très différents. *Rapp. Comm. int. Mer Médit.*, 29(9) : 155~157.

KIM K.-T., et TRAVERS M., 1985. Apports de l'Arc à l'étang de Berre (Côte médi terranéenne française). Hydrologie, caractères physique et chimique. *Ecologia Méditerranea*, 11(2/3) : 25~40.

TRAVERS M. et KIM K.-T., 1985. Le phytoplancton apporté par l'Arc à l'étang de Berre (Côte méditerranéenne française) : dénombrements, composition spécifique, pigments et adénosine-5-triphosphate. *Ecologia Méditerranea*, 11(4) : 43~60.

TRAVERS M. et KIM K.-T., 1986. L'oxygène dissous dans une lagune eutrophisée à salinité variable (Etang de Berre; Méditerranée nord-occidentale) et dans les eaux douces et marines adjacentes. *J. oceanol. Sci. Korea*, 21(4) : 211~228.

TRAVERS M. et KIM K.-T., 1988. Le phytoplancton du Golfe de Fos (Méditerranée nord-occidentale). *Marine Nature*, 1(1) : 21~35.

KIM K.-T., 1988. La salinité et la densité des eaux des étangs de Berre et de Vaine (Méditerranée nord-occidentale). Relations avec les affluents et le milieu marine voisin. *Marine Nature*, 1(1) : 37~58.

TRAVERS M. et KIM K.-T., 1988. Caractères physiques et chimiques des étangs de Berre et Vaïne (Côte méditerranéenne française). *Marine Nature*, 1(1) : 97~98.

KIM K.-T., et TRAVERS M., 1988. Importance comparée des divers groupes taxonomiques dans les inventaires du phytoplancton de l'étang semi-estuarien de Berre et des milieux voisins marins et dulçaquicoles. *Marine Nature*, 1(1) : 99~101.

Kim K.-T. et al. 1989. Ecosystem on the Gulf of Yeongil in the East Sea of Korea. 4. Horizontal and Vertical distribution of salinity and density. *Marine Nature*, 2(1) : 95~110.

Kim K.-T. et al. 1989. Ecosystem on the Gulf of Yeongil in the East Sea of Korea. 5. Dissolved oxygen and rate of oxygen saturation. *Marine Nature*, 2(1) : 111~127.

KIM K.-T. et TRAVERS M., 1990. Un modèle intéressant : les étangs saumâtres de Berre et Vaine (Méditerranée nord-occidentale). L'hydrologie, le phytoplancton et la production. *Marine Nature*, 3(1) : 61~73.

TRAVERS M. et KIM K.-T., 1990. Le pH et l'alcalinité de l'étang de Berre (Méditerranée nord-occidentale). Comparaison avec les cours d'eaux afférents et le milieu marin voisin. *Marine Nature*, 3(1) : 75~84.

KIM K.-T. et TRAVERS M., 1995. Utilité des mesures dimensionnelles et des calculs de surface et biovolume du phytoplancton : comparaisons entre deux ecosystèmes différents. *Marine Nature*, 4 : 43~71.

KIM K.-T. et TRAVERS M., 1995. Apport de l'étude des chlorophylles et phéopigments à la connaissance du phytoplancton de l'étang de Berre et des eaux douces ou marines voisines (Méditerranée nord-occidentale). *Marine Nature*, 4 : 73~105.

KIM K.-T. et TRAVERS M., 1995. Dosage d'ATP planctonique dans trois milieux aquatiques différents : comparaisons avec les estimations pigmentaires et microscopiques du phytoplancton. *Marine Nature*, 4 : 107~125.

TRAVERS M. et KIM K.-T., 1997. Les nutriments de l'étang de Berre et des milieux aquatiques contïgus (eaux douces, saumâtres et marines ; Méditerranée NW). 1. Les phosphates. *Marine Nature*, 5 : 21~34.

KIM K.-T. et TRAVERS M., 1997. Les nutriments de l'étang de Berre et des milieux aquatiques contïgus (eaux douces, saumâtres et marines ; Méditerranée NW). 2. Les nitrates. *Marine Nature*, 5 : 35~48.

TRAVERS M. et KIM K.-T., 1997. Les nutriments de l'étang de Berre et des milieux aquatiques contïgus (eaux douces, saumâtres et marines ; Méditerranée NW). 3. Rapport N/P(N-NO$_3$/P-PO$_4$). *Marine Nature*, 5 : 49~64.

KIM K.-T. et TRAVERS M., 1997. Les nutriments de l'étang de Berre et des milieux aquatiques contïgus (eaux douces, saumâtres et marines ; Méditerranée NW). 4. Les nitrites. *Marine Nature*, 5 : 65~78.

TRAVERS M. et KIM K.-T., 1997. Les nutriments de l'étang de Berre et des milieux aquatiques contïgus (eaux douces, saumâtres et marines ; Méditerranée NW). 5. Les Silicates. *Marine Nature*, 5 : 79~91.

KIM, K.-T., 1998. Histoire de recherches de l'étang de berre. *Marine Nature*, 6 : 15~23.

김기태,『東海 南部 海域의 研究』, 영남대 출판부, 1992, 1~260쪽.

김기태,『海洋, 生産과 汚染』, 영남대 출판부, 1993, 1~219쪽.

김기태,『內水 및 河口 生態學』, 영남대 출판부, 1993, 1~258쪽.

김기태,「프랑스 地中海岸의 다양한 生態界 研究」, 자연보존, 1993, 83 : 27~32쪽.

김기태,『地中海岸의 에땅 드 베르湖의 研究(I)』, 영남대 출판부, 1994, 1~251쪽.

김기태,「체사피크만(Chesapeake Bay)의 自然과 水質」, 자연보존, 1995, 91 : 1~6쪽.

김기태,「체사피크만(Chesapeake Bay)으로 流入되는 James江, York江, Rappahanock江 의 自然과 水質」, 수산계, 1997, 62 : 84~92쪽.

김기태,『건강과 바다』, 양문 출판사, 1999, 1~268쪽.

김기태,『지중해안의 에땅 드 베르 湖의 研究(II)』, 영남대 출판부, 2002, 1~350쪽.

김기태,『독도와 동해연구』, 탐구당, 2007, 1~239쪽.

김기태,『독도 - 독도의 자연과 지리적 중요성』, 탐구당, 2015, 1~221쪽.

김기태,「독보적인 해태의 영양분」,『현대해양』, 1983, 156 : 61쪽.

김기태,「赤潮現象(Red Tide)」,『자연보호』, 1984, 7(1) : 18~19쪽.

김기태,「赤潮現象(Red Tide)」,『자연보호』, 1984, 7(2) : 14~15쪽.

김기태,「黑潮現象(Black Tide)」,『자연보호』, 1987, 10(3) : 14~16쪽.

김기태, 「綠潮現象(Green Tide)」, 『자연보호』, 11⑷ : 30~32쪽.

김기태, 「바람, 물꽃, 어황」, 『현대해양』, 1989, 231 : 74~78쪽.

김기태, 「대만의 자연, 바다와 수산업」, 『현대해양』, 1990, 244 : 50~53쪽.

김기태, 「대만의 자연, 바다와 수산업」, 『현대해양』, 1990, 245 : 59~63쪽.

김기태, 「南美, 우루과이강의 자연과 초어잡이」, 『현대해양』, 1990, 246 : 61~64쪽.

김기태, 「南美, 우루과이강의 자연과 초어잡이」, 『현대해양』, 1990, 247 : 116~120쪽.

김기태, 「海岸 資源의 寶庫, 아르헨티나의 바다, 자연, 풍토」, 『어항』, 1990, 13 : 94~100쪽.

김기태, 「南美, 파라나강의 자연과 자원」, 『현대해양』, 1991, 250 : 110~113쪽.

김기태, 「南美, 파라나강의 三角洲와 生物資源⑴」, 『현대해양』, 1991, 251 : 118~122쪽.

김기태, 「南美, 파라나강의 三角洲와 生物資源⑵」, 『현대해양』, 1991, 252 : 114~117쪽.

김기태, 「佛蘭西, 地中海邊의 自然과 海洋硏究所」, 『현대해양』, 1991, 255 : 116~122쪽.

김기태, 「Africa의 황금어장, 모리타니 海域」, 『수산계』, 1992, 39 : 69~79쪽.

김기태, 「모리타니의 水産業과 生活風土」, 『수산계』, 1992, 41 : 109~118쪽.

김기태, 「南美, 라쁠라따(La Plata)강의 自然과 河口 生産性」, 『새어민』, 1993, 302 : 121~123쪽.

김기태, 「阿洲, 세네갈강의 下流 自然」, 『자연보호』, 1993, 16⑷ : 20~22쪽.

김기태, 「대만의 하천과 하구 자연」, 『새어민』, 1993, 303 : 82~84쪽.

김기태, 「프랑스, 地中海岸의 다양한 생태계 硏究」, 『자연보존』, 1993, 83 : 27~32쪽.

김기태, 「大西洋의 참다랑어 자원」, 『현대해양』, 1994, 287 : 76~78쪽.

김기태, 「大西洋, 카나리아 군도의 자원과 수산자원」, 『자연보존』, 1994, 85 : 21~25쪽.

김기태, 「괌(Guam)의 바다와 海洋生物」, 『현대해양』, 1994, 290 : 84~88쪽.

김기태, 「북극권의 自然과 生物」, 『현대해양』, 1995, 303 : 44~48쪽.

김기태, 「남극권의 自然과 生物資源」, 『현대해양』, 1995, 304 : 85~90쪽.

김기태, 「美 東部, 체사피크만(Chesapeake Bay)의 自然과 水質」, 『자연보존』, 1995, 91 : 1~6쪽.

김기태, 「하와이 群島의 自然과 海洋生物」, 『현대해양』, 1995, 306 : 86~91쪽.

김기태, 「美, 太平洋의 海岸自然과 文化」, 『현대해양』, 1995, 307 : 130~135쪽.

김기태, 「美, 大西洋의 海岸自然과 文化」, 『수산계』, 1995, 56 : 82~88쪽.

김기태, 「프랑스, 大西洋 海岸의 自然과 生物」, 『현대해양』, 1995, 308 : 124~129쪽.

김기태, 「영불해협의 自然과 海洋生物」, 『현대해양』, 1996, 312 : 140~144쪽.

김기태, 「美國의 水自然과 資源」, 『수산계』, 1996, 59 : 84~96쪽.

김기태, 「체사피크만(Chesapeake Bay)으로 流入되는 James江, York江, Rappahanock江
　　　의 自然과 水質」, 『수산계』, 1997, 62 : 84~92쪽.

김기태, 「아드리아해와 물의 도시, 베네치아」, 『현대해양』, 1998, 338 : 110~112쪽.

김기태, 「발트해(Baltic Sea)의 자연」, 『현대해양』, 1998, 340 : 104~106쪽.

김기태, 「노르웨이의 바다와 피오르드 자연」, 『현대해양』, 1998, 341 : 104~106쪽.

김기태, 「싱가폴 해역의 자연과 생물」, 『현대해양』, 2001, 372 : 86~89쪽.

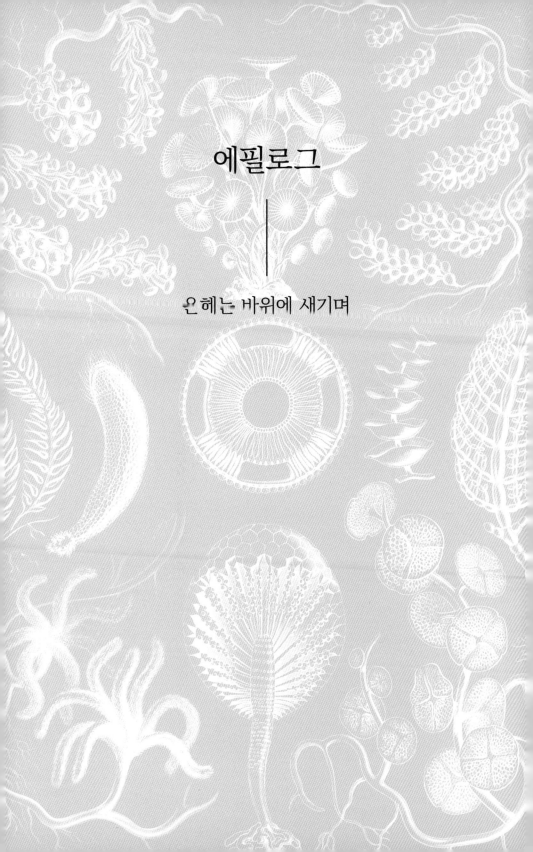

에필로그

은혜는 바위에 새기며

프랑스의 대학원 교육과 학위

프랑스에서 대학 교수는 학문적 권위가 있고 명예를 지니며 사회적으로 존경을 받는 최고의 양심과 지성의 집단으로 높이 평가받고 있다.

프랑스의 대학 교육에서 교수는 연구 활동보다는 학생 교육에 최선을 다한다. 다음은 여러해 동안 필자가 실제로 체험한 지도교수의 대학원 강의에 대한 실례이기도 하다.

교수의 강의는 대개 주당 책임시수가 5~6시간정도로 대학원에 2시간, 학부에 3·4시간의 강의를 맡는다. 여기서는 주로 대학원의 강의에 대하여 언급하기로 한다. 강의가 오후 3시에 시작하면 5시에 마치는 것이지만 실제로는 밤 9~10 시까지 끝나지 않는 경우가 많다.

교수는 그 두 시간의 강의를 위해서 적어도 12~15시간의 강의 준비를 하며, 한 주간동안 도서실에 입수되는 새로운 연구 논문을 읽고 목록화하면서 세밀하게 준비를 한다. 또한 새로운 논문에 대해서 요약을 하여 강의자료로 활용한다.

다른 한편으로는 강의에 관련된 주요 논문을 배부해서 학생들에게 읽히고 토론을 할 수 있도록 한다. 학생들이 공부한 것을 토론하기 때문에 강의 시간이 길어져서 5~6시간의 강의가 되는 것이다. 이것은 바람직한 고급의 교육 방식이고 학문의 진전이라고 하겠다.

따라서 교수는 학생들과 토론시간이 많기 때문에 강의준비가 덜 되면 학생들로부터 이런 저런 비판을 받는다. 강의가 끝나면 학생들 사이에서는 찬사를 보내기도 하고, 존경을 표하기도 하지만, 강의준비가 덜 되었느니, 성의가 없느니, 실력이 없느니, 심지어는 인간성이 어떠니 하면서 실질적인 강의 평가가 이루어진다. 따라서 교수는 강의 준비를 아주 열심히 할 수밖에 없다.

종강을 하면 시험은 2가지 방법으로 보는데 하나는 필기시험이고 다른 하나는 구두시험이다. 선생과 학생 사이가 대단히 친밀하고 사이가 좋을 듯 보이지만 시험은 대단히 엄격하다. 예를 들면 5월말에 시험을 보는데 성적이 좋다고 생각되지 않으면 재시험을 보게 된다. 그 재시험은 석 달 후 여름 방학이 끝난 다음에 보게 되는데, 해당 학생은 그 시험을 보기 위해서 석 달의 황금 같은 바캉스를 공부하는데 소요해야 하고 개학이 되자마자 선생과 시간을 정해서 재시험을 치른다.

구두시험인 경우에는 농담도 해가면서 시험을 한 시간 내지 두 시간을 본다. 핵심적인 부분을 답할 수 있게 유도하나 그것을 대답하지 못할 때에는 가차 없이 낙제가 된다.

교수는 일반적으로 학부 강의도 일주일에 두 시간정도 하는데 적어도 4~5시간의 강의 준비를 한다. 따라서 대학원과 학부 강의를 맡은 교수는 일주일 내내 수업 준비를 해야 한다. 프랑스의 교수들은 학기중에는 논문 발표에 신경을 쓸 여지가 없어 보인다. 오로지 강의에 올인하는 모습이다.

프랑스에는 대학 박사, 삼기 박사, 국가 박사 등의 학위 종류가 다양하였다. 여기에서는 국가 박사 학위These d'etat에 대하여 언급하기로 한다. 국가박사 학위논문의 기본적인 구성은 새로운 아이디어를 기반으로 새로운 것을 탐구하는 학문적 원대한 틀frame을 짜야 한다. 이러한 학위의 수행은 한 학자가 한 평생 이루어 나가는 학문적 연구 기반을 구축하는 과정이라고 하겠다.

국가박사 학위증서는 실제로 대학 정교수 자격증에 해당된다. 따라서 학위 과정의 기간이 정해져 있지 않고, 학문적 영역이 깊고 원대하다. 이러한 학위 논문은 경쟁력이 있는 좋은 학술지에 끊임없이 연구 결과를 발표하면서 최종적으로는 이들을 총 망라하고 집대성함으로서 학위를 취득하는 것이 관례이다.

국가박사 학위과정은 대학 박사, 또는 삼기 박사의 학위 소지자가 학문에 새롭게 도전하는 심화과정이다. 근본적으로 학문을 위한 수준 높은 연구과정이다. 국가박사 학위논문 자체만으로도 여러 편의 논문을 발표하여 이미 국제적으로 잘 알려진 학자도 적지 않다.

　　일반적으로 유럽풍의 학문은 정통적이어서 한 학자가 한 분야에 올인하여 일가견을 수립하는 것이 일반적 흐름이다. 그런데 1980년대의 프랑스의 대학원 교육의 개혁은 미국의 Ph. D 제도와 균형을 맞추기 위해서 국가박사 학위제도와 삼기박사 과정을 통폐합하여 일원화하였다. 미국의 박사 학위 제도에 맞춤으로서 프랑스의 고유한 학제를 폐기하고 하문 수준은 퇴보시켰다는 평이었다

풍차

내 몸은 풍차라
계절 따라 바람 따라
사철 돌아가는
앙상한 몸매

정열 싣고
고뇌도 싣고
사연이 얽혀서
풍향 따라
외도는 광야의 나침판

세월 따라 인심 따라
돌려지는 부도옹不倒翁
풍파에 견디는
의연한 모습이라

풍요로운 산천
푸른 유월이면
한시 노닐고 싶어라.

1950년

세계 제2차 대전의 참화 속에서 광복이 된지 채 5년도 되지 않아 또다시 전쟁이 터졌다. 전쟁을 겪어보지 않은 사람들에게는 상상도 하지 못할 민족의 수난기가 시작된 것이다. 이렇게도 잘 먹고 잘 사는 지금 지나간 옛 이야기를 하는 것은 코미디 같으나 전쟁의 참상은 혹독하기만 했다.

1950년 6월 25일 수도 서울의 새벽은 총소리와 폭탄의 굉음으로 온통 아수라장이었다. 북괴군이 미아리 고개를 파죽지세로 넘어 오자 많은 사람들이 보따리를 이고 지고 들고 집을 떠나 피난길에 오르고 있었다.

우리가족도 호떡집에 불이 난 듯이 짐을 꾸리느라 밤새도록 북새통을 이루었다. 날이 밝기를 기다려 준비한 보따리와 취사도구를 가지고 피난길에 올랐다. 일차적인 행로는 왕십리를 지나 뚝섬을 향하였으며, 한강을 건너는 것이었다. 그러나 이 길에서도 비오듯 총소리와 기관총 같은 커다란 총알이 여기저기에 뚝뚝 떨어졌다. 그럴 때마다 사람들은 길가의 땅바닥에 납죽 납죽 엎드렸다. 이러한 포복이 총알을 피하는 유일한 방법이었다. 이런 행보를 여러번 거듭하면서 피난민의 행렬은 끝없이 길게 이어지고 있었다.

피란길의 첫 관문인 뚝섬 강가에 도달한 것은 해가 중천에 뜬 시점이었는데 사람들은 이미 지쳐있는 상태였다. 강가에는 많은 사람들이 강을 건너려고 이리저리 서성이고 있었고 시간이 지나면서 인파는 더욱 많이 모여 시장바닥의 북새통을 연상케 했다.

그런데 배는 보이지 않고 강가에 풀만 무성하게 풀섶을 이루고 있었다. 어떻게든 사공을 만나서 강을 건너야 살 수 있는데 아무리 강물을 쳐다보아도 배는 찾아 볼 수 없었고 한 참 후에 나타난 것은 노를 젓는 아주 조그마한 보-트같은 목선이었다.

배가 강가에 도착하자 사람들은 벌떼처럼 달라붙어 강을 건너갈 수 있기를 애원하고 있었다. 노를 저어서 배를 움직이는 조그만 목선은 몇 명의 사람만 태울 수 있는 것이고 사공이 노를 젓는다는 것은 대단히 느려서 한 번 오가는데도 많은 시간이 걸렸고 또 그 배가 같은 장소로 돌아온다는 보장도 없었다.

강가에 모여 있는 수많은 사람들이 이 배에 타기 위하여 목숨을 걸고 있는 것이다. 그런 인파속에서 배를 타고 도강을 한다는 것은 불가능해 보였다. 오늘날처럼 많은 다리가 놓여 있고 하상이 정비되어 윤기가 도는 소위 한강의 기적이라는 말은 상상도 하지 못할 시절이었다. 그 때도 한강물은 도도히 초연하게 흐르고 있었다.

다른 한편으로 6월말의 햇살은 뜨겁게 내려 쬐이고 몸에서는 땀이 흐르고 시간은 멈춰있듯이 흐르지 않은 것 같았다. 사람마다 에너지가 고갈되어 진이 빠진 무력한 상태였다. 굶을 수는 없다고 피난 보따리에서 솥을 꺼내 풀밭위에 임시로 아궁이를 만들고 강물에 쌀을 씻어서 밥을 짓기 시작했다. 땔감은 여기저기에서 나뭇가지를 조금씩 주워서 땠다. 서둘러 짓는 밥이라 제대로 될 리가 없었다. 밥에서는 탄내가 진동을 했으며 생 쌀밥으로 먹기가 어려웠다. 반찬이라고는 들고 나온 고추장에 어느 밭에서 오이를 몇개 따온 것이 전부였다.

강을 건너기 위하여 노숙을 하고 몇날 몇일을 기다린다고 해결될 일이 아니었다. 어떻든 백방으로 도강의 방법을 찾아 보았지만 허사였다. 결국 강을 건너지 못하고 총소리가 심하게 나던 그 길을 다시 걸어서 집으로 돌아 올 수밖에 없었다. 서울을 탈출한다는 것은 절망적이었다.

모든 식구가 동시에 피란길을 나서는 것은 참으로 어렵다는 것을 간파하고 피란 계획은 바뀌었다. 그 때에 이미 연세가 많으셨고 하얀 수염을 길게 기르셨던 아버지는 큰형님의 가족과 형님들을 우선 피난 내보내고 어린 아이인 나와 두 내외분만 서울에 남아 있기로 결정하셨다.

그 당시 우리가 살던 용두동의 한쪽 옆으로는 개천이 흘렀다. 그리고 개천 건너편에는 아주 넓은 경마장이 펼쳐져 있었다. 경마장 쪽으로는 뚝방 길이 길게 나 있었다. 이곳에 사는 아이들은 수시로 경마장 근처에 가서 쓰다 버린 마권을 줍기도 하고 딱지치기, 팽이 돌리기, 잣 치기 같은 놀이를 공터에서 하며 놀았다.

전쟁이 나고 서울이 함락되면서 이 경마장은 북괴군의 요새로 바뀌었다. 북괴의 전략물자도 쌓아 두고 북괴군이 주둔하는 본거지가 된 것이다. 국군과 미군의 탈환 작전이 펼쳐지면서 이곳은 끔찍하게 폭탄이 퍼부어지는 목표가 되었다.

미군의 쌕쌕이(B-29)의 폭격이 엄청나게 가해지기 시작했다. 다시 말해서 경마장과 바로 인접해 있는 용두동은 치열한 격전지로 변한 것이다. 그 당시에 피란을 나가지 않은 우리와 몇몇 주민들은 경마장에 퍼부어지는 폭탄 세례를 경험하지 않을 수 없었다.

방공호라고 해야 마치 무나 배추를 파묻어 놓는 커다란 땅 구덩이 같은 것으로 그 속에 들어가서 숨을 죽이고 앉아 있는 것이 유일한 피난 방법이었다. 날렵하게 생긴 B-29는 날아다니는 소리도 컸으며, 속도가 대단히 빨라 쌕쌕이라 불렸는데, 마치 커다란 정종 병 같은 폭탄을 투하하면 그 폭탄은 용광로처럼 빨간 빛을 발하며 터지는 굉음은 천지를 진동케 했다. 낮에도 밤에도 끊임없이 퍼부었다.

방공호에서도 촛불을 켜면 목표가 된다고 하여 깜깜한 어둠속에서 밤을 지새우고 있었다. 불빛이라고는 없는 밤에도 폭격은 계속되었고 때로는 아주 커다란 폭탄을 투여하는 것같았다. 그럴 때면 온 천지가 다 흔들렸고, 집도 많이 흔들려 천정의 섯가래에 붙어 있는 흙이 쏟아져서 방바닥에는 흙더미가 쌓였다. 세상 천하에 피할래야 피할 곳이 없었다. 낮에도 무서웠지만 밤에는 작렬하는 폭탄의 불빛과 함께 메가톤급의 폭탄 굉음이 두렵기만 했다. 밤을 꼬박 새우면서 덜덜 떨어야만 했다. 이것이 바로 70여 년 가까이 된 전쟁 초기의 한 단면이었다.

이러한 폭격이 몇날 몇일 계속되고 나서 비행기 소리와 폭탄 소리가 그치고 정적의 평화가 온 듯이 조용했다. 이러한 틈새를 타서 사람들은 조심스럽게 방공호에서 나와 길거리에 나가게 되었다. 그런데 먼저 밖에 나가서 상황을 보고 온 사람들은 그 참담한 상황을 말로 표현할 수 없을 정도로 참혹하게 들려주었다. 경마장의 말들은 폭음소리에 놀라 날뛰고, 사람이 옆으로 지나가면 발길질을 하여 위험하며, 여기저기 죽은 사람들의 시신이 널려져 있다는 것이다. 방공호에 앉아 있다고 해도 언제 폭탄에 맞아 죽을런지 또는 폭격을 당하는지 모르는 상황이었다.

집에 있어도 언제 빨갱이에게 끌려가 인민재판을 받고 즉결처분이 될지 모르는 판국이었다. 북괴군은 두세 명 또는 여러 명이 한조가 되어 빨간 완장을 팔에다 차고 하루에도 두세 번씩 찾아 와서 뭘 물어보거나 들고 다니는 장부에 뭔가는 적어 갔다. 그들은 총도 가지고 다녔고 커다란 몽둥이도 들고 다녔다. 방바닥이나 부엌바닥 또는 땅바닥에 무엇을 숨겨 놓았나 쿵쿵 치면서 숨긴 것이 있으면 실토하라고 위협을 하였다. 특히 젊은이를 숨겨 놓았거나, 무슨 쓸만한 물건을 찾아 내려고 집중적으로 수색을 하고 다녔다. 북괴군이 오면 사람들은 꼼짝도 못하고 고분 고분하기 이를데 없었다. 끌려가면 큰 곤욕을 당하거나 즉결 처형이 되기 때문이었다.

실제로 아버지는 어느 날 빨간 완장을 찬 북괴군에게 끌려갔다. 그 이유는 알 수 없었다. 수염이 하얀 50대의 노인을 어쩌겠느냐는 말로 위안을 삼고 있었다. 그러나 끌려가신 곳이 바로 인민재판을 받고 즉결 처형당하는 곳이었다고 한다. 그 곳에는 많은 사람들이 재판을 받고나면 총알받이가 되어 목숨을 잃는 곳이었다.

그런데 천우신조하여 그 곳에 종사하는 빨간 완장을 찬 한 사람이 아버지를 알아보고 영감님이 어떻게 이곳에 왔느냐고 하면서 슬쩍 빼내주어 목숨을 보존하고 돌아 오셨다고 한다. 그 사람은 전쟁이 나기 전에 생활이 아주 어려워서 수시로 아버지한테 도움을 받아 생계를 유지했던 사람이었다고 한다.

부모님은 이러한 일을 당하시고 나서 어쩔 수 없이 서울에서 버티는 생활을 포기하고 눈이 내리고 추위가 기승을 부리는 엄동설한에 서울을 뒤로 하고 어린 아이를 데리고 피난길에 나서지 않을 수 없었다.

기차길 마을

산자락
마을 앞으로
시냇물이 흐르고
냇물을 따라 기차가 달린다.

석양에 빛나는
냇물
모래밭 자갈밭이
숨을 쉬고.

산천에는
진달래 벚꽃이 만발
동면冬眠의 가슴을 연다.

평화로운 시골 마을
냇물 다리 위에
어린이 한 떼
화사한 차림으로 놀이를 하며
달려가는 객에게 손을 흔든다.

기찻길 마을
아름다운 우리의 산하山河.

쑥밭 이야기

국화과에 속하는 쑥은 우리에게 이롭고 유익한 식물로서 우리 생활에 아주 친숙하다. 예로서 쑥떡은 맛과 향이 독특할 뿐만 아니라, 건강식품으로도 널리 보급되어 있다.

옛날 이야기이지만 봄철에 햇쑥이 나오면 어린 순은 쑥개떡을 만드는 재료로 쓰였다. 이것은 해마다 찾아오는 무서운 춘궁기에 우리 선조들을 연명시키는데 커다란 공헌을 했다. 또한 쑥은 냉한 사람의 몸을 덥게 해주는 약초의 역할도 하고 쑥뜸이나 쑥탕에도 사용되어 건강 증진에 사용되고 있다.

쑥*Artemisia princiceps var. orientalis*의 생태를 보면 자생력이 다른 식물에 비하여 강하기 때문에 사람의 발이 닿지 않는 빈터 또는 묵밭에 먼저 침입하여 쑥밭을 이룬다. 쑥은 길이가 1미터 가까이 자라면서 빈틈없이 무성한 쑥밭을 이루는 것이 보통이다.

또한 쑥밭에는 다른 식물이 같이 자라지를 못한다. 쑥의 왕성한 번식력은 다른 식물이 생존해 나갈 여유를 주지 않는다. 다시 말해서 쑥은 생존 경쟁력이 뛰어 나게 강하다.

쑥의 좋은 특성에도 불구하고 쑥밭이라는 말은 다른 의미의 말로 쓰인다. 쑥은 패가망신하여 흉가가 되어 버린 집의 마당에서 또는 자손들이 돌보지 않는 묘지 같은 곳에서 강한 번식력으로 자라 다른 식물을 압도하며 쑥밭을 이룬다.

특히 옛날 전염병이 돌아 속수무책으로 모든 주민이 전멸하고 인적이 끊긴 마을을 쑥대밭이라고도 했다. 비유적으로는 텃새가 아주 심하여 외지인이 발을 붙이고 살 수 없는 혹독한 인심을 의미하는 경우에도 쓰인다.

이런 옛날이야기는 사라졌고 이제는 풍요로운 광명천지의 세상이 되었다. 머리로 생각해 낼 수 있는 일은 어느 정도 실현이 가능한 과학 기술의 만능시대가 되었다.

일진월보日進月步 발달되고 있는 컴퓨터과학Computer Science은 더욱 발전될 것이 명약관화明若觀火하며, 생명과학도 많이 발전되어 생명현상을 자유자재로 다룰 수 있는 시기도 도래되고 있다. 그러면 사람이 살고 죽는 일도 과학 기술에 더욱 많이 의존될 것이다.

사람의 유전인자를 분자 생물학적으로 보면, 대단히 복잡하고 방대한 유전 정보Genetic code를 지니고 있다. 이런 것들은 분자적 사고 Molecular accident가 없는 한, 자손들에게 어김없이 잘 전달된다. 누구나 자식을 관찰하게 되면, 어린 시절의 자신을 재현하는 것이 아닌가 생각될 정도이다.

아무리 생명과학이 놀랍게 발전한다고 해도 부전자전父傳子傳이나 모전여전母傳女傳은 여전 할 것이다. 그래서 못된 짓을 하는 사람은 부모와 조상까지도 욕을 먹이는 것이다. 소위 '왕대밭에 왕대' 라는 긍정적인 말도 있지만, '어쩔 수 없는 핏줄 탓이니', '집안 물레는 어쩔 수 없어' 하는 부정적인 말도 있다.

사람들 사이에 회자膾炙되는 평가는 윤리와 도덕, 그리고 인성교육을 빛나게 하고 있다. 그러나 우수한 지능과 훌륭한 교육을 받은 뛰어난 사람이라고 해도 집단 이기주의에 휘말리게 되면 주위 사람들에게 누累를 끼치는 경우가 허다하니, 자라난 환경, 또한 중요한 요인이라고 하겠다.

별유천지

어줍잖은 싸이언스Science 강의에
물찬 제비 같은 신사 노름

고-스톱도 즐겁고
헛 배에 바람을 넣으며
희희낙낙한 골프 나들이도
더 없이 상쾌하다

오로지 돌돌 뭉쳐
아성만 지키면
평생 띵 호아
호의호식이 별거람게

가는 곳마다 별유천지
앉는 자리마다 명당자리
어디 남녀가 있고
선후노소가 있더냐.

그럴듯한
너스레 웃음소리 끊이지 않고
만고강산에
팔자는 잘도 타고 났다

과연 과학過學의 보금자리

오, 예스

파라다이스가 따로 있더냐

이런 저런 세상에서

한 세상을 살아가는데 어찌 마음에 맞는 것만 있겠는가. 좋은 것이 있으면 나쁜 것이 있고, 빛이 있으면 어둠이 있고, 악한 것이 있으면 선한 것이 있으며, 희망이 있으면 실망도 있고, 아름다운 것이 있으면 추한 것도 있다. 귀한 것이 있으면 천한 것이 있고, 새로운 것이 있으면 낡아서 없어지는 것이 있는 법이다. 순천자가 있는가 하면 역천자가 있고, 의리의 돌쇠가 있는가 하면 등 뒤에서 배신의 비수를 꽂는 심복이 있다.

눈물이 있으면 기쁨이 있고, 씨를 뿌리는 노고가 있으면 걷어 드리는 수확의 결실이 있다. 건강함이 있는가 하면 병약함이 있다. 후한 것이 있으면 박한 것이 있고, 지혜로움이 있으면 멍청함도 있다. 싫어하는 것이 있으면 즐기는 것이 있고, 힘든 것이 있는가 하면 수월한 것도 있다. 숨이 막히도록 답답한 것이 있는가 하면 오장육부가 날아갈 듯이 시원한 일도 있다.

이것도 저것도 다 하고 싶은 것이 있고, 다 하기 싫은 것이 있다. 인생이 바로 이것이라고 혹하는 것이 있으나, 마음대로 되는 것은 아니다. 우유부단하여 갈대처럼 이리저리 흔들리는 마음이 있는가 하면 칼로 무를 자르듯이 결단을 내리는 마음이 있다. 어쨌거나 마음이 시키는 대로 자연스럽고 편안하게 살아가는 것은 행복하다.

해양과학이 국가적으로 절실하게 필요할 것으로 생각했으며, 지정학적으로 대의명분이 서고 국력에 크게 도움이 될 것이라고 생각했다. 동해연구와 독도의 연구는 애국이라는 확신을 가지고 있었다. 이러한 분야의 학문은 나라를 부강하게 발전시키고 국토방위를 보위하는데 긴요하다는 신념이 있었다. 지중해를 연구하면서 세계의 바다와 동해 바다의 지도를 연구실에 붙여놓고 수시로 바라보면서 이런 저런 생각을 하면서 유학생활을 했다.

동해는 태평양의 내해로서 심해 환경을 이루고 있다. 평균 수심은 1,350m이다. 면적은 약 100만km²로서 남한 면적에 10배가 넘는 광역성 바다이다. 조석의 차이가 거의 없으며 리만 한류와 쿠로시오난류가 상충함으로서 좋은 어장이 형성되는 바다이다.

지중해는 대서양의 내해이며 동해보다 3배나 큰 바다로서 면적이 297만km²이다. 평균수심은 1,458m로서 동해보다 100m 더 깊은 바다이다. 조석의 차이는 아주 미약하여 30cm에 불과하다. 거의 폐쇄된 바다로서 지브랄타 해협의 입구는 14km의 폭이다. 오로지 이 해협을 통하여 대서양과 격렬하게 교류하는 바다이다.

동해와 지중해를 비교하기는 어렵지만 비슷한 해양성격도 많을 것이고 아주 상이한 성격도 많을 것으로 사료된다. 비슷한 점으로는 우선 동해와 지중해는 위도 상으로 북반구의 비슷한 위도에 위치하고 있다. 그리고 대양의 내해들이며 심해로써 수문학적 수직분포의 성향이 뚜렷하게 보여 질 것이다. 이러한 환경은 지중해와 동해를 비교 연구하는데 좋은 점이다.

유럽, 아프리카, 아시아의 여러 나라를 접하고 있는 지중해는 동해보다 복잡하고 다양할 뿐만 아니라 국가들 사이에 첨예한 이해관계가 얽혀 있으며, 해양학적 연구 자료가 많은 반면에 동해는 실질적으로 우리나라와 일본이 공유하고 있으며 해양학적 연구 자료가 빈약한 편이다.

상당히 긴 유학생활을 마치고 귀국을 할 때에는 인생의 황금기였으며, 꿈이 있었고, 학문적으로 제2의 전성기를 누리려는 야망이 있었다. 그러나 외국의 오랜 연구생활 끝에 다시 정착해야 하는 귀국은 국내 사정에 어두웠고 새롭게 시작한 교수 생활은 생소했다.

무엇보다도 해양과학 분야에서 학문적으로 성공하려는 의지가 강했다. 한 가지 일에 끊임없이 노력하면 이룰 것으로 믿었다. 연민의 조국이고 고국이라는 테두리에서 학문적으로 노력하는 만큼 좋은 성과가 있을 것으로 생각했다.

그러나 지금 되돌아보니 연구와는 다른 연구 시설을 마련하기 위하여 분주하게 동동걸음을 한 것이 전부였다. 그 당시 연구 시설과 실험 기구는 마치 호미로 광야를 경작하는 것같이 미약한 출발이었다.

지역마다 독특한 인성이 있고 특징이 있다는 것을 미처 감지하지 못한 미숙함으로 맹랑한 풍토에서 학문적인 일생을 보낸 것이다. 우리에게는 21세기의 눈부신 과학기술의 추세와 함께 아직도 학연, 지연, 또는 혈연같은 끈이 학문의 성패를 좌우하고 있는 씨족사회인 것이다.

둔덕이 있는 마을

이제 내 나이 들어
쇠하여 가는 길목에 있지만
희망이 있고 절도가 있는
그럴사한 사람이었으면 한다.

무엇보다
세상 일에 성마르지 않으며
푸쓱 푸쓱 화내지 않으며
가소롭다고 비웃지 않으며
한심한 짓이라고 냉소하지 않으리다.

다소 어색하고
불편하지 않은 어눌함속에
어줍잖은 유모어가 있고
하잖은 위트가 있는
생활을 실천하고 싶다.

은혜의 마음이 열려
하늘을 쳐다보고
산천초목을 돌아 보는
마음의 여유를 지니면
더도 덜도없이 행복하겠다.

순박한 촌노로서
기댈 수 있는 작은 둔덕이 있고
땡볕을 막아주는 반그늘을 누린다면
나는 한없이 행복하겠다

이 뜨겁고 답답한 세상에
누구라도 쉬어 갈 수 있는
어리숙한 사랑방이 있고
꾸밈없는 소박한 이웃들이
겨자씨같은 모종을 주고 받으며
한담을 나누는 마을에 살고 싶다.

다양한 식물과 더불어

어느 봄날. 어제는 날이 흐리고 비가 오더니 오늘 아침에는 아주 찬란하게 햇빛이 나고 공기가 삽상하다. 하늘은 청청하며 해맑으며 푸르기만 하다. 산과 계곡, 밭과 나무들이 풍기는 싱그러움은 어느 한 가지 요소에 의한 것이 아니고 다양한 식물들에 의해서 울려 퍼지는 화음처럼 봄날의 약동은 눈에 뜨이게 화려하다.

이곳 마을은 산봉우리들이 연꽃모양으로 둘러싸고 있어서 연곡리라고 한다. 자연의 독특한 모습을 느끼게 하지만 여느 시골 마을이나 다름없는 평범한 산촌이다. 이곳에서 나날을 살아가는 우리에게 봄은 유난히도 기다려지고 가슴 벅차기도 하다. 여기에는 새싹이 움트는 봄의 꿈이 있고 올해에는 어떤 나무를 심을까 무슨 꽃을 심을까 하는 계획이 있기 때문이다.

시골 생활이란 하루에도 몇 번씩 밭의 이곳 저곳을 다니면서 이런저런 잔일을 하게 마련이다. 밭의 가장자리는 물이 흐르는 계곡이다. 계곡의 한쪽은 급경사의 산으로 수목이 자라고 다른 한쪽은 블루 베리와 초오크 베리의 농원이다. 아이러니하게도 지형이 마치 한반도의 북쪽 같은 모양을 하고 있다. 또한 집이 있는 밭은 남한의 지형을 하고 있어서 둘을 합쳐 놓으면 한반도 형태를 하고 있다. 이 위에 내려쬐이는 봄햇살은 풍요로운 녹색의 세상을 예고하고 있다.

지난 십여년간 텃밭에는 수 많은 종류의 채소, 약초, 또는 유용식물이 심겨졌다. 1년생 또는 여러해 살이의 덩굴식물, 열매식물, 뿌리식물, 또는 음지식물 등이다. 예로서 당귀, 더덕, 도라지, 산딸기, 박하, 삼채, 삼백초, 어성초, 차즈기, 마(농개승마), 산 마늘(명이나물), 참나물, 원추리, 참취, 미역취, 곰취, 서덜취, 곤드레 나물, 부지깽이 나물, 부추, 씀

바귀, 고들빼기, 방가지똥(씨에똥), 흰 민들레, 누리대, 모시대, 잔대, 삽주, 방풍나물, 달래, 산부추, 백화수오, 적화수오, 산옥잠화, 익모초, 구절초, 와송, 천년초, 맥문동, 신선초 등이 심겨져 한해살이를 했거나 아니면 자리를 잡고 다년생이 되었거나 하는 구성원이다.

이 텃밭안에는 규모가 적은 산림 텃밭이 따로 있다. 산림 텃밭은 덩굴식물만을 위하여 4m간격으로 파이프 기둥이 10개 설치되어 있다. 6개의 기둥에는 조생종, 중생종, 만생종의 다래나무만을 위한 것으로 수원의 산림 과학원으로부터 분양받은 것이다. 그리고 나머지 기둥에는 호박, 오이, 노각, 여주, 작두콩, 넝쿨콩 등이 올라가서 결실을 맺는 공간이다. 다시 말해서 여러 가지 식물의 종류가 어울려 살아가는 집합적인 공간이다.

텃밭의 가장자리에는 여러 가지 수목이 심겨졌다. 다래나무를 비롯하여 산수유, 호두나무, 감나무, 꽃사과, 청매실, 홍매실, 대추, 모과, 헛개나무, 엄나무, 오갈피, 가죽나무, 두릅, 앵두, 자두, 보리수, 오미자, 구기자, 구찌뽕, 산뽕, 왕오디, 살구, 복숭아, 배, 복분자, 포도, 밤, 해당화 등이 심겨져 다양한 면모를 지닌다.

초목을 심고 기르는 데는 시간적 여유가 필요하다. 식목을 했다고 쉽게 자라서 숲을 이루거나 열매를 얻는 것은 아니다. 식목 자체가 실패로 돌아가는 경우도 많다. 예를 들면 대봉 같은 감나무는 여러 차례 식목했으나 냉해를 이기지 못하고 고사한다. 비록 직경이 6~7cm정도 되는 대봉 감나무도 여러 번 식수해 보았지만 추위를 이기지 못하였다. 추위에 약한 나무를 살리기 위해서는 냉해 방지에 각별한 관심을 가지고 대처할 필요가 있다.

관상용 목본으로는 금송, 황금소나무, 한솔, 잣나무, 철쭉, 황철쭉, 영산홍, 라일락, 조팝나무, 단풍, 목단, 벽오동, 비타민, 후박, 마로니에, 목단, 등이 있고, 관상용 초본, 즉 화초로는 꽃잔디, 작약, 붓꽃, 백합, 수선화, 나리, 말나리, 창포, 자주달개비, 국화, 들국화, 과꽃, 수국, 감국, 천수국, 만수국, 원추천인국, 루드베키아, 메리골드, 봉선화, 분꽃, 둥굴레, 초롱꽃, 옥잠화, 비비취, 달리아, 야광초, 구문초, 인동초, 벌개미취, 바위떡풀, 코스모스, 칸나, 상상화, 제라늄, 금낭화, 한련화, 백일홍, 천일홍, 양지꽃, 맨드라미, 채송화, 섬채송화, 아프리카 채송화, 달맞이꽃, 할미꽃 등 수 많은 종류가 있다.

다양한 유용식물과 함께 자라는 여러 종류의 야생초도 수 없이 많다. 실제로 야생초는 잡초라고 하지만 다만 농사일에 방해가 될뿐이다. 이들은 농부의 손이 닿을 적마다 뽑혀지지만 생명력이 강인하여 어느 농부인들 그들의 번식력을 감당할 수 있겠는가. 잡초로는 민들레, 망초, 애기똥풀, 며느리밑씻개, 파랭이, 쇠뜨기, 억새, 역귀, 쑥, 쑥부쟁이, 질경이, 제비꽃, 메꽃, 명아주, 냉이, 무릇, 꽃다지, 피, 바랭이, 비름, 쇠비름, 엉겅퀴, 토끼풀, 매발톱, 팽이풀, 도꼬마리, 돼지풀 등 초본들이 있다.

잡초라고 해도 씨를 뿌리거나 심지 않았을 뿐이지, 사람에게 나름대로 유용한 성분을 가지고 있다. 예를 들면 야생초로서 밭의 이곳 저곳에 예고 없이 나오는 비름은 좋은 나물로 활용된다. 봄철에 쑥, 질경이, 명아주 등은 식용의 나물로 유용하게 사용되는 야생초이다. 이름이 있는 풀도 아니고, 특색을 지닌 풀도 아니지만 수수하고 평범한 잡초로서 독특한 향미를 가지고 있는 야생초도 많이 있다.

쇠비름은 생명력이 대단히 강하여 뽑아 놓아도 상당기간 생존한다. 또한 얼핏 보면 지렁이와 비슷한 느낌을 주어서인지 사랑받지 못하는 대표적인 잡초이다. 그래서 그런지 지천으로 번성하고 있다. 최근 TV 방송에서 쇠비름의 좋은 기능을 특집으로 방송하자, 쇠비름의 발효액이 건강에 좋다는 것이 널리 알려졌고, 많은 사람들이 쇠비름을 채취하려는 열풍이 불기도 하였다.

쇠비름을 관찰해 보면 뿌리는 흰색이고, 줄기는 붉은 색이고, 잎은 파란색이며. 꽃은 노랗고, 씨는 까맣다. 다시 말해서 쇠비름은 다섯 가지 색채를 지니는 독특한 식물이다. 이 잡초는 척박한 땅, 메마른 곳에서도 잘 번성한다. 식물이 지니는 다양한 색소는 일반적으로 사람에게 긴요하게 사용되는 항산화제를 비롯한 다양한 생체 활성물질을 함유하고 있다. 어떻든 쇠비름은 사람에게 이로운 요소를 함유하고 있다고 하겠다.

한삼 덩쿨같은 것은 외래종으로 성장속도가 빠르고 번식력이 강하여 어린 쌀일 때 제거하지 않으면 주위에 있는 나무를 타고 올라가서 번성한다. 매실, 보리수 등 여러 가지 과실수에 기어 올라가 가지를 점유하고 심지어는 나무를 고사시키는 경우도 있다. 한삼 넝쿨의 줄기에는 잔가시가 많이 있어서 장갑이나 옷에 달라 붙으며, 줄기가 피부에 스치는 경우 상처가 쉽게 난다.

식물이 왕성하게 자라는 시기에는 곤충과 벌레도 번성한다. 또한 개구리와 뱀같은 파충류도 있다. 이런 곳에서 일을 하다 보면 여러 종류의 벌레, 모기, 벌, 말벌, 땅벌을 만나는 일이 다반사이다. 특히 뱀을 갑자기 만나는 것은 물릴 수도 있어서 대단히 위험하다.

말벌처럼 독성이 강한 곤충에게 물렸을 경우, 응급조치로 주위에 자생하고 있는 머위나 고들빼기같은 식물의 진을 줄기에서 받아 바르면 시원하게 느껴지고 진정이 되는 경험을 할 수 있다. 물론 임시방편이지만 동식물이 가지는 서로 다른 성분으로 인하여 해소 또는 중화가 되는 것이다. 아마도 동식물이 서로 어울려 사는 것중에 자연평형의 하나가 이런 것이 아닌가 생각되기도 한다.

잡초

거친 땅 불모지
다져진 흙 속에
물기라고는 없는데
뙤약볕만 무섭게 내려 쪼인다.

훅훅 달아 오르는 땅 위에
몸을 납작 깔고
억세고 모질게 뿌리를 내려
생生을 유지하니
그 강인함 돋 보인다.

날 곳이 아닌 곳에 나서
한 세상 이리 밟히고 저리 밟히면서
역경의 생활을 하나
불평 한 마디 없으니
기특도 하다.

사공의 시골 생활

옛말에 반소사음수飯蔬食飲水하고, 곡굉이침지曲肱而枕之해도, 낙역재기중의樂亦在其中矣라는 말이 있다. 거친 밥을 먹고 물을 마시며, 팔을 구부려 베개로 삼고 잠을 자도 즐거움이 그 속에 있어서 가난해도 행복하다는 말이다.

사람이 사는데 긴요하게 필요한 공기에 대해서 고마워하는 사람이 어디 있는가. 숨을 쉬는 것은 당연한 것으로 여긴다. 한평생 먹고 마시는 것은 삶의 한 부분으로 당연한 권리이다. 그러나 당연한 일이라도 어찌 쉽게 저절로 되는 것이 있겠는가.

잘 먹고 잘 입는 호의호식 속에서 어깨에 힘을 주며 사는 것을 아무나 할 수 있는가. 그렇다고 바닷가에서 조개잡이인들 어찌 아무나 할 수 있단 말인가?

그래서 사람들에게는 갖가지 사연이 있다. 시골의 농삿꾼도 있고, 바닷가에 사는 사람의 사정도 있다. 인생살이 팔자라고 하지만 길고 긴 인생 역정에서 상황이 바뀌기도 한다. 조금씩 바뀌는 사람도 있지만, 확 바뀌는 인생도 있으니 어찌 요지경의 세상이 아니겠는가.

사공의 신세

사공이 험한 물길의
풍파에 시달려
배를 팔아 마차를 사고
육로로 팔자를 고쳤더니

구절양장의 산길이
물길보다 험하구나!

바닷가에서 조개나 줍고
살라 하였는데
산중에서 풀이나
뜯고 살라 하네

　어느 사공이 험한 물길의 풍파에 평생 시달리다 보니 힘이 들어 배를 팔아 마차를 사고 마부가 되어 풍파가 없는 육로를 다니면 고단함을 면할 줄 알았는데, 구절양장의 산길이 물길보다도 더 힘들구나 하면서 신세타령을 한다. 그도 그럴 것이 어려서부터 배운 것도 아는 것도 물길 뿐인데, 어찌 그것을 벗어나려고 그렇게 애를 써서 변신을 했는가.
　그런가 하면 바닷가에서 조개, 소라, 성게, 미역, 다시마 같은 것을 채취하고 물고기를 잡아먹고 사는 어부가 한순간에 인생살이가 바뀌어 산중에서 초근목피를 하며 살아가는 팔자가 된것은 우연한 일이 아닌 듯 싶다.
　그러니 사람의 인생살이는 돌고 도는 것이 아닌가. 가난하다고 늘

가난한 것도 아니고, 부자라고 대대손손 부자일 수도 없다. 부귀영화를 누린다고 영원할리가 있는가. 생활에도 윤회설이 있다. 어느 사람은 권력을 가지려고 별별 아첨을 다 한다. 그 결과 국회의원이 되었다고 하자. 그리고 나서 그는 무슨 짓을 하는가. 온 국민이 하나같이 손가락질을 하는 것이 보이지 않는가.

인생살이에는 지금이 중요하다는 말이 있다. 즉시현금卽時現今, 갱무시절更無時節이라는 말이 있다. 바로 지금이지 다시 시절은 없다. 인생은 과연 지금 뿐인가. 인생역전, 인생은 돌고 도는 물레방아같은 것일지도 모른다.

> 빈천생근검貧賤生勤儉 근검생부귀勤儉生富貴
> 부귀생교사富貴生驕奢 교사생음일驕奢生淫佚
> 음일생빈천淫佚生貧賤 육도 윤회六道 輪回

가난하고 천하게 사는 사람은 하는 수 없이 근면해야 하고 검소할 수밖에 없다. 그래서 근검절약을 실천하다 보면 부귀영화가 생겨나고, 부귀영화를 누리다 보면 교만함과 사치스러움이 생기고, 교만함과 사치스러움은 음란함과 실족의 나락으로 떨어져 망하게 마련이다. 인생만사 쳇바퀴 돌 듯하는 법도라 하겠다. 이러한 윤회의 궤도는 자신 아니면 자식 대代에서라도 일어나는 세상의 법칙이다. 나는 지금 어디쯤에 있는가 생각해 볼만도 하다.

어찌 하오리까

무릎 꿇고
고개들어 하늘을 보라.
가이없는 창공에 뿌려져 있는 빛나는 별을.

망망대해
창해의 푸르름을 보라.
끝없이 펼쳐지는 수평선의 광활함 속에
찰랑거리는 파도의 명멸을.

억만 광년 달려도 부딪침 없을 우주 속에
너의 고향이 어디이고
현주소가 어디냐고
아니, 너의 인생항로가 어떻다고?

순간처럼 짧고
영원처럼 긴
시공의 흐름 속에
순백하게 타며
한 순간 반짝하는 이 생을
어찌 하오리까.

찾아보기

새로워진
세계의 바다와 해양생물

개정판 1판 1쇄 펴낸날 2018년 7월 20일

지은이 김기태

펴낸이 서채윤 펴낸곳 채륜
책만듦이 김승민 책꾸밈이 이한희

등록 2007년 6월 25일(제2009-11호)
주소 서울시 광진구 자양로 214, 2층(구의동)
대표전화 02-465-4650 팩스 02-6080-0707
E-mail book@chaeryun.com Homepage www.chaeryun.com

ⓒ 김기태. 2018
ⓒ 채륜. 2018. published in Korea

책값은 뒤표지에 있습니다.
ISBN 979-11-86096-79-6 93450

잘못된 책은 바꾸어 드립니다.
저작권자와 출판사의 허락 없이 책의 전부 또는 일부 내용을 사용할 수 없습니다.
저작권자와 합의하여 인지를 붙이지 않습니다.

이 도서의 국립중앙도서관 출판예정도서목록(CIP)은 서지정보유통지원시스템 홈페이지(http://seoji.nl.go.kr)와 국가자료공동목록시스템(http://www.nl.go.kr/kolisnet)에서 이용하실 수 있습니다. (CIP제어번호 : CIP2018019734)

🌱 채륜서(인문), 앤길(사회), 띠움(예술)은 채륜(학술)에 뿌리를 두고 자란 가지입니다.
　 물과 햇빛이 되어주시면 편하게 쉴 수 있는 그늘을 만들어 드리겠습니다.